U0284930

外交学院一流学科建设文库系列丛书

海外中国公民和中资企业
安全风险与保护

Security Risks and Protection of
Overseas Chinese Citizens and China-Invested Enterprises

夏莉萍◎著

当代世界出版社
THE CONTEMPORARY WORLD PRESS

图书在版编目（CIP）数据

海外中国公民和中资企业安全风险与保护／夏莉萍
著． —— 北京：当代世界出版社，2023.2
ISBN 978-7-5090-1586-5

Ⅰ．①海… Ⅱ．①夏… Ⅲ．①公民-安全管理-研究
-中国②中资企业-安全管理-研究-中国 Ⅳ．①X956②F276.7

中国版本图书馆 CIP 数据核字（2021）第 230830 号

书　　　名：海外中国公民和中资企业安全风险与保护
出 品 人：丁　云
策划编辑：刘娟娟
责任编辑：刘娟娟　姜松秀
装帧设计：王昕晔
版式设计：韩　雪
出版发行：当代世界出版社
地　　　址：北京市地安门东大街 70-9 号
邮　　　编：100009
邮　　　箱：ddsjchubanshe@163.com
编务电话：(010) 83907528
发行电话：(010) 83908410（传真）
　　　　　　13601274970
　　　　　　18611107149
　　　　　　13521909533
经　　　销：新华书店
印　　　刷：北京新华印刷有限公司
开　　　本：710 毫米×1000 毫米　1/16
印　　　张：21.25
字　　　数：286 千字
版　　　次：2023 年 2 月第 1 版
印　　　次：2023 年 2 月第 1 次
书　　　号：ISBN 978-7-5090-1586-5
定　　　价：78.00 元

目　录

绪　论

一、选题目的与意义

本书研究的主要内容为海外中国公民和中资企业的安全风险与保护问题。

2013 年 9 月和 10 月，习近平主席在出访中亚和东南亚国家期间，先后提出共建"丝绸之路经济带"和"21 世纪海上丝绸之路"的重大倡议。2015 年中国国家发展改革委、外交部、商务部联合发布的《推动共建丝绸之路经济带和 21 世纪海上丝绸之路的愿景与行动》指出："当前，中国经济和世界经济高度关联。中国将一以贯之地坚持对外开放的基本国策，构建全方位开放新格局，深度融入世界经济体系。推进一带一路建设既是中国扩大和深化对外开放的需要，也是加强和亚欧非及世界各国互利合作的需要。"[①]

随着"一带一路"倡议逐渐从理念转化为行动，从愿景转变为现实，前往共建"一带一路"国家投资、旅游、留学和工作的中国公民和中资企业也越来越多。他们的安全问题直接关系到"一带一路"建设的顺利推进。

---

① 《经国务院授权　三部委联合发布推动共建"一带一路"的愿景与行动》，www.gov. cn http://www.gov.cn/xinwen/2015-03/28/content_2839723. htm。

2019年1月21日，习近平总书记在省部级主要领导干部坚持底线思维、着力防范化解重大风险专题研讨班开班式上发表重要讲话，强调指出："世界大变局加速深刻演变，全球动荡源和风险点增多，我国外部环境复杂严峻。我们要统筹国内国际两个大局、发展安全两件大事，既聚焦重点、又统揽全局，有效防范各类风险连锁联动。要加强海外利益保护，确保海外重大项目和人员机构安全。要完善共建'一带一路'安全保障体系，坚决维护主权、安全、发展利益，为我国改革发展稳定营造良好外部环境。"①

这就要求我们必须清楚在"一带一路"倡议实施过程中，海外中国公民和中资企业面临的主要安全风险状况与当前我国海外公民和企业安全保护机制建设情况，这样才能有针对性地做好相关安全保护工作。本书主要研究的问题是：中国公民和中资企业在共建"一带一路"过程中主要遭遇了哪些种类的安全风险？当前，我国海外公民和企业安全保护机制建设情况如何？有何优势和不足？如何改进现有的保护机制，更好地保障海外中国公民和中资企业的安全？

需要说明的是，海外公民和企业的安全保护是领事保护的工作内容之一。自领事产生之日起，协助和保护海外本国国民一直是领事的重要职责。领事保护本国国民和法人的权利，已被国际公约和国际条约所承认，并为各国实践所肯定。② 根据我国外交部的官方界定，"领事保护是指派遣国的外交领事机关或领事官员，在国际法允许的范围内，在接受国保护派遣国的国家利益、本国公民和法人的合法权益的行为。以我国为例，当中国公民、法人的合法权益在驻在国受到不法侵害时，中国驻外使领馆依据公认的国际法原则、有关国际公约、双边条约或协定以及中国和驻在国的有关法律，反映有关要求，敦促驻

① 《习近平在省部级主要领导干部坚持底线思维着力防范 化解重大风险专题研讨班开班式上发表重要讲话强调 提高防控能力着力防范化解重大风险 保持经济持续健康发展社会大局稳定》，载《人民日报》，2019年1月22日，第1版。

② 钱其琛主编：《世界外交大辞典》，北京：世界知识出版社，2005年版，第1215—1216页。

在国当局依法公正、友好、妥善地处理。领事保护还包括我驻外使领馆向中国公民或法人提供帮助或协助的行为，如提供国际旅行安全方面的信息、协助聘请律师和翻译、探视被羁押人员、协助撤离危险地区等。"①

根据"中国一带一路网"国际合作栏目公布的数据，截至 2022 年 1 月 14 日，中国已同 147 个国家和 32 个国际组织签署 200 余份共建"一带一路"合作文件。② 囿于书稿篇幅及研究者精力有限，拟选择 13 个共建"一带一路"国家为主要研究对象，研究中国公民和中资企业在这些国家面临的安全风险，梳理海外中国公民和中资企业安全保护机制建设情况，在此基础上，分析其优势和不足，并有针对性地提出改进建议。

二、文献综述

从字面意思看，中文中的"安全"一词是指"没有危险"。③ 在英文中，"安全"为"security"，指"受到保护，免于危险或风险"的状态。④ 在国际政治领域，人们对于安全概念的理解不断发展变化。冷战结束之前，安全主要以政治和军事安全为内容。冷战结束以后，随着两极对抗格局的结束，军事因素在国际关系中的地位相对下降，全球化的快速发展、全球性问题的出现和国家间相互依存程度的加深，使国际社会面临着更复杂的安全挑战，人们的安全观念发生重大转变。安全内涵不仅包括传统的政治安全和军事安全，还包括经济安全、文

---

① 《领事常识》，http：//cs. mfa. gov. cn/gyls/lscs/。

② 《已同中国签订共建"一带一路"合作文件的国家一览》，https://www. yidaiyilu. gov. cn/xwzx/roll/77298. htm。

③ 中国社会科学院语言研究所词典编辑室编：《现代汉语词典》（第 6 版），北京：商务印书馆，2012 年版，第 7 页。

④ Security 的意思是"the state of being secure"，secure 的意思是"protected against danger or risk"。参见萨默斯著，朱原等译：《朗文当代英语大辞典》，北京：商务印书馆，2004 年版，第 1578 页。

化安全、环境安全和信息安全等更为广泛的内涵。[①]

即便是对于某一类别的安全风险，人们的理解也是多样的，且不断变化。例如，关于政治风险的定义，众说纷纭。[②] 20 世纪六七十年代，学者们将在国内外发生的战争、政变、没收资产、征税、贸易限制等引起商业利润下降或资产损失的事件列为政治风险。[③] 20 世纪 80 年代，政治风险的范围被扩大，不仅包括政府的直接和极端行为所带来的风险，更加多样和更为隐蔽的限制性措施及政府以外的力量所引发的风险都被视为政治风险。[④] 随着全球化的发展，政治风险的外延进一步扩大，资源保护、经济和政治报复、文化差异、域外国干预、民族主义和宗教矛盾、各国国内的社会联盟和非政府组织的政治参与等因素均被纳入政治风险的范畴。[⑤]

国内外学术界所做的关于海外中国公民和中资企业安全风险与保护的研究大致可分为以下几类：

（一）关于海外中国公民和中资企业安全风险的研究

国内外学术界相关研究成果并不多，大致可分为以下三类：一是对全球范围内的海外中国公民和中资企业面临的安全风险进行研

[①] 于今主编：《大国前途："一带一路"与国家安全》，北京：中央编译出版社，2017 年版，第 2 页。

[②] 陈定定、张子轩、金子真：《中国企业海外经营的政治风险——以缅甸与巴布亚新几内亚为例》，载《国际经济评论》，2020 年第 5 期，第 161—162 页。

[③] Robock S. H. , "Political Risk：Identification and Assessment", *Columbia Journal of World Business*, Vol. 6, No. 4, 1971, pp. 6-20.

[④] 黄河：《中国企业跨国经营的政治风险：基于案例与对策的分析》，载《国际展望》，2014 年第 3 期，第 68—87 页。

[⑤] 钞鹏：《对外投资的政治风险研究综述》，载《经济问题探索》，2012 年第 11 期，第 167 页。

究。① 相关论文成果的一大特点就是使用中国外交部和驻外使领馆发布的安全提醒为蓝本进行分析。②

　　二是对某些地区，如东盟、中亚、撒哈拉以南非洲或某个国家如刚果（金）、巴基斯坦、苏丹等的中国公民和中资企业的安全风险状况进行分析。此外，还有学者对苏丹、阿富汗、巴基斯坦和湄公河流域的中国公民和中资企业遭遇的安全风险进行分析。③

　　三是对"一带一路"相关安全风险进行研究，但不以涉及海外中国公民和中资企业的安全风险为主要关注点。这类成果又可以分为三种：第一种是整体上对"一带一路"安全风险进行研究；④ 第二种是专门对经济、对外投资或中非合作共建海上丝绸之路，推动海上互通、

---

① 李晓敏：《非传统威胁下中国公民海外安全分析》，北京：人民出版社，2011 年版；翟崑、周强、胡然主编：《"一带一路"案例实践与风险防范——政治安全篇》，北京：海洋出版社，2017 年版；查道炯、龚婷主编：《"一带一路"案例实践与风险防范——经济与社会篇》，北京：海洋出版社，2017 年版；敬云川、解辰阳主编：《"一带一路"案例实践与风险防范——法律篇》，北京：海洋出版社，2017 年版；吴冰冰、于运全主编：《"一带一路"案例实践与风险防范——文化篇》，北京：海洋出版社，2017 年版。

② 汪段泳：《中国海外公民安全：基于对外交部"出国特别提醒"（2008—2010 年）的量化解读》，载《外交评论》，2011 年第 1 期，第 60—75 页；李晓敏：《强化对在高风险国家的中国公民保护机制——基于 2010—2014 年"安全提醒"数据的分析》，载《福建江夏学院学报》，2014 年第 6 期，第 35—42 页；夏莉萍：《海外中国公民和中资企业的安全风险——基于中国驻外使馆安全提醒之分析》，载《国际安全研究》，2019 年第 6 期，第 129—152 页。

③ 卢文刚、魏甜：《"一带一路"沿线国家海外中国公民安全风险评估与治理研究——以中国公民在东盟十国为例》，载《广西社会科学》，2017 年第 9 期；张杰：《中国在中亚地区的利益与公民的安全保护》，载《俄罗斯研究》，2016 年第 5 期；汪段泳、赵裴：《南非洲，中国公民安全风险几何？》，载《社会观察》，2014 年第 11 期；汪段泳、赵裴：《撒哈拉以南非洲中国公民安全风险调查——以刚果（金）为例》，载《复旦国际关系评论》，2015 年第 1 期。Jonas Parello-Plesner 和 Mathieu Duchatel 对苏丹、阿富汗、巴基斯坦和湄公河流域的中国公民和中资企业遭遇的安全风险进行了分析，参见 Jonas Parello-Plesner and Mathieu Duchâtel, "China's Strong Arm: Protecting Citizens and Assets Abroad", London: Routledge, 2015.

④ 《"一带一路"沿线国家安全风险评估》编委会主编：《"一带一路"沿线国家安全风险评估》，北京：中国发展出版社，2015 年版。

产能合作与产业对接的风险进行研究;① 第三种是对"一带一路"建设所涉及的某个地区或某个国家的安全风险进行研究。②

（二）关于海外中国公民和中资企业安全保护的研究

一是对"一带一路"安全保障体系进行研究。③ 二是从领事保护的角度进行研究。具体有以下几种情况：第一种是对领事保护实践综合研究，如介绍中国领事保护的基本情况，总结各阶段中国领事保护发展的特点④、中国领事保护面临的"供需矛盾"与可持续发展问题，即领事保护任务繁重，而政府相关投入有限。要实现领事保护的可持续发展，必须进行多方面的改革。⑤ 第二种是领事保护案例研究，如对

---

① 陈波：《"一带一路"背景下我国对外直接投资的风险与防范》，载《行政管理改革》，2018 年第 7 期；杨君岐、任禹洁：《"一带一路"沿线国家的投资风险分析——基于模糊综合评价法》，载《财会月刊》，2019 年第 2 期；王镝、杨娟：《"一带一路"沿线国家风险评级研究》，载《北京工商大学学报（社会科学版）》，2018 年第 4 期；孙海泳：《"一带一路"背景下中非海上互通的安全风险与防控》，载《新视野》，2018 年第 5 期。

② 刘中民：《在中东推进"一带一路"建设的政治和安全风险及应对》，载《国际展望》，2018 年第 2 期；张杰：《"一带一路"与私人安保对中国海外利益的保护——以中亚地区为视角》，载《上海对外经贸大学学报》，2017 年第 1 期；郤笃刚、刘建忠等：《"一带一路"建设在印度洋地区面临的地缘风险分析》，载《世界地理研究》，2018 年第 6 期；刘倩《南亚恐怖主义与一带一路"沿线的海外利益保护》，载《印度洋经济体研究》，2018 年第 5 期；马丽蓉：《"一带一路"沿线伊斯兰支点国家建设及其安全风险防范研究》，载《世界宗教文化》，2018 年第 1 期；苏闻宇：《"一带一路"倡议下中国–土耳其安全风险防范研究》，载《世界宗教文化》，2018 年第 1 期；王畅：《"一带一路"倡议下中国–伊朗安全风险防范研究》，载《世界宗教文化》，2018 年第 1 期；马蓓：《"一带一路"框架下中国–巴基斯坦安全风险防范研究》，载《世界宗教文化》，2018 年第 3 期。

③ 赵明昊：《"一带一路"建设的安全保障问题刍议》，载《国际论坛》，2016 年第 2 期；刘波：《"一带一路"安全保障体系构建中的私营安保公司研究》，载《国际安全研究》，2018 年第 5 期；刘乐：《"一带一路"的安全保障》，载《国际经济评论》，2021 年第 2 期。

④ 黎海波：《中国领事保护：历史发展与案例分析》，北京：中国社会科学出版社，2017 年版；邱学军：《新中国海外领事保护工作理论与实践》，北京：世界知识出版社，2020 年版。Andrea Ghiselli, "War on Rocks: Continuity and Change in China's Strategy to Protect Overseas Interests", *Texas National Security Review*, August 4, 2021.

⑤ 夏莉萍：《中国领事保护需求与外交投入的矛盾及解决方式》，载《国际政治研究》，2016 年第 4 期；黎海波：《中国领事保护可持续发展探析》，载《现代国际关系》，2016 年第 6 期。

2011 年利比亚大撤离进行研究;① 以 2014 年在越南的中资企业遭打砸抢事件为例总结中国撤侨应急行动的经验，并对改善撤侨应急管理提出建议;②对新冠肺炎疫情下的领事保护进行研究。③ 第三种是对某一类型海外公民群体的保护进行研究，如"一带一路"建设中的海外中国劳工保护体系，提出应转变传统应急思维，将海外劳工的生命安全保护与日常权益保护并重。④第四种是对某一年份的领事保护工作进行总结。⑤第五种是对领事保护与协助立法草案进行评述等。⑥

国外学者的研究视角更为宏观一些。有从海外公民安全保护的角度探讨中国对外政策的变化，认为中国承担保护海外公民和资产的责任并非中国大国战略的一部分，而是因为中国的海外利益存在于局势易变的危险地带，中国不得不应对。为此，中国外交政策中的"不干涉"倾向有所改变，但中国政府仍然主要依靠东道国来保护海外中国公民，且增加了军事力量的运用。⑦ 还有从安全化和对外政策的角度研究中国海外利益保护，认为中国海外利益保护政策发展由与海外中国

---

① 吴志成:《从利比亚撤侨看中国海外国家利益的保护》，载《欧洲研究》，2011 年第 3 期;夏莉萍:《从利比亚事件透视中国领事保护机制建设》，载《西亚非洲》，2011 年第 9 期;张丹丹、孙德刚:《中国领事保护的整体思想与机制建设:以利比亚撤侨行动为例》，载《国际论坛》，2020 年第 3 期。Shaio Zerba，"China's Libya Evacuation Operation: A New Diplomatic Imperative—Overseas Citizenprotection"，*Journal of Contemporary China*，November，2014.

② 卢文刚、黄小珍:《中国海外突发事件撤侨应急管理研究——以"5·13"越南打砸中资企业事件为例》，载《东南亚研究》，2014 年第 5 期。

③ 陈奕平、许彤辉:《新冠疫情下海外中国公民安全与领事保护》，载《东南亚研究》，2020 年第 4 期。

④ 章雅荻:《"一带一路"倡议与中国海外劳工保护》，载《国际展望》，2016 年第 3 期。

⑤ 师会娜:《2013 年中国领事保护工作简评》，载《东南亚研究》，2014 年第 2 期;卢文刚、黎舒菡:《2014 年中国在东南亚地区领事保护状况、问题及改善对策研究》，载《东南亚纵横》，2015 年第 5 期。

⑥ 王勇:《我国领事探视法律制度的构建——兼评〈《领事保护与协助工作条例（草案）》征求意见稿〉的相关规定》，载《法商研究》，2018 年第 4 期。

⑦ Mathieu Duchâtel，Oliver Brauner and Zhou Hang，"Protecting China's Overseas Interests: The Slow Shift away from Non‐interference"，*SIPRI Policy Paper*，No. 41，June，2014. Jonas Parello‐Plesner and Mathieu Duchâtel，*China's Strong Arm: Protecting Citizens and Assets Abroad*，London: Routledge，2015.

公民和中资企业有关的安全危机事件所驱动，2011 年的利比亚大撤离就是最典型的案例。①

总体看来，国内外学者从不同视角对"一带一路"背景下的海外安全风险进行了研究，但对于海外中国公民和海外中资企业遭遇的具体安全风险及海外公民和海外中资企业安全保护机制建设的整体状况，学术界还未有成果进行过全面系统的梳理和研究。

三、主要研究内容

本书共分四章。第一章梳理近年来中国公民和中资企业在共建"一带一路"国家遭遇的海外安全风险情况。为保证资料来源的权威性，主要依据中国外交部领事服务网站和中国驻相关国家使领馆网站发布的安全提醒信息，梳理总结海外中国公民和中资企业遭遇的主要安全风险情况和风险类型，分析安全风险的成因。

第二章论述海外中国公民和中资企业安全保护机制建设的整体情况。首先，简要回顾中华人民共和国成立至 20 世纪末我国海外中国公民和中资企业安全保护机制建设的历史，重点阐述进入 21 世纪以来保护工作所面临的新形势、新任务及相关机制建设取得的进展，如参与主体多元化、协调机制网络化、管理法制化和安全预防精细化等。

第三章是案例研究，选取涉及海外中国公民和中资企业安全保护的典型案例，尽可能详细地探究相关预防机制和应急机制运行的情况，如安全预警信息的发布情况、应急机制启动情况、案件处理经过、参与方及其他各方发挥的作用等。

第四章在前文研究的基础上，结合海外中国公民和中资企业安全保护机制建设的整体情况及案例分析部分，探讨海外中国公民和中资企业安全保护机制建设的优势与不足，并有针对性地提出改进建议。

---

① Andrea Ghiselli, *Protecting China's Interests Overseas*, *Securitization and Foreign Policy*, New York：Oxford University Press, 2021.

第一章 中国公民和中资企业在共建"一带一路"国家的安全风险

如前文所述，截至 2022 年 1 月 14 日，中国已经同 147 个国家和 32 个国际组织签署 200 余份共建"一带一路"合作文件。①为深入了解共建"一带一路"国家中的中国公民和中资企业遭遇的安全风险，拟选择 13 个国家为例进行研究。

选择研究对象国家主要基于以下几点考虑：一是重点国家必须有所包括。例如主要经济走廊建设国家，如俄罗斯、哈萨克斯坦（新亚欧大陆桥经济走廊）、巴基斯坦（中巴经济走廊）和缅甸（孟中印缅经济走廊）等。②二是地区平衡。不同洲别的国家，如亚洲、欧洲、非洲、美洲、大洋洲国家，都有所选择。三是大小国家兼顾。所选择的研究对象国不仅包括大国，也包括小国。这样才能较为全面地反映海外中国公民和中资企业的安全状况。最终确定巴基斯坦、哈萨克斯坦、菲律宾、缅甸、俄罗斯、希腊、克罗地亚、埃塞俄比亚、南非、埃及、古巴、秘鲁、新西兰等 13 个国家为研究对象，重点研究这 13 个国家

---

① 《已同中国签订共建"一带一路"合作文件的国家一览》，https://www.yidaiyilu. gov.cn/xwzx/roll/77298.htm。

② 《六大经济走廊》，http://yidaiyilu.gov.cn/zchj/rcjd/60644.htm。

中的海外中国公民和中资企业遭遇的安全风险①，最后总结海外中国公民和中资企业安全风险的类别特点并分析这些安全风险的成因。

第一节　中国公民和中资企业在亚洲共建"一带一路"国家的安全风险

本节主要选取巴基斯坦、哈萨克斯坦、菲律宾、缅甸等亚洲国家，分析中国公民和中资企业在当地面临的主要安全风险。

一、中国公民和中资企业在巴基斯坦的主要安全风险

在巴基斯坦的中国公民和中资企业面临的主要安全风险包括恐怖袭击风险、政治风险、社会治安风险、出入境风险、违法违规行为、流行性疾病等。

（一）恐怖袭击风险

巴基斯坦被列为世界上遭受恐怖主义袭击最严重的国家之一。根据 2020 年全球恐怖主义指数（Global Terrorism Index）报告，巴基斯坦 2020 年的恐怖主义指数排名为全球第七位。② 恐怖组织与宗教势力、地方分裂势力、国际恐怖势力、犯罪团伙等矛盾交织，多重风险叠加。近年来，巴基斯坦反恐行动取得较大进展，一定程度上遏制了恐怖势力在巴基斯坦的活动，但恐怖主义、极端主义土壤并未根除。恐怖袭击事件几乎不断（见表1）。随着我国在巴基斯坦的项目和人员不断增多，他们遭遇的安全风险更加突出，相继发生了针对中国公民和中资

---

① 在论述有关流行性疾病风险时，因新冠肺炎疫情全球性大流行，各国都有这样的安全风险，在文中不再赘述。

② Institute for Economic & Peace, "Global Terrorism Index 2020", https://visionofhumanity. org/wp-content/uploads/2020/11/GTI-2020-web-1. pdf.

企业项目人员的绑架、枪击以及炸弹袭击等事件。① 中国驻巴基斯坦使馆也屡次发布相关安全提醒。②

表 1　2013—2021 年巴基斯坦主要恐怖袭击事件③

时　间	事　件
2013 年 6 月 23 日	十名外国游客和一名向导在南伽峰登山营地附近被恐怖分子枪杀，其中包括两名中国公民
2015 年	俾路支省、开伯尔-普什图省、信德省发生多起恐怖袭击
2016 年年初	开普省连续发生多起袭击事件，造成严重人员伤亡
2016 年 5 月 30 日	卡拉奇市发生针对中国人的遥控爆炸事件，一名中国工程师及其司机受伤
2017 年 2 月 13 日	拉合尔市一位自杀式袭击者在游行的人群中自爆，导致 13 人死亡、85 人受伤
2017 年 2 月 15 日	西北边境省中央直辖部落特区莫赫曼德发生自杀性爆炸袭击案件，导致三名武装人员及五名平民死亡
2017 年 2 月 16 日	信德省塞赫万地区一宗教场所发生自杀式恐怖爆炸袭击，至少造成 88 人死亡、343 人受伤
2017 年 2 月 19 日	卡拉奇发生自杀式爆炸袭击
2017 年 5 月 24 日	两名中国公民在俾路支省首府奎达真纳镇遭"伊斯兰国"恐怖分子武装绑架并杀害

---

① 商务部国际贸易经济合作研究院、中国驻巴基斯坦大使馆经济商务处、商务部对外投资和经济合作司：《对外投资合作国别（地区）指南：巴基斯坦（2019 年版）》，http://mofcom. gov. cn/dl/gbdqzn/upload/bajisitan. pdf。

② 《提醒在巴基斯坦中国公民阿舒拉节期间注意安全》，https://www. fmprc. gov. cn/ce/cepk/chn/lsfw/tztx/t1498864. htm；《重要安全提醒》，https://www. fmprc. gov. cn/ce/cepk/chn/lsfw/tztx/t1517754. htm。

③ 商务部国际贸易经济合作研究院、中国驻巴基斯坦大使馆经济商务处、商务部对外投资和经济合作司：《对外投资合作国别（地区）指南：巴基斯坦（2019 年版）》，http://mofcom. gov. cn/dl/gbdqzn/upload/bajisitan. pdf；中国驻巴基斯坦使馆网站、中国驻巴基斯坦拉合尔总领事馆网站、中国驻巴基斯坦卡拉奇总领事馆网站、《参考消息》等。

续表

时 间	事 件
2017 年 7 月 17 日	塔利塔在北部开伯尔 - 普什图首府白沙瓦进行自杀式爆炸袭击，造成两人死亡、七人受伤
2018 年 7 月 13 日	俾路支省默斯东地区一政治集会现场发生自杀式炸弹袭击，造成 149 人死亡、186 人受伤
2018 年 11 月 23 日	三名恐怖分子袭击中国驻卡拉奇总领事馆
2020 年 11 月 24 日	拉合尔强力部门挫败一起恐袭图谋，击毙一名恐怖分子
2021 年 7 月 14 日	葛洲坝集团在北部开伯尔 - 普什图省承建的达苏水电站项目出勤班车在赴施工现场途中遭遇爆炸，造成至少九名中方人员、四名巴方人员遇难，另有 20 多名中国公民受伤

（二）政治风险

第一，巴基斯坦中央政府控制力偏弱，与中央政府达成的协议，未必在地方得到有力执行。中央设联邦政府和两院制议会，下辖四个省和两个联邦直辖区。"省级议会保有立法权，在野党只要成为省级议会多数党就有权在地方组建政府。"① 中央政府对所辖各省以及地区政府的操控力很有限，尤其是西北边境省与俾路支斯坦的地方主义色彩更为浓重。

第二，权力中心易反复转移，政策的连续性得不到保障。各类利益团体的施压又加大了政策的不确定性。诸如工会、各种行业协会等利益组织团体种类繁多，且善于通过游说、示威游行等多种方式向政府施加压力。在中央政府治理能力薄弱背景下，来自利益集团的抗议和示威很容易改变政府业已制定的政策。②

① 黄河、许雪莹、陈慈钰：《中国企业在巴基斯坦投资的政治风险及管控——以中巴经济走廊为例》，载《国际展望》，2017 年第 2 期，第 138 页。

② 郑刚：《中巴经济走廊的风险挑战、大战略思考及其对策建议》，载《太平洋学报》，2016 年第 4 期，第 90 页。

第三，行政效率不高加大了企业运营成本，项目逐层审批在一定程度上会制约项目的建设进度。

（三）社会治安风险

根据 2021 年全球犯罪指数（Crime Index），将不安全程度由高到低排列，在全球 135 个国家和地区中，巴基斯坦排名第 72 位。[1] 巴基斯坦大城市的社会治安状况总体尚可。其中，首都伊斯兰堡与第二大城市拉合尔的治安状况较好，而卡拉奇的治安形势较为复杂，宗教派别仇杀、恐怖袭击事件时常发生。2015 年以来，政府在卡拉奇进行大规模治安整治，取得了一定成效。对于部落地区的治安情况，中央政府基本上没有控制权，社会治安主要由部落首领负责。非法持有枪支是引发社会治安风险的重要原因。虽然政府严禁非法持有枪支，"但民间非法持有枪支现象较严重"[2]。

巴基斯坦多发的涉及中国公民的社会治安案件类型主要有遭遇持枪抢劫和诈骗两大类。遭遇持枪抢劫类案件如 2015 年 3 月有五名中国公民在巴基斯坦拉合尔市遭遇持枪抢劫，其中两名中国公民受伤。[3] 中国驻卡拉奇总领事馆曾发布信息，表示卡拉奇市治安形势一直较为严峻，已发生多起中国公民遭抢劫甚至受伤事件，提醒当地中国公民注意安全。[4] 除抢劫外，中国公民在巴基斯坦经商频频遭遇诈骗风险，发生多起针对中国公民的诈骗案件，如长期拖欠货款、货物以次充好、款到拒不发货、涂改银行支票等，有关案件给当事人带来经济损失和

---

[1]　NUMBEO，"Crime Index by Country 2021"，http://numbeo.com/crime/rankings_by_country.jsp？title＝2021&displayColumn＝0.

[2]　商务部国际贸易经济合作研究院、中国驻哈萨克斯坦大使馆经济商务参赞处、商务部对外投资和经济合作司：《对外投资合作国别（地区）指南：巴基斯坦（2018 年版）》，http://yidaiyilu.gov.cn/wcm.files/upload/CMSydylgw/201902/2019 02010412036.pdf。

[3]　《提醒在巴基斯坦中国公民注意安全》，http://pk.chineseembassy.org/chn/lsfw/tztx/t 1248033.htm。

[4]　《提醒赴巴基斯坦卡拉奇市中国公民注意安全》，http://karachi.china-consulate.org/chn/lsqw/lbqw/t1504615.htm。

身心伤害。①

（四）出入境风险

中国公民在巴基斯坦遭遇的与出入境相关的安全事件主要有以下几类：

第一，通过中介办理签证，涉嫌提供虚假签证资料。曾有中国公民通过中介办理签证延期，因中介提供虚假申请资料被巴方列入黑名单，造成出境困难；还有在国内的中国公民通过中介办理假签证在入境巴时被原机遣返。②

第二，从事与签证目的不相符的活动。例如，巴基斯坦签证类别中（包括落地签）没有以来巴娶亲为目的的签证，但近年来有不少中国公民来巴基斯坦结婚，因签证类别与实际从事活动不符，面临被遣返的风险。③

第三，携带超额现金。巴基斯坦法律严禁携带超过 1 万美元（或等值其他货币）外汇现金或超过巴基斯坦货币 3000 卢比离境；在目的地为印度时严禁携带超过巴基斯坦货币 500 卢比离境。有中国公民因随身携带超额美元现金从伊斯兰堡机场乘机离境而被巴基斯坦机场海关截获，并进入司法程序。④

---

① 《提醒驻卡拉奇总领馆领区中国商人防范诈骗案件》，http://karachi. china-consulate. org/chn/lsqw/lbqw/t1110708. htm；《再次提醒中国公民通过正规渠道申请巴基斯坦签证延期》，http://pk. chineseembassy. org/chn/lsfw/tztx/t1822389. htm。

② 《提醒中国公民通过正规渠道申请巴基斯坦签证》，http://pk. chineseembassy. org/chn/lsfw/tztx/t1808376. htm。

③ 《提醒中国公民严格遵守中巴跨国婚姻法律法规》，http://pk. chineseembassy. org/chn/lsfw/tztx/t1726563. htm；《来巴基斯坦娶亲，请远离婚介》，http://pk. chineseembassy. org/chn/lsfw/tztx/t1675492. htm。

④ 《提醒在巴基斯坦中国公民离境时严格遵守当地对携带现金的有关规定》，http://pk. chineseembassy. org/chn/lsfw/tztx/t1715275. htm；《提醒在巴基斯坦中国公民离境时严格遵守当地对携带现金的有关规定》，http://pk. chineseembassy. org/chn/lsfw/tztx/t1298472. htm。

（五）除出入境之外的其他违法违规行为带来的安全风险

此类安全风险包括以下几种情况：

第一，伪造结婚文件或入教文件。伊斯兰和基督教等宗教对教徒与非教徒结婚均有相应规定或习俗。巴基斯坦法律规定，"以结婚登记为目的而伪造文件，最高可判处七年徒刑"①。有中国公民在巴基斯坦为结婚假装入教，甚至伪造入教文件而面临牢狱之灾。②

第二，涉嫌贩卖人口。有中国公民使用彩礼来巴基斯坦寻求结婚，但"金钱（彩礼）通常是当地法院判定贩卖人口罪的重要依据"③。巴基斯坦司法程序繁杂，涉嫌贩卖人口罪被逮捕，法庭审判冗长，诉讼费用昂贵。④ 还有中国公民因在伊斯兰堡从事跨国婚姻中介，被巴基斯坦联邦调查局以涉嫌贩卖人口罪逮捕，面临三至五年刑期和高额罚金。⑤

第三，进入未经许可不得进入的地区。吉尔吉特－巴尔蒂斯坦位于巴控克什米尔北部，是巴基斯坦最北的地区，距离中巴边界走廊400公里。根据巴有关规定，凡持商务签证的外国公民须事先取得内政部许可后方可进入该地区。⑥ 该地区曾发生多起警方禁止未取得巴内政部许可证明的中国公民进入该地区的事件。

---

① 《提醒中国公民严格遵守中巴跨国婚姻法律法规》，http://pk. chineseembassy. org/chn/lsfw/tztx/t1726563. htm。

② 《来巴基斯坦娶亲，请远离婚介》，http://pk. chineseembassy. org/chn/lsfw/tztx/t1675492. htm。

③ 同①。

④ 同②。

⑤ 《提醒中国公民自觉抵制非法跨国婚姻中介活动》，http://pk. chineseembassy. org/chn/lsfw/tztx/t1640744. htm。

⑥ 《提醒中国公民赴巴基斯坦吉尔吉特—巴尔蒂斯坦地区时需事先办理许可证明（NOC）》，http://pk. chineseembassy. org/chn/lsfw/tztx/t1580921. htm。

（六）流行性疾病

巴基斯坦夏季霍乱、登革热、疟疾等传染病易流行。[①] 据世界卫生组织（WHO）通报的信息，2014 年 1 月 1 日至 7 月 1 日，"全球新发脊髓灰质炎（poliomyelitis，俗称小儿麻痹症）病例共 112 例"，[②] 其中 88 例发生在巴基斯坦。

二、中国公民和中资企业在哈萨克斯坦的主要安全风险

在哈萨克斯坦的中国公民和中资企业面临的主要安全风险包括政治风险、社会治安风险、出入境风险、违法违规行为、气候风险、流行性疾病等。此外，中国公民和中资企业因非法务工、违法用工以及非法移民等问题面临安全风险，中资企业员工与当地工人相处不洽而引起的斗殴也给人身安全带来危险。

（一）政治风险

自 1991 年独立后，哈萨克斯坦政局比较稳定，纳扎尔巴耶夫长期担任总统职务。2019 年，哈萨克斯坦顺利实现独立 28 年来的首次政权交接。哈萨克斯坦全国共有 130 多个民族，其中哈萨克族与俄罗斯族人数最为众多，信奉的宗教主要为伊斯兰教、基督教和东正教。不同种族之间形成迥异的社会文化以及社会习俗，稍有不慎就会引起冲突。[③]

2022 年 1 月初，哈萨克斯坦爆发大规模抗议活动。西部城市扎瑙

---

① 商务部国际贸易经济合作研究院、中国驻巴基斯坦大使馆经济商务处、商务部对外投资和经济合作司：《对外投资合作国别（地区）指南：巴基斯坦（2019 年版）》，http://mofcom. gov. cn/dl/gbdqzn/upload/bajisitan. pdf。

② 《关于防止脊髓灰质炎野病毒传入我国的公告》，http://pk. chineseembassy. org/chn/lsfw/tztx/t1178333. htm。

③ 王亚星、毕钰：《企业海外合规经营的问题与对策研究——以中国石油公司在哈萨克斯坦投资为例》，载《未来与发展》，2019 年第 7 期，第 28 页。

津和阿克套的居民上街抗议液化天然气价格翻倍，抗议活动迅速蔓延到包括该国最大城市的阿拉木图等地。多地发生抢掠事件，一些武装分子袭击了政府机构并抢走武器。哈政府宣布 1 月 5 日至 19 日在全国范围实施紧急状态，并开始反恐行动。由于局势迅速升温，哈总统托卡耶夫 1 月 5 日向俄罗斯主导的集安组织求援以克服"恐怖主义威胁"。俄罗斯随后派遣了一个由 2030 名士兵和 250 套军事装备组成的维和特派团前往哈萨克斯坦。截至 1 月 15 日，发生的骚乱事件导致 225 人死亡，其中包括平民、参与袭击的武装分子以及 19 名警务人员和军人。① 骚乱中，个别中资企业的设施和车辆遭到破坏，一些中国公民遭到抢劫，还有人因银行系统"停摆"导致经济损失。②

（二）社会治安风险

根据 2021 年全球犯罪指数，将不安全程度由高到低排列，在全球 135 个国家和地区中，哈萨克斯坦排名第 39 位。③ 中国驻哈萨克斯坦使馆网站发布的信息和商务部组织编写的关于该国的投资指南显示，中国公民和中资企业在哈萨克斯坦遭遇的社会治安事件主要为盗窃和抢劫。例如，哈萨克斯坦当地建材性价比较低，资源匮乏，中资企业项目工地现场建材失窃情况时有发生。④ 新冠肺炎疫情下，哈萨克斯坦社会经济面临的挑战增多，给社会治安带来不小压力，抢劫、盗窃等犯罪案件多发。例如，2021 年 4 月 8 日，西哈州乌拉尔斯克市发生一起抢劫案，劫匪抢劫商店大量现金后，持枪绑架货币兑换点员工，并

---

① 《白俄罗斯总统：独联体国家普遍面临哈萨克斯坦遭遇的威胁》，https://world. huanqiu. com/article/46QFdSELE8n。

② 《中国驻哈萨克斯坦大使张霄就近期哈局势接受〈环球时报〉采访》，http://kz. chineseembassy. org/chn/sgxx/sgdt/202201t/t20220112_10481408. htm。

③ NUMBEO，"Crime Index by Country 2021"，http://numbeo. com/crime/rankings_by_country. jsp？title＝2021&displayColumn＝0。

④ 商务部国际贸易经济合作研究院、中国驻哈萨克斯坦大使馆经济商务参赞处、商务部对外投资和经济合作司：《对外投资合作国别（地区）指南：哈萨克斯坦（2020 年版）》，http://mofcom. gov. cn/dl/gbdqzn/upload/hasakesitan. pdf。

带走其个人物品。警方根据监控追踪劫匪逃跑路线，逮捕了三名犯罪嫌疑人。①

（三）出入境风险

中国公民在哈萨克斯坦遇到的出入境风险包括：

第一，被索要小费。例如 2017 年 10 月，中国驻哈萨克斯坦使馆发布安全提醒称，"一段时间以来，根据中国公民反映并经核实，在哈萨克斯坦入出境口岸有中国公民被口岸个别工作人员强行索要'小费'。"②

第二，违反出入境居留规定无法出境。曾有中国公民因遗失入境卡，未及时向移民局履行补办手续而无法顺利从哈萨克斯坦出境。③2018 年 4 月至 6 月，"多名中国公民赴哈萨克斯坦投资考察，因违反当地入境居留制度被限制出境，给个人造成经济、精神损失"④。再如，有中国商人在中国境内通过签证中介机构花费了数万元人民币办理赴哈萨克斯坦商务签证。来哈后在阿拉木图正常进行商务考察，离境时却遭遇护照被没收、出境受限制的情况。原因是二人在该签证中介机构"办理的居留地注册地为西部城市阿特劳，与二人实际居留地不符，二人先后在阿特劳、阿拉木图多次开庭审理，在哈滞留长达两个多月"⑤。此外，还有中国商人虽"通过正规渠道办理赴哈商务签证，入境后因预订酒店装修，临时更换住所，但未及时更改居留地注

---

① 《哈萨克斯坦发生持枪抢劫案》，http://www.cosri.org.cn/index.php? m = default.news_info&cid = 2&ccid = 6&id = 13488。

② 《对非法索要"小费"要敢于说"不"》，http://kz.chineseembassy.org/chn/lsfw/bh/t1500434.htm。

③ 《驻哈萨克斯坦使馆提醒赴哈中国公民妥善保管入境卡》，http://kz.chineseem bassy.org/chn/lsfw/bh/t1090798.htm。

④ 《郑重提醒在哈萨克斯坦中国公民注意遵守当地入境居留管理制度》，http://kz.mofcom.gov.cn/article/zwnsjg/201806/20180602756274.shtml。

⑤ 同④。

册信息，被哈有关部门发现后没收护照，罚款并驱逐出境"①。

（四）除出入境之外的其他违法违规行为所带来的安全风险

在哈萨克斯坦，中国公民和中资企业因非法务工、违法用工和非法移民等问题面临安全风险。

哈萨克斯坦政府不断加大对雇佣外籍劳务企业的检查力度，对违规企业采取严厉惩戒措施。2013 年 9 月，据哈萨克斯坦有关媒体报道，在内务部、国家安全委员会边防局开展的打击外国劳工在哈非法务工行动中，阿斯塔纳市 160 名外国人被拘留，阿克纠宾州 768 名外国人受到行政处罚；2013 年年初至当年 9 月，哈共查处 62,000 名违反哈移民法规外国人，其中 2368 人被驱逐出境。② 2019 年 8 月，哈政府再次发布提醒信息表示，哈政府高度关注外资经营中出现的持非劳务签证务工、居留手续不全、异地用工等问题。一经发现，立刻给予罚款、遣返相关人员、冻结资产等严厉惩处措施。③

2019 年 4 月，哈萨克斯坦警方在全国范围内集中开展打击非法移民行动，发现多起案件牵涉中国公民。④

2019 年 10 月，哈萨克斯坦执法部门在处理多地发生的中资企业项目员工斗殴，冲击营地事件的过程中，发现有大批中方人员存在所持签证手续不合规等情况，部分人员已被扣留。总统办公厅下令要求严查中方劳务人员签证，驱逐手续不合法不合规人员。⑤ 2019 年 9 月，

① 《郑重提醒在哈萨克斯坦中国公民注意遵守当地入境居留管理制度》，http://kz. mofcom. gov. cn/article/zwnsjg/201806/20180602756274. shtml。

② 《中国驻哈萨克斯坦使馆提醒中国公民在哈合法务工》，http://kz. chineseembassy. org/chn/lsfw/bh/t1083271. htm。

③ 《中国驻哈萨克斯坦使领馆提醒广大在哈中资机构关注劳务签证问题》，http://kz. chineseembassy. org/chn/lsfw/lingshibu/t1688757. htm。

④ 《关于遵守哈有关移民法规的提醒》，http://kz. mofcom. gov. cn/article/zwnsjg/201904/20190402855399. shtml。

⑤ 《关于严格执行哈劳动和移民法规工作的通知》，http://kz. mofcom. gov. cn/article/zwnsjg/201910/20191002904189. shtml。

哈萨克斯坦劳动和社会保障部针对哈本地员工与外籍员工同工不同酬情况，集中对雇佣外籍员工的企业开展检查。有多家中资企业因违反劳动和移民法规定受到罚款处罚。[①]

（五）中资企业员工内部斗殴带来的人身安全风险

2015年7月8日，某中资大型工程承包企业位于东哈州阿克托盖的项目工地爆发中哈工人群体事件，最终酿成百人参与的群殴，造成数十名中哈工人受伤，多处生活设施被打砸。[②] 2019年10月，中国驻哈萨克斯坦使馆经济商务处发布信息称，近期，哈多地部分中资企业项目发生员工斗殴、冲击滋扰营地等恶性事件，造成多名中方人员受伤，项目建设受到极大影响。[③]

（六）气候风险

哈萨克斯坦冬季严寒，施工条件恶劣，企业正常施工进度受到影响。北部地区冬季有半年的冰雪期，最低气温达到-40℃左右，常年冬季温度在-20℃至-10℃，施工环境恶劣，防冻保暖使施工成本成倍增加。哈萨克斯坦建筑业规定，当室外气温低于-20℃时，不允许生产混凝土。[④]

（七）流行性疾病

2018年6月，脑膜炎在哈萨克斯坦部分地区频发。据哈萨克斯坦

---

① 《关于提醒中资企业遵守哈劳动和移民法规的通知》，http://kz.mofcom.gov.cn/article/zwnsjg/201909/20190902897907.shtml。

② 《关于请在哈萨克斯坦中资企业进一步加强内部管理的通知》，http://kz.mofcom.gov.cn/article/zwnsjg/201507/20150701044381.shtml。

③ 《关于严格执行哈劳动和移民法规工作的通知》，http://kz.mofcom.gov.cn/article/zwnsjg/201910/20191002904189.shtml。

④ 商务部国际贸易经济合作研究院、中国驻哈萨克斯坦大使馆经济商务参赞处、商务部对外投资和经济合作司：《对外投资合作国别（地区）指南：哈萨克斯坦（2020年版）》，http://mofcom.gov.cn/dl/gbdqzn/upload/hasakesitan.pdf。

卫生保健部统计，此次流行性脑膜炎造成 60 人患病，13 人死亡。发病主要集中在南哈州、阿拉木图州、阿拉木图市等南方市州。一旦发病，需及时就医，否则便有数小时内死亡或造成永久性脑损伤的可能。①

2020 年 6 月中旬，奇姆肯特市、阿特劳州、阿克纠宾州的肺炎发病率明显高于同期。截至 2020 年 7 月中旬，三地已有近 500 人感染、30 余人病危。2020 年上半年，"哈萨克斯坦境内非新冠肺炎共导致 1772 人死亡，仅 6 月就有 628 人死亡，其中包括中国公民"②。

因新冠肺炎疫情防控给企业运营带来的风险。新冠肺炎疫情发生以来，除关闭边境口岸、暂停发放签证、限制人员出入境等措施外，哈萨克斯坦政府同时加强重要战略物资管控，优先保障国内民生和抗疫需要。自 2020 年 2 月 20 日起，哈萨克斯坦政府宣布禁止口罩等医疗物资出口；9 月 1 日前，限制荞麦、土豆、洋葱、葵花籽、白糖和葵花籽油等重要民生食品出口；对胡萝卜、萝卜、甜菜、白菜、小麦粉、黑麦粉、软质小麦、混合麦等农产品出口实施月度配额管理。上述措施对在哈萨克斯坦的外资企业的设备物资供应、人员派出轮换、商务考察磋商等产生负面影响，造成部分投资经营活动滞缓或暂停。同时，疫情快速蔓延直接威胁在哈萨克斯坦的外资企业员工的健康和安全，多数企业采取轮班制或远程办公模式，工作效率大打折扣。2020 年 3 月以来，哈萨克斯坦里海北部田吉兹油田确诊多例新冠肺炎病例，油田内部建设工程暂停，近 1.7 万名员工撤离现场，油田大修作业和扩产项目被迫延后。③

---

① 《提醒在哈萨克斯坦中国公民注意防范流行性脑膜炎》，http://kz. mofcom. gov. cn/article/zwnsjg/201806/20180602755398. shtml。

② 《提醒在哈中国公民注意防范肺炎》，http://kz. mofcom. gov. cn/article/zwnsjg/202007/20200702981470. shtml。

③ 商务部国际贸易经济合作研究院、中国驻哈萨克斯坦大使馆经济商务参赞处、商务部对外投资和经济合作司：《对外投资合作国别（地区）指南：哈萨克斯坦（2020 年版）》，http://mofcom. gov. cn/dl/gbdqzn/upload/hasakesitan. pdf。

三、中国公民和中资企业在菲律宾的主要安全风险

在菲律宾的中国公民和中资企业面临的主要安全风险包括政治风险、社会治安风险、恐怖袭击风险、出入境受阻风险、违法违规行为、自然灾害、意外事故、流行性疾病等。

（一）政治风险

第一，菲律宾选举政治非常复杂，政策延续性难以得到保障。这主要体现在政府部门之间的政策衔接容易断层，且新旧政府的政策衔接性较差；上届政府期间的合法经营在新政府任期内可能是非法的；一些政府部门认为是合法的事情，在另一个部门可能被认定为非法。

第二，行政审批程序冗长，司法体系不完善。例如，菲律宾的基础设施建设大项目需要菲国会审批才能通过，而不是总统批准或者某些政府部门审批后就能实施，整套程序十分冗长，很多项目都因审批过程太久而无法进行下去。[①] 虽然菲律宾的法律制度较为完备，但其法律判决并不具有强制执行力。因此，处理纠纷的法律程序通常需要数年或更长时间，在这种情况下，法律判决往往难以执行。即使胜诉，多数情况下，申索也无法保障。[②]

第三，腐败问题突出，索贿在菲律宾是司空见惯的事情。例如，"外国承包商通常要付出合同价 10%—20% 的代价作为贿赂"。[③]

第四，政府军与反政府武装冲突时有发生。菲律宾南部棉兰佬岛地区长期处于无政府状态。各类反政府武装组织活动频繁。例如，2013 年 9 月，菲律宾政府军与反政府武装在棉兰佬地区的三宝颜市爆

---

① 《"菲律宾基建热"背后有何风险》，载《环球时报》，2017 年 6 月 14 日，第 14 版。
② 付玉成：《菲律宾工程承包市场的政治风险》，载《国际经济合作》，2013 年第 5 期，第 59—60 页。
③ 同②。

发冲突，形势严峻。① 2017 年 4 月 11 日，菲律宾保和岛北部地区发生反政府武装与军警枪战，造成多人死伤。② 有中资企业反映，在政府军与反政府武装之间，他们左右为难。比如，在反政府武装之一的新人民军③活动区域通常要交一定比例的革命税，但菲律宾政府又禁止任何人与反对派武装有联系。④

第五，菲律宾与中国之间存在南海争端，当两国关系因南海争端变得紧张的时候，在菲律宾的中国公民和中资企业面临着安全风险。个别极端分子仇视中资企业，在政府纵容下，中国企业可能会遇到麻烦。例如，2012 年中菲黄岩岛争端后，"菲律宾当局以'非法务工'为由多次抓捕在菲中国务工人员，并以打击走私为名查封华商仓库"⑤。2015 年，因受当地舆论宣传的误导，菲律宾出现谩骂、诬蔑、恐吓、威胁在菲中国公民、企业和机构的迹象。⑥

（二）社会治安风险

根据 2021 年全球犯罪指数，将不安全程度由高到低排列，在全球 135 个国家和地区中，菲律宾排名第 78 位。⑦ 中国公民在菲律宾遭遇

---

① 《提醒中国公民暂缓前往三宝颜市》，http://cebu. china-consulate. org/chn/lsyw/t1078108. htm。

② 《提醒在保和岛及周边地区中国公民注意安全》，http://cebu. china-consulate. org/chn/lsyw/t1452824. htm。

③ 新人民军（New People's Army）于 1969 年成立，是菲律宾国内的反政府武装部队，是菲律宾共产党的武力，曾被菲律宾、美国等国家列为恐怖组织。菲律宾当地时间 2014 年 12 月 18 日零时至 2015 年 1 月 19 日零时菲律宾政府单方面暂停针对"新人民军"的武装行动。当地时间 2016 年 8 月 26 日，新人民军与菲律宾政府在挪威首都奥斯陆发表联合声明，宣布双方开始无限期停火。

④ 付玉成：《菲律宾工程承包市场的政治风险》，载《国际经济合作》，2013 年第 5 期，第 59—60 页。

⑤ 《菲律宾刁难华人：警察持枪抓扣华商带走 5 岁小孩》，https://mil. huanqiu. com/article/9CaKrnJEMpV。

⑥ 《提醒在菲律宾中国公民机构加强防范保证安全》，http://cebu. china-consulate. org/chn/lsyw/t1273922. htm。

⑦ NUMBEO，"Crime Index by Country 2021"，http://numbeo. com/crime/rankings_by_country. jsp？ title=2021&displayColumn=0。

的社会治安事件主要有以下几类。

第一，下药抢劫。乘客遭出租车司机抢劫案件不时发生。作案人通常包装成好客家庭或当地妇女团伙，以分享美食或结伴而行等为由与外国游客聊天，趁其不备在食品或饮料中下药从而迷昏受害人，并通过药物控制其进行银行转账，造成财产损失，多名中国游客曾中招。①

第二，绑架劫杀。菲律宾枪支管理比较宽松，民间持枪现象非常普遍。首都马尼拉有"世界绑架之都""地狱之门"之称。南部棉兰佬岛地区长期处于无政府状态。各类反政府武装组织将绑架当地富人和外国游客作为其筹集活动资金的主要手段。②中国建设项目上的中国员工在外出休闲过程中，尤其是在酒吧赌场等场所，面临很高的被抢劫和绑架风险。③中国驻菲律宾使领馆网站信息显示，2014 年至 2016年间涉及中国公民的治安事件比较多。2014 年 5 月，"棉兰佬岛部分地区接连发生包括中国公民在内的商人和游客遭绑架或被抢劫杀害的案件"④；2014 年 7 月 9 日凌晨，一中国公民在菲律宾内湖省比奈市遭到抢劫枪杀；⑤ 2014 年 9 月的第一周之内，连续发生三起针对中国人的绑架和枪击案。⑥ 2015 年 10 月 2 日菲律宾卡维特省发生枪击案件，一名中国公民于住所遭枪击死亡。⑦ 2016 年至少发生了六起未报案的针对华人的绑架案。⑧ 尽管 2016 年之后，中国驻菲律宾使领馆网站未

① 《公告-提醒在菲中国公民注意防范风险》，http://ph. china-embassy. org/chn/lsfw/12/t1655892. htm。

② 《独家：一周三起涉华恶性事件 菲治安乱殃及华人》，载《参考消息》，2014 年 9 月19 日，第 11 版。

③ 曾芬钰、石国平：《"一带一路"背景下中菲电力 EPC 项目风险及对策分析》，载《对外经贸实务》，2019 年第 11 期，第 91—92 页。

④ 《提醒在菲律宾南部中国公民注意人身财产安全》，http://cebu. china-consulate. org/chn/lsyw/t1159030. htm。

⑤ 《中国驻菲律宾大使馆紧急处置一中国公民被害案》，http://ph. china-embassy. org/chn/lsfw/lsbh/lbyw/t1173212. htm。

⑥ 《菲律宾治安恶化殃及华人》，载《参考消息》，2014 年 9 月 19 日，第 11 版。

⑦ 《中国驻菲使馆就枪击案向菲警方提出交涉》，http://ph. china-embassy. org/chn/lsfw/lsbh/lbyw/t1303476. htm。

⑧ 《菲律宾加强警力保护华人社区》，载《环球时报》，2016 年 11 月 9 日，第 3 版。

再发布此类信息，但其他网络的有关报道不断。[①] 2021 年 10 月 15 日晚，帕赛市警方以涉嫌绑架犯罪逮捕了四名嫌犯，包括三名中国人和一名菲律宾人。10 月 2 日，该犯罪团伙绑架了一名中国男子。受害者被带到一家网络博彩公司，其家人被要求支付 30 万比索的赎金。[②]

第三，电信诈骗。中国驻菲律宾使领馆多次发布安全提醒称，"一些不法分子冒充使领馆官员，编造当事人护照或居留卡到期、信用卡被盗刷或涉及国际刑事案件等理由要求其提供个人银行账户或缴纳罚款，一些案件中，诈骗分子采用技术手段将电话号码伪装成中国驻外使领馆电话号码，具有欺骗性"[③]。

（三）恐怖袭击风险

棉兰佬岛地区存在反政府恐怖势力，恐怖袭击活动时有发生，恐怖分子通过袭击附近的建设项目，借以向政府示威。[④] 2014 年 9 月初，发生了一起针对中国使馆和企业及菲律宾商场等公共设施的未遂爆炸袭击案。[⑤] 2014 年 10 月，警方在大马尼拉地区逮捕多名实施炸弹袭击的与恐怖组织有关的犯罪嫌疑人。[⑥] 2016 年 9 月，"南部城市达沃发生爆炸事件，造成至少 15 人死亡，71 人受伤"。[⑦] 2021 年 1 月 27 日，棉

---

① 《一名中国女子在菲律宾遭绑架　警方：嫌疑人或也是中国人》，https://www.guancha.cn/internation/2019_12_11_528097.shtml；《在菲律宾针对中国人绑架犯罪日渐猖獗，几乎天天发生！》，https://www.sohu.com/a/457014277_206880。

② 《菲律宾近抓获数名违法中国人，四名毒贩因拒捕被击毙》，https://new.qq.com/rain/a/20211102A01GON00。

③ 《提醒中国公民警惕假冒中国驻外使领馆名义的电信诈骗》，http://cebu.china-consulate.org/chn/lsyw/22/t1487387.htm。

④ 曾芬钰、石国平：《"一带一路"背景下中菲电力 EPC 项目风险及对策分析》，载《对外经贸实务》，2019 年第 11 期，第 91—92 页。

⑤ 《菲律宾治安恶化殃及华人》，载《参考消息》，2014 年 9 月 19 日，第 11 版。

⑥ 《提醒在菲中国公民防范爆炸袭击》，http://cebu.china-consulate.org/chn/lsyw/22/t1199759.htm。

⑦ 《提醒在菲及拟赴菲中国公民注意安全》，http://cebu.china-consulate.org/chn/lsyw/t1394613.htm。

兰佬岛哥打巴托省图伦安市发生爆炸事件，造成两人死亡六人受伤。[①]

（四）出入境受阻风险

2012 年以来，由于菲律宾方面对中国新版电子护照印制的南海"九段线"感到不满，阿基诺三世政府拒绝在中国护照上盖章，而是在菲律宾方面颁发给中国公民的单独签证申请表上盖章，称为"另纸签证"。[②]"另纸签证"较贴纸签证容易遗失，有中国公民担心另纸签证遗失，便擅自改变原有签证模式，导致出入境受阻。有中国游客离境当天突然发现护照及签证纸遗失，被迫作废机票，延期停留；有中国游客在香港转机期间不慎将签证纸遗失而未察觉，在菲长滩岛入关时因无法出示有效签证而被拒绝入境；也有中国游客因担心签证遗失，擅自将菲签证申请表上的签证裁剪贴于护照上，入境时被菲移民官员以不遵守签证规定遣返。[③]

（五）除出入境之外的违法违规行为带来的安全风险

第一，赌博。菲律宾境内开设的赌场多数是合法经营，许多所谓的"经纪人"通过向赌场推荐赌徒和担保贷款等方式赚取佣金。部分中国人因在菲赌博，欠下巨额赌债。按照菲律宾相关法律，赌场有权依法追索相关赌债，并采取起诉当事人、限制其离境等司法措施。菲北部卡加延省的一些赌场甚至存在非法扣押、恐吓或殴打当事人，以迫使其偿还赌债。在菲中国公民因参赌无法偿还赌债而被限制出境，

---

① 《提醒在菲律宾棉兰老地区中国公民注意安全》，http://davao. chineseconsulate. org/chn/lsfw/lstx/t1848885. htm。

② 《菲媒：菲律宾结束对华"另纸签证"》，http://world. huanqiu. com/article/9CaKrnKnyGs。

③ 《春节旅游欢乐多　安全事项须谨记》，http://cebu. china-consulate. org/chn/lsyw/t1336263. htm。

甚至被非法拘禁、人身安全受到威胁的事件时有发生。① 例如，2019年1月，80名中国人涉嫌在巴石市（马尼拉大都会的一个城市，又译帕西格）从事非法网络赌博业而被拘捕。② 2021年10月2日，菲律宾警方逮捕了13名涉嫌在克拉克自由港区内从事非法网络赌博的中国公民。③

第二，贩毒。2021年10月至11月，菲律宾缉毒警方在一次诱捕行动期间与毒贩发生枪战，四名中国毒贩当场被击毙，当局缴获价值超过2.6亿比索的毒品。菲律宾警方称，被击毙的毒贩是9月份一次诱捕行动中被杀的大毒枭巴舍·邦银的伙伴。

第三，非法务工。菲律宾对在菲从事普通劳务的外国人进行严格限制，只有投资人员、高级管理人员和技术人员等在办理一系列审批手续后才可以取得工作或居留许可。菲律宾移民局曾以未持工作签证或非法在菲律宾务工为由多次抓扣中国在菲务工人员。④

2012年中菲黄岩岛争端后，菲律宾当局以"非法务工"为由抓捕中国在菲务工人员，并以打击走私为名查封华商仓库。例如，2014年2月25日、26日，菲移民局对马尼拉的仓库、市场进行突击检查，扣押30多名涉嫌非法务工的中国人。⑤ 据菲媒体报道，自2013年12月11日至2014年4月，菲政府五次抓扣中国籍劳工，总计300多人，部

---

① 《再次提醒中国公民勿来菲律宾参与赌博》，http://cebu. china-consulate. org/chn/lsyw/t1273918. htm；《提醒中国公民勿受骗来菲律宾参与赌博》，http://cebu. china-consulate. org/chn/lsyw/22/t1162375. htm。

② 《80名中国人涉赌在菲律宾被捕　大使馆曾多次提醒不要涉赌》，https://www. guancha. cn/internation/2019_01_04_485683. shtml。

③ 《菲律宾近抓获数名违法中国人，四名毒贩因拒捕被击毙》，https://new. qq. com/rain/a/20211102A01GON00。

④ 商务部国际贸易经济合作研究院、中国驻菲律宾大使馆经济商务处、商务部对外投资和经济合作司：《对外投资合作国别（地区）指南：菲律宾（2020年版）》，http://www. mofcom. gov. cn/dl/gbdqzn/upload/feilvbin. pdf。

⑤ 《菲律宾刁难华人：警察持枪抓扣华商带走5岁小孩》，https://mil. huanqiu. com/article/9CaKrnJEMpV。

分被遣送回中国。① 2014 年 8 月 19 日，菲律宾移民局对大马尼拉地区建筑工地及商场进行检查，共有 50 余名中方人员因涉嫌从事与所持签证不符的活动送移民局接受调查。② 2015 年 7 月 22 日，菲移民局称逮捕了 191 名从事网络赌博的非法中国劳工。③

中菲关系回暖以后，大批中资企业进入菲律宾市场开拓业务。由于菲律宾办理劳工签证手续较为繁琐，企业对之缺乏深入了解，有的在办理旅游签入境后未取得工作签证时即开始务工。2017 年年底和 2018 年年初，两家中资企业因此遭执法部门检查，部分员工被抓捕。④ 2018 年 8 月，菲律宾移民局在马尼拉中国城 999 商场进行居留证件和就业手续检查，现场查扣 75 人，其中中国籍 73 人。⑤

第四，非法采矿。2013 年，发生了多起中国公民因非法采矿遭菲律宾执法部门抓捕和调查案件。菲律宾相关法律规定，外国企业或个人在菲从事矿业开采，须取得菲矿业主管部门颁发的探矿采矿、环境保护、矿物加工等许可证，与菲相关部门签订矿产开采与利用、财政或技术协助协议，并在法律许可范围内经营；外籍劳务人员须先取得菲劳工部颁发的工作许可证和劳工卡，再到菲移民局申办工作签证和外侨身份证。⑥

第五，非法捕捞。2014 年 5 月 6 日，菲律宾军警以中国渔船非法

---

① 《菲律宾借岛争刁难华商　持枪警察严查中国面孔》，载《环球时报》，2014 年 4 月 4 日，第 7 版。

② 《中国驻菲律宾大使馆紧急处置中国公民被菲移民局查扣事》，http://ph. china-embassy. org/chn/lsfw/lsbh/lbyw/t1183995. htm。

③ 《菲律宾将遣返 191 名涉赌中国人》，载《北京青年报》，2015 年 7 月 23 日，第 A11 版。

④ 商务部国际贸易经济合作研究院、中国驻菲律宾大使馆经济商务处、商务部对外投资和经济合作司：《对外投资合作国别（地区）指南：菲律宾（2020 年版）》，http://www. mofcom. gov. cn/dl/gbdqzn/upload/feilvbin. pdf。

⑤ 《驻菲律宾使馆及时处置中国公民被查扣事件》，http://ph. china-embassy. org/chn/lsfw/lsbh/lbyw/t1585644. htm。

⑥ 《提醒中国公民勿赴菲律宾非法采矿》，http://cebu. china-consulate. org/chn/lsyw/t1065069. htm。

捕捞海龟为由抓扣 11 名中国渔民，并声称在被扣的中国渔船上发现 500 只海龟，涉嫌违反菲律宾《野生动物资源保护法》。① 2016 年 5 月 17 日，两艘中国渔船再次被菲扣留，菲律宾相关部门称它们未经许可驶入菲北部巴布延群岛和巴丹群岛省之间的水域。②

（六）自然灾害

菲律宾常见的自然灾害主要是台风、火山喷发和地震。

第一，台风灾害。2015 年 4 月，台风"CHEDENG"在菲吕宋岛中部地区登陆，带来强风及大雨。③ 2019 年 7 月，菲律宾进入雨季和台风频发期，山区多发泥石流、塌方等事故。27 日，中国某企业项目考察组在菲本格特省发生车辆坠崖致人员伤亡事件。一名菲籍司机送医途中不治身亡，五名中国公民受伤，其中两人重伤。④

第二，火山喷发和地震。2019 年 10 月间，半个月内中国驻达沃领馆领区发生了三次里氏 6 级以上浅源强震。三次强震造成至少十余人死亡，部分城镇停水停电、房倒屋塌，基础设施一定程度受损。⑤ 2020 年 1 月 12 日，旅游胜地大雅台（Tagaytay）附近的塔尔火山（Taal Volcano）开始喷发，火山灰高达 10 至 15 公里，马尼拉国际机场暂停航班起降。⑥

（七）意外事故

在菲律宾发生的涉及中国公民的意外事故主要包括以下几种情况：

---

① 《菲律宾起诉 9 名中国渔民》，载《北京青年报》，2014 年 5 月 13 日，第 B03 版。

② 《菲律宾扣中越 5 艘渔船》，载《环球时报》，2016 年 5 月 18 日，第 3 版。

③ 《提醒在菲中国公民注意防范台风"CHEDENG"》，http://cebu. china‐consulate. org/chn/lsyw/t1252035. htm90。

④ 《驻拉瓦格领事馆提醒领区中国公民注意雨天行车安全》，http://laoag. china‐consulate. org/chn/lsyw/zytz/t1685287. htm。

⑤ 《驻达沃总领馆关于棉兰老地区可能续发强震的提醒公告》，http://davao. chineseconsulate. org/chn/lsfw/lstx/t1712513. htm。

⑥ 《关于提醒中国公民在塔尔火山喷发期间注意安全》，http://laoag. china‐consulate. org/chn/lgxx/lgdt/t1731547. htm。

第一，溺水。因得天独厚的自然风光资源，菲律宾每年吸引众多外籍游客来菲潜水，因潜水溺亡的各类事件层出不穷。例如，有中国资深潜水爱好者，有着十多年的潜水经验，但由于风险预估不当，在菲某海岛附近的一次正常潜水活动中，突发事故，造成两死一伤的惨剧；有中国游客在菲知名景区长滩岛参与浮潜活动时突发身体不适，意外溺亡；进行高台跳水时发生意外，造成脊柱断裂，险些丧命；在菲某海岛参与水上摩托艇活动，意外跌落，尾椎重伤；酒后乘船出游时执意在不明水域下水，意外溺亡。[①]

第二，沉船。2014 年 8 月 13 日，在菲律宾南部海域发生沉船事故，七名中国船员获菲渔民救助。[②] 2018 年 2 月 1 日，32 名中国游客租乘的螃蟹船在离保和省海岸约 30 公里处发生故障，在海上漂流了数个小时，当日风浪较大，情况危急。[③] 2020 年 1 月 21 日，一艘载有 21 名中国游客的游船在菲律宾长滩岛水域因遭遇强风倾覆，导致船上人员落水。事故造成中国游客一人死亡，三人受伤，其中一人重伤。[④]

第三，火灾。2021 年 1 月 13 日上午，一货船在菲律宾以东约 400 海里处发生严重故障，船体发生大火，货舱进水，船上包括 14 名中国籍船员在内的 22 名船员生命危在旦夕。[⑤]

（八）流行性疾病

在菲律宾，登革热疫情屡见不鲜。2019 年 7 月 15 日，菲律宾卫生部宣布，自当日起菲全境发布登革热疫情预警，这是菲历史上首次发

---

① 《春节旅游欢乐多　安全事项须谨记》，http://cebu. china-consulate. org/chn/lsyw/t1 336263. htm。

② 《沉船事故获救 7 名中方船员顺利回国》，http://ph. china-embassy. org/chn/lsfw/lsbh/lbyw/t1184327. htm。

③ 《驻宿务总领馆提醒游客注意海上活动安全》，http://cebu. china-consulate. org/chn/lsyw/t1531068. htm。

④ 《关于中国游客在菲律宾长滩岛因船只倾覆而遇险的情况通报》，http://ph. china-embassy. org/chn/lsfw/12/t1734536. htm。

⑤ 《中国使馆全力协调，遇险船员平安获救》，http://ph. china-embassy. org/chn/lsfw/lsbh/t1846171. htm。

布登革热全国预警。① 据菲律宾官方数据，2019 年上半年，菲律宾已有超过 10 万例感染登革热的病例，比 2018 年同期增加 85%，其中 456 例死亡。截至 2019 年 11 月，中国在菲律宾电力项目上已有 100 多人感染登革热，每患病一人，菲律宾政府便收取 10,000 菲律宾比索（约合 1300 元人民币）的罚款。因此，登革热的爆发严重威胁员工的身心健康，影响项目的施工进度，并给总承包商带来经济损失。②

新冠肺炎疫情的流行严重威胁民众的生命安全和身体健康，菲律宾实施的一系列疫情防控措施也对包括中资企业在内的外国投资企业造成严重影响。除因"社区隔离政策"直接停工外，由于限制外国人入境，一批外资项目高管和高级技术人员长期不能来菲工作，致使部分正在施工的项目拖期；考察和商务人员不能来菲洽商或实地调研，导致很多正在谈判的项目陷入停滞。菲政府实施严格的船舶检疫政策叠加海关人员轮岗上班，导致菲通关效率大幅下降，严重影响企业业务开展。③

四、中国公民和中资企业在缅甸的主要安全风险

在缅甸的中国公民和中资企业面临的主要安全风险包括政治风险、社会治安风险、出入境受阻及违法违规风险、意外事故、流行性疾病以及其他安全风险等。

（一）政治风险

在缅甸的中资企业认为政治风险是其在缅甸面临的最大风险。④

---

① 《公告-提醒在宿务地区中国公民注意防范登革热》，http://cebu.china-consulate.org/chn/lsyw/t1682057.htm。

② 曾芬钰、石国平：《"一带一路"背景下中菲电力 EPC 项目风险及对策分析》，载《对外经贸实务》，2019 年第 11 期，第 91—92 页。

③ 商务部国际贸易经济合作研究院、中国驻菲律宾大使馆经济商务处、商务部对外投资和经济合作司：《对外投资合作国别（地区）指南：菲律宾（2020 年版）》，http://www.mofcom.gov.cn/dl/gbdqzn/upload/feilvbin.pdf。

④ 2019 年 8 月 15 日笔者对在缅甸中资企业负责人的访谈。

第一，缅甸地方民族武装与中央政府之间的对抗激烈而持久。缅甸主体民族与少数民族之间的关系历来紧张，其中十几个人口众多的少数民族分别组建武装与政府对抗，使缅甸政府长期处于与民族地方武装持续冲突的状态。缅北地区的反政府活动和民族武装割据由来已久。[①] 例如，因不承认中国木材商人与缅北实际控制者克钦独立军间的伐木协议，2015 年 1 月 2 日至 4 日，缅甸政府军在中缅边境对中国伐木工和司机进行大规模抓捕。[②] 2016 年 11 月，缅北部分地区临近中缅边境的缅方一侧发生武装冲突。[③] 2017 年 3 月至 4 月，该地区再次爆发武装冲突。[④]

第二，缅甸长期存在官场腐败现象。"上至政府高层，下至基层公务员，腐败之风非常普遍，以至于没人认为这种行为是不对的。"[⑤]

（二）社会治安风险

缅北地区犯罪活动猖獗。长期以来，缅北民族地方武装通过种植罂粟、制贩毒品等方式获取经费和武器装备，以维护自身生存和发展。根据 2021 年全球犯罪指数，将不安全程度由高到低排列，在全球 135 个国家和地区中，缅甸排名第 58 位。[⑥] 涉及在缅中国公民的社会治安事件主要是遭遇非法扣押和电信诈骗。2016 年 8 月，中国驻曼德勒总领事馆陆续接到求助电话及信函，求助者称，有多名中国公民被诱骗

---

① 杨斌：《缅甸民族问题对我国家安全和边境稳定的影响及应对》，载《云南警官学院学报》，2020 年第 4 期，第 94—95 页。

② 《155 名中国伐木工人回家》，http://epaper. gmw. cn/wzb/html/2015－08－06/nw. D110000wzb_20150806_2－08. htm。

③ 《提醒中国公民近期谨慎前往缅北地区》，http://mandalay. china－consulate. org/chn/lsfw/lsbh/。

④ 《提醒中国公民近期暂勿前往缅北冲突地区》，http://mandalay. china－consulate. org/chn/lsfw/lsbh/。

⑤ 《缅甸贪污腐败现象日益盛行　政府鼓励民众举报贪官》，http://world. huanqiu. com/article/9CaKrnJYpEV。

⑥ NUMBEO，"Crime Index by Country 2021"，http://numbeo. com/crime/rankings_by_country. jsp? title＝2021&displayColumn＝0。

至缅甸果敢地区，后被不明身份人员扣押，人身和财产安全受到威胁。① 2020 年 12 月，陆续有中国公民向驻缅甸使馆反映称，自己收到显示使馆总机号码的电话，对方表示当事人身份证、银行卡号在国内被盗用，要求其提供个人身份、银行账户等信息。②

（三）出入境受阻及因违法违规行为遭遇安全风险

此类风险包括以下几种情况：

第一，非法务工。例如，2019 年 1 月，有中国公民非法进入缅甸务工，准备离开缅甸时被警方扣留，被缅方以违反移民法为由起诉。③

第二，赌博。近年来发生多起中国公民在缅甸北部、缅泰边境等地参与赌博案件。当事人因赌资纠纷遭遇扣押或殴打，家属被索要赎金，人身安全和财产均受较大损害。④ 2019 年 4 月，有中国公民马某等七人在仰光家中聚众赌博被警方拘捕。仰光地方法院以触犯《赌博法》第 13（A）与 14（A）款判处马某等七人每人罚款 100 万缅元取保候审。⑤

第三，违规放飞无人机。缅甸执法部门对无人机入境和使用管控严格，外国公民携带入境需提前向海关申报，在宗教场所、政府机构、旅游景点等重要敏感、人员密集地区放飞需提前向当地警方申请，获批后方可使用。近年来，多名外国和缅甸公民因擅自携带无人机入境或未经允许在仰光大金塔、内比都议会大厦等地上空放飞无人机，被

---

① 《提醒中国公民不要前往缅甸果敢地区》，http://mandalay.china-consulate.org/chn/lsfw/lsbh/t1388191.htm。

② 《关于严防冒充驻缅使馆电话诈骗的提醒》，http://mm.china-embassy.org/chn/lsfw/zytz/t1836946.htm。

③ 中国驻缅使馆编：《2019 安全文明指南》，http://mm.china-embassy.org/chn/lsfw/d/P020190626597115833317.pdf。

④ 《中秋国庆期间来缅中国公民注意事项》，http://mm.china-embassy.org/chn/lsfw/zytz/t1697108.htm。

⑤ 同③。

警方扣留甚至被法院判刑，相关设备均被没收。① 2018 年 10 月，有中国公民在仰光大金塔禁区放飞无人机航拍，被警方拘留。②

第四，来缅结婚涉嫌拐卖人口。有多名中国公民因通过中介支付巨额"彩礼"欲与缅甸女子结婚，被缅甸警方以拐卖人口罪起诉，罪名成立可能面临十年以上监禁。③ 例如，2019 年 2 月，有中国公民欲携缅甸女子前往国内，在仰光机场遭缅甸打击人口拐卖办公室人员盘查，因缅女方不懂汉语，打拐办怀疑该中国公民涉嫌贩卖人口，将其扣押。后续调查中发现当事人未办理结婚登记及在只准许缅甸公民住宿的旅馆同居。缅甸警方先后以"拐卖人口罪"、违反移民法第 13 条（1）款及违反签证法第 4 条（2）款起诉当事人，罪名成立会被判处十年以上有期徒刑。2019 年 3 月，另一中国公民入境缅甸后，经中介介绍与某缅甸女子认识，双方在该女子家中按照当地习俗举行了结婚礼仪并邀请当地高僧主持结婚仪式。婚后次日，该女子姐姐报警，警方将该中国公民控制，随后以拐卖人口罪起诉。后经中国使馆与缅方核实：该中国公民通过缅甸中介表示，若该女子与其结婚将得到 450 万缅元，女子遂接受 50 万缅元定金，双方举办了传统的佛教结婚仪式。缅甸警方称，该公民涉嫌以金钱诱惑与女方结婚，未办理合法的结婚手续。该中国公民与四名婚姻中介被缅方以拐卖人口罪起诉，罪名成立会被判处十年以上有期徒刑。④

（四）意外事故

缅甸进入雨季后，路面湿滑，且缅北地区多为山地，极易发生交通事故。2020 年 5 月，中国驻缅甸曼德勒总领事馆领区发生一起重大

---

① 《提醒在（来）缅甸中国公民切勿擅自携带或使用无人机》，http://mm.china-embassy.org/chn/lsfw/zytz/t1516982.htm。
② 中国驻缅甸使馆编：《2019 安全文明指南》，http://mm.china-embassy.org/chn/lsfw/d/P020190626597115833317.pdf。
③ 同②。
④ 同②。

交通事故，造成中国公民伤亡。①

（五）流行性疾病

登革热是缅甸常发的流行性疾病。登革热流行有一定的季节性，每年5月至11月为流行期，7月至9月为高峰期。2019年1月至6月，缅甸全国登革热感染患者约3144人，仰光省为感染高发区。②2020年5月，缅甸进入登革热流行季节，根据曼德勒省防疫部门发布，该省已有多个区域被列为登革热红色预警区和黄色预警区。③

除登革热之外，缅甸还发生过H1N1流感。2017年，缅甸H1N1流感出现蔓延势头。据缅甸卫生部门宣布，截至当年8月2日，全国共确诊H1N1流感患者76人，其中12人死亡。此外，缅甸还发生首例人感染H5N1流感病例。④

新冠肺炎疫情对一些领域的在缅中资企业影响较大：①劳动密集型产业，主要以服装制造业为主。受疫情影响，服装制造业原料供应链中断、欧美订单削减，在缅中资服装制造业资金链承压，部分工厂暂时性关停。②农业和水产养殖业。中资企业在缅北投资蔬果种植，在缅南投资水产养殖。随着两国防疫措施升级，中缅边贸口岸和海运物流不畅，缅对华出口农产品和水产品受到影响。③航空旅游及服务业。2019年，缅甸接待中国游客超200万人次，同比增长152%。仰光、内比都和曼德勒三大国际机场与国内十多个城市实现直航，两国每周直航航班超过130班。疫情暴发后，受疫情防控措施收紧及旅游意愿降低等影响，中国访缅游客骤减，酒店入住率下降，许多中餐馆

---

① 《提醒缅北地区中国公民注意交通安全》，http://mandalay. china - consulate. org/chn/lsfw/lsbh/t1776164. htm。

② 《提醒中国公民注意防范登革热疫情》，http://mandalay. china - consulate. org/chn/lsfw/lsbh/t1690167. htm。

③ 《提醒缅北地区中国公民注意防范登革热》，http://mandalay. china - consulate. org/chn/lsfw/lsbh/t1779098. htm。

④ 《提醒在（赴）缅甸中国公民注意防范H1N1、H5N1流感》，http://mm. china - embassy. org/chn/lsfw/zytz/t1481922. htm。

暂停营业。①

（六）其他风险

其他风险主要是缅甸当地民众与中资企业之间发生冲突的风险。例如，自 2012 年起，中国国有企业与缅方合资的莱比塘铜矿项目遭到铜矿附近村民的反对，他们认为铜矿开发污染环境，中国人不懂缅甸文化，且对村民的补偿不足。缅甸人还指责中国从缅甸掠夺自然资源。2014 年 5 月，该铜矿附近的村民绑架了两名在铜矿工作的中国员工，但很快予以释放。②

2017 年 2 月 23 日，一家在缅甸的中资服装厂受到约 300 名当地员工冲击。这些员工打破厂房门窗，毁坏设备，并扣押了约十名中方员工。新加坡《海峡时报》称，近两年来，罢工潮冲击了缅甸许多中资、韩资服装厂，员工们要求更高的工资、更少的工作时间。类似事件在缅甸并不少见。③

第二节　中国公民和中资企业在欧洲共建
"一带一路"国家的安全风险

本节主要选取俄罗斯、希腊、克罗地亚等欧洲国家，梳理总结海外中国公民和中资企业在这些国家面临的主要安全风险。

一、中国公民和中资企业在俄罗斯的主要安全风险

在俄罗斯的中国公民和中资企业面临的主要安全风险包括政治风

---

① 商务部国际贸易经济合作研究院、中国驻缅甸大使馆经济商务处、商务部对外投资和经济合作司：《对外投资合作国别（地区）指南：缅甸（2020 年版）》，http://www.mofcom. gov. cn/dl/gbdqzn/upload/miandian. pdf.
② 《中企"傲慢"惹恼缅甸村民》，载《参考消息》，2014 年 5 月 21 日，第 15 版。
③ 《"中资服装厂在缅甸受冲击"引关注》，载《环球时报》，2017 年 2 月 25 日，第 3 版。

险、恐怖袭击风险、社会治安风险、出入境受阻风险、违法违规风险、自然灾害风险及意外事故等。在因违法违规行为带来的安全风险中，因"灰色经营"引发的系列安全问题最具"俄罗斯特色"。

（一）政治风险

俄罗斯国内政局相对稳定。统一俄罗斯党的长期执政地位使得国内政局稳定与政策连续性有了保障，但俄罗斯法治环境有待改善。俄罗斯国家法律以及政府条例缺乏连续性，尤其是外商投资政策不够稳定。俄罗斯外部环境因美欧制裁的扩大与延续持续受困，地缘政治风险难以改善。[①]

（二）恐怖袭击风险

恐怖主义是俄罗斯国家安全的潜在威胁。20 世纪 90 年代中期，俄罗斯的恐怖主义活动增多，并呈现持续上升趋势。进入 21 世纪以来，恐怖主义活动在一些地区十分猖獗，发生了别斯兰人质事件以及其他具有全球影响的恐怖袭击事件。"来自车臣、中亚、阿富汗的恐怖分子进入俄罗斯传播恐怖主义、极端主义、分裂主义，招募成员，策划恐怖活动。"[②] 在俄政府的强力打击下，"俄境内的恐怖主义和极端主义在相当长的一段时间内得到有效控制"[③]。但恐怖袭击事件仍有发生。例如，2013 年 12 月 29 日，俄罗斯伏尔加格勒市火车站发生爆炸，30 日该市又发生电车爆炸，共造成 34 人死亡，105 人受伤。[④] 2017 年 4 月 3 日，圣彼得堡一地铁列车发生爆炸，造成十多人死亡，数十人受

[①] 中国民生银行研究院宏观研究团队：《俄罗斯投资机遇及风险分析》，载《中国国情国力》，2018 年第 6 期，第 68—71 页。

[②] 李昕韡、苏畅：《俄罗斯恐怖主义形势及反恐机制建设》，载《现代世界警察》，2020 年第 3 期，第 12 页。

[③] 同②。

[④] 商务部国际贸易经济合作研究院、中国驻俄罗斯大使馆经济商务处、商务部对外投资和经济合作司：《对外投资合作国别（地区）指南：俄罗斯（2019 年版）》，http://mofcom.gov.cn/dl/gbdqzn/upload/eluosi.pdf。

伤。2018 年 5 月 19 日，俄罗斯联邦车臣共和国首府格罗兹尼的一处教堂发生恐怖袭击，四名恐怖分子冲进教堂试图劫持人质。在警方行动中，四名恐怖分子被消灭，两名警察死亡，至少两名警察受伤，另有一名在教堂做礼拜的群众死亡。2019 年 12 月 19 日夜间，俄罗斯国家安全局总部遭遇恐怖袭击，一名枪手手持 AK 系自动步枪，在大楼前扫射一通后迅速离开，袭击导致三死五伤。

（三）社会治安风险

根据 2021 年全球犯罪指数，将不安全程度由高到低排列，在全球 135 个国家和地区中，俄罗斯排名第 84 位。① 中国公民和中资企业在俄遭遇的社会治安事件主要有以下几大类：

第一，抢劫杀人。2013 年 3 月，一名中国公民在滨海边疆区遭歹徒杀害。5 月，三名中国公民在俄罗斯哈卡西共和国遭歹徒抢劫后杀害。2014 年发生多起华商被打被抢等被侵害案件。② 12 月，莫斯科州多莫杰多沃市发生一起枪击案，一名中国公民遇害身亡。③ 2014 年 1 至 4 月，俄罗斯莫斯科市东南行政区连续发生五起华商被打被抢事件。④ 2019 年 6 月，一名在莫斯科"萨多沃德"批发市场工作的中国公民在该市存钱时遭到抢劫，损失 1.4 亿卢布（约合 1512 万元），嫌犯居然为七名俄联邦安全局的工作人员。⑤

第二，公开行窃。俄罗斯有些地方，如圣彼得堡市，已形成专业

① NUMBEO，"Crime Index by Country 2021"，http://numbeo.com/crime/rankings_by_country.jsp? title=2021&displayColumn=0。

② 商务部国际贸易经济合作研究院、中国驻俄罗斯大使馆经济商务处、商务部对外投资和经济合作司：《对外投资合作国别（地区）指南：俄罗斯（2019 年版）》，http://mofcom.gov.cn/dl/gbdqzn/upload/eluosi.pdf。

③ 《俄莫斯科州一名中国公民遭枪击遇害身亡》，http://ru.china-embassy.org/chn/fwzn/lsfws/lsdt/t1109628.htm。

④ 《我馆就华商受侵害事件做俄方工作》，http://ru.china-embassy.org/chn/fwzn/lsfws/lsdt/t1145046.htm。

⑤ 《一名中国商人遭 7 名俄安全局人员抢劫》，载《环球时报》，2019 年 7 月 12 日，第 3 版。

偷盗团伙，专门针对外国游客下手。2014 年 7 月，有不少国内游客向中国驻圣彼得堡总领事馆报案，反映在圣彼得堡期间财物被盗，不仅给他们造成很大的物质损失，而且由于护照和签证等重要身份证件遗失，导致其在俄境内停留和出境困难。① 2015 年 3 月，圣彼得堡当地报纸刊文，介绍在圣市地铁内有犯罪团伙公开行窃。据报道，这些盗窃案件多发生在地铁中转站内，特别是当乘客进出站时，多名犯罪分子互相掩护，将受害人"围挤"起来实施偷窃，即使被发现也毫无忌惮。②

第三，执法严苛，勒索中国人。在俄罗斯境内，交通违章算行政违法行为。俄方发布"外国人在俄有两次行政违法记录即被限制入境"③ 的规定后，俄各地的交警也开始勒索中国人。一些中国留学生因违章驾驶被限制入境，致使无法完成学业。④ 一些警察甚至在找不到罚款原因时撕毁华人护照，然后以缺乏法律文件为由将其抓捕。⑤

第四，电信诈骗。在俄的部分中国公民曾遭遇电信诈骗，个别公民遭受重大经济损失。电信诈骗的形式包括"虚构绑架"与"冒充公检法"这两大类。在前一类案件中，犯罪嫌疑人冒充中国驻外使领馆、国际刑警组织等致电中国留学生，并以涉案为由要求其切断与外界的任何联系，然后再假冒绑匪联系受害人父母所要赎金。受害人父母在无法与子女取得联系的情况下，只得将赎金汇入嫌犯的银行账户。在后一类案件中，嫌犯冒充公检法、国际刑警组织等致电受害人，要求其澄清涉嫌犯罪的资金来源，并要求受害人将资金转移至所谓的"安

---

① 《圣彼得堡旅行防盗提醒》，http://saint-petersburg.china-consulate.org/chn/lsyw/lsbh/t1172536.htm。

② 《圣市媒体提醒地铁乘客加强安全防盗》，http://saint-petersburg.china-consulate.org/chn/lsyw/lsbh/t1244353.htm。

③ 于晓丽：《近几年俄罗斯移民政策的新变化》，载《世界民族》，2017 年第 6 期，第90 页。

④ 于晓丽：《在俄华人灰色经营问题解析》，载《俄罗斯学刊》，2020 年第 1 期，第128 页。

⑤ 同④。

全账户"。此外，也有犯罪嫌疑人自称是中国驻外使领馆工作人员，以受害人护照等证件需延期补办、身份证件或信用卡被冒用、因涉嫌各类案件需冻结银行账户或配合调查，要求受害人提供账户信息或缴纳有关费用。①

2019 年 7 月，中国驻哈巴罗夫斯克总领事馆接到数位中国公民来电反映，有人假冒中国驻哈巴罗夫斯克总领馆的名义，谎称当事人有重要包裹需要领取，要求提供个人信息以核实身份，并以当事人涉嫌洗钱、伪造证件或贩毒等事由，诱骗其提供银行账号、密码或者将资金转入指定账户。②

（四）出入境受阻风险

中国公民出入俄罗斯国境受阻事件时有发生，③ 被拒绝入境的原因是多方面的，既有邀请方的问题，也有中国公民在俄有违法记录被列入禁止入境名单等原因。④ 根据中国驻俄罗斯使领馆网站信息，造成中国公民出入俄罗斯过境受阻的原因主要有以下几个方面：

第一，违反中俄关于团体旅游免签的相关规定。根据中俄双方相关协议，"双方旅游免签团组不得途经第三国，同时须随身携带经有关部门认可的名单原件"⑤。2014 年 6 月，中国驻圣彼得堡总领事馆公布几起中国游客入境受阻的案例⑥：

① 《驻符拉迪沃斯托克总领馆提醒领区内中国公民防范电信诈骗》，http://vladivostok. chineseconsulate. org/chn/lswf/lsbh/t1518711. htm。

② 《提醒领区内中国公民谨防电信诈骗》，http://chinaconsulate. khb. ru/chn/lsfw/lsbh1/ t1684110. htm。

③ 《我馆高度关注近日中国公民入境受阻频发事》，http://ru. china - embassy. org/chn/ fwzn/lsfws/lsdt/t1127577. htm；《再次提醒来俄罗斯中国游客注意相关事项》，http://ru. china - embassy. org/chn/fwzn/lsfws/lsdt/t1231381. htm。

④ 《我馆高度关注近日中国公民入境受阻频发事》，http://ru. china - embassy. org/chn/ fwzn/lsfws/lsdt/t1127577. htm。

⑤ 《我驻圣彼得堡总领馆：中俄旅游免签团组不得途经第三国》，http://world. people. com. cn/n/2014/0627/c1002-25211245. html。

⑥ 《来俄团体旅游入出境受阻情况通报》，http://saint - petersburg. china - consulate. org/ chn/lsyw/lsbh/t1168324. htm。

　　某旅游团组从圣彼得堡乘火车去往芬兰时受到俄罗斯边检部门阻拦，俄方表示，该团组名单的旅行路线只注明莫斯科、圣彼得堡等俄城市，并没有赫尔辛基，因此该团组只能从俄罗斯直接返回中国。虽然该团组的中方游客皆持有效申根签证，但俄方坚持认为其旅行路线与名单内容不符，拒绝其从俄罗斯前往芬兰。

　　某旅游团从芬兰乘火车至圣彼得堡。由于该旅游团首站是芬兰，名单原件在出境时已被中方边检收走，该团在俄边检时遭拒绝入境。俄方表示，该团组不应绕行第三国，也并未携带团组名单原件。

　　第二，违反俄罗斯方面关于电子签的相关规定。自2017年8月8日起，俄罗斯在符拉迪沃斯托克自由港区域对部分国家的公民实行电子签证制度，其中包括中国公民。这些国家的公民持电子签证可以自符拉迪沃斯托克航空港（克涅维奇机场）和海港（商业港部分）口岸进入和离开俄境，且暂时仅限于这两个口岸。电子签证持有者只能在其入境口岸所在的行政区域（州、边疆区以及自治区）内活动。曾在哈巴罗夫斯克市机场发生个别中国公民持俄电子签证，但因不清楚上述规定详细情况而入出俄境受阻事件。[①]

　　第三，签证信息填写有误。2018年7月间，接连发生多起中国公民持符拉迪沃斯托克自由港电子签证来俄入境受阻事件，原因皆为签证持有人填写签证申请时将"姓""名"栏填错，有些将"姓""名"填写颠倒，有些将"姓""名"栏全部填写了全名。[②]

　　第四，违规携带超额现金或物品。2013年10月，俄罗斯《关于修改俄罗斯联邦打击非法金融交易法律文件》正式生效，俄海关加大对非法携带现金或现金类凭证出入境的打击力度，罚款金额由原定的1000—2500卢布变为超额部分的1—15倍，超额过多者需刑事立案。

---

　　① 《关于持俄罗斯电子签证入出俄境的提醒》，http://chinaconsulate. khb. ru/chn/lsfw/lsbh1/t1498666. htm。
　　② 《驻符拉迪沃斯托克总领馆提醒申办电子签证来俄中国公民切勿将"姓""名"填错》，http://vladivostok. chineseconsulate. org/chn/lswf/lsfwgk/t1574450. htm。

该法生效后，发生数起来俄中国公民携带超额现金未经申报入境，被处以巨额罚款甚至可能被判处监禁的案例。①

根据现行俄罗斯和白俄罗斯海关联盟协定，外国公民乘坐除飞机以外的其他交通工具来俄，个人自用物品价值如不超过 1500 欧元可免税。否则，须缴纳该物品总价的 30% 作为关税。曾有中国游客随团自芬兰乘车来俄罗斯圣彼得堡旅游，携带两块高档名表，被俄海关人员征收近 17 万卢布（约合人民币 3 万多元）的高额税款。该游客所持发票显示，手表的总价值已超过 1 万欧元，因此俄方依法征收 30% 税款。②

此外，莫斯科机场曾发生中国公民因携带大量卤水片入境险被俄罗斯海关当作毒品扣留事件。③ 也有中国公民违规携带贵重物品和外汇现金出入俄境时，被俄执法部门查扣。④

（五）除出入境之外的违法违规行为所带来的安全风险

第一，"灰色经营"所引发的系列安全问题。在俄罗斯，"灰色经营"现象比较普遍。"灰色经营"主要指经营者持有的身份与所进行的经营活动种类不符及经营方式介于合法与非法之间。中国公民在俄从事的"灰色经营"活动主要包括三个领域，即在批发市场做生意、包棚种菜和带团旅游。⑤ "灰色经营"引发了系列安全问题。

一是所持签证种类与所从事活动不符。在批发市场做生意的中国人，通常持有旅游、商务、学生、代表处、随从等签证。2006 年 11

① 《来俄中国公民入境携带超额现金请注意申报》，http://saint-petersburg. china-consulate. org/chn/lsyw/lsbh/t1088923. htm。

② 《关于中国公民被俄罗斯海关征收高额税款的情况通报》，http://saint-petersburg. china-consulate. org/chn/lsyw/lsbh/t1172535. htm。

③ 《提醒来俄中国公民遵守海关通关规定》，http://ru. china-embassy. org/chn/fwzn/lsf ws/lsdt/t1245517. htm。

④ 《提醒领区中国公民节日期间加强安全防范并严格遵守俄海关规定》，http://ekater inburg. chineseconsulate. org/chn/lsyw/134395/t1425309. htm。

⑤ 于晓丽：《在俄华人灰色经营问题解析》，载《俄罗斯学刊》，2020 年第 1 期，第 125 页。

月俄罗斯政府颁布的第 683 号政府令规定，禁止外国公民在俄罗斯从事商品零售贸易。[①] 如中国公民持有绿卡（俗称五年长居），则可同俄公民一样出摊卖货，但须申请个体户营业执照，或作为公司员工才可经营。[②] 在俄种植蔬菜的中国大棚菜老板，通常从国内雇用农民赴俄种菜。他们为这些菜农办理的签证往往是旅游签证或商务签证。在俄接待中国旅游团的、由中国人经营的地接旅行社只在必要时邀请有执照的俄罗斯导游陪同，其他时候都让没有导游资格的中国留学生充当导游。[③]

二是商户面临被查抄和被勒索的风险。批发市场的管理方将摊位租给商户，商户则在市场的"保护下"做生意，省去很多自己直接面对俄罗斯相关部门的麻烦，但商户受到市场管理方的盘剥，摊位费和库房费的定价权掌握在管理方手中。如政府下令整治市场，保护伞就会被掀翻，商户则会面临货物被查抄、货款被没收、买断摊位使用权的资金"打水漂"和自身有可能被驱逐的境况。此外，由于身份不合法，一旦离开市场，中国人就会面临随时被俄罗斯警察勒索的风险。[④]

包棚种菜的中国老板也会碰到俄强力机构的联合检查。俄对农业种植的要求近乎苛刻，对相关标准的执行十分严格。俄罗斯媒体上常有大片中国蔬菜大棚被执法部门用推土机推倒、几十甚至数百名中国菜农被遣返出境的报道。[⑤]

从事"灰色经营"的旅行社，如遭遇游客举报，或执法部门检查，

---

① 于晓丽：《俄罗斯新移民政策解析》，载《远东经贸导报》，2010 年 9 月 7 日。

② 于涛：《华商淘金莫斯科：一个迁移群体的跨国生存行动》，北京：社会科学文献出版社，2016 年版，第 112—115 页。

③ 于晓丽：《在俄华人灰色经营问题解析》，载《俄罗斯学刊》，2020 年第 1 期，第 125 页。

④ 值得一提的是，同样在俄谋生的越南人，在这一点上比中国人有勇气得多，他们遇到警察刁难都会据理力争，积极维护自身权益。这种对比值得华人反思，正如俄罗斯中国志愿者联盟主席许文腾先生所说，"身份合法只是第一步，华人还需要具备语言沟通能力和与俄罗斯警察据理力争的勇气"。转引自于晓丽：《在俄华人灰色经营问题解析》，载《俄罗斯学刊》，2020 年第 1 期，第 128 页。

⑤ 同③，第 128 页。

充当导游的中国人就会因违犯法律而被惩处。① 中国驻俄罗斯使馆网站的信息显示，在俄旅游旺季时，有留学生兼职从事导游工作，被俄方处以罚款。②

批发行业的"灰色经营"密切相关的还有"灰色清关"问题。"灰色清关"与"白色清关"（通过正常海关检查程序进入俄罗斯的清关方式）相对，是批发市场里中国商户首选的货物清关方式。"白色清关"要求"如实申报""依法纳税""完善商检卫检"，并具备"完整的贸易链条"和"贸易手续"。对于商户而言，这意味着手续繁琐，税率高昂，时间冗长，非关税壁垒难以逾越。华商大多选择"灰色清关"，即将货物委托给俄罗斯的"清关公司"代办通关手续。"清关公司"会买通海关官员，虚报进口产品价格或者种类，以达到避税、逃税的目的。此外，"灰色清关"基本上不做任何商检和卫检，省掉了检验检疫环节，加快了通关速度，同时也节省了费用。但由于"灰色清关"后，商户拿不到正规报关单据，无法证明自己所卖的货物归自己所有，这就为俄罗斯警方理直气壮地查抄货物埋下了伏笔。③

2013 年以来，俄罗斯对相关市场秩序加大了整顿和规范力度。俄总统普京明确表示，"将在俄白哈关税同盟境内大力打击'灰色清关'、严打假冒伪劣和走私"。2019 年 7 月，俄内务部莫斯科内务总局以涉嫌假冒国际名牌商品为由，查封了一家中资企业在莫斯科市库房存放的 4.7 万箱货物。俄移民局制定了一系列措施严厉打击非法劳务移民，2013 年至 2019 年，莫斯科市已遣返非法劳务移民逾 4000 人。④

---

① 于晓丽：《在俄华人灰色经营问题解析》，载《俄罗斯学刊》，2020 年第 1 期，第 128—129 页。

② 《提醒在俄留学生勿非法打工》，http://ru. china - embassy. org/chn/fwzn/lsfws/lsdt/t1 294529. htm。

③ 于涛：《华商淘金莫斯科：一个迁移群体的跨国生存行动》，北京：社会科学文献出版社，2016 年版，第 57—66 页；于晓丽：《在俄华人灰色经营问题解析》，载《俄罗斯学刊》，2020 年第 1 期，第 126 页。

④ 商务部国际贸易经济合作研究院、中国驻俄罗斯大使馆经济商务处、商务部对外投资和经济合作司：《对外投资合作国别（地区）指南：俄罗斯（2019 年版）》，http://mof com. gov. cn/dl/gbdqzn/upload/eluosi. pdf。

三是存在非法用工现象，极易造成劳务纠纷。一些中国老板存在非法组织偷越国境、非法用工、非法限制人身自由等问题。他们在国内招工时，故意夸大赴俄工作的劳动报酬，美化劳动条件，然后安排劳务人员办理为期一个月的旅游签证进入俄境，到达工作地点后，找理由（如办理落地签或者统一管理等）没收雇工护照，然后强迫其劳动，不给工钱，甚至威胁、殴打，限制人身自由，不允许回国，并勒索"赔偿"。[1]

四是中国游客的合法权益得不到保障。据媒体揭露，中国一些旅行社在俄罗斯境内接待中国游客的具体套路如下：旅行社先是推出所谓"特价旅游套餐"吸引游客赴俄，然后再将游客带到中国人在俄经营的商场、饭店购买商品和服务，这些店铺推荐给游客的纪念品，价格往往比普通超市的高3倍以上。旅行社为"特价团"游客安排的往往是当地中国人经营的"黑餐馆"和"地下宾馆"，服务质量低下，安全得不到保障。[2]

中国驻符拉迪沃斯托克总领事馆曾发布信息称，随着越来越多的中国公民赴俄远东地区尤其是符拉迪沃斯托克市旅游，"低价团"问题，零团费、负团费盛行。这不仅大大降低了旅游体验和品质，而且对游客的生命安全和健康埋下了潜在风险。具体体现在：①行程实际花费高。"低价团"游客到达符市后，中方旅行社和导游推出各种强制自费项目与购物项目。自费项目中，游客支付的费用与其实际享受到的服务价值之间的差额往往为数倍甚至十几倍不等。在涉及购物时，价格虚高且质量难有保证，而导游的返点可高达40%—50%。②食宿条件差。"低价团"游客往往被安排住在位置偏僻、非法运营的"黑旅

---

① 许文腾：《俄罗斯十大坑人陷阱，华人必看》，"俄语台"微信公众号，2018年4月1日推文，转引自于晓丽：《在俄华人灰色经营问题解析》，载《俄罗斯学刊》，2020年第1期，第127页。

② 同①。

馆"。这类酒店没有接团资质与营业执照，且条件简陋。特别是没有任何消防安全设施，存在极大的安全隐患。一旦发生火灾事故，后果将不堪设想。"低价团"游客吃到的所谓"海鲜大餐"也存在极大的食品安全隐患，容易引起食物中毒，威胁游客的生命安全。③出行不安全。"低价团"游客常被安排到"黑码头"乘坐"黑船"出海。这些"黑船"大多是经过改装的渔船，缺乏最基础的安全设施，且经常超载。乘坐这样的"黑船"出海非常危险，容易发生海难。① 此外，旅行社和导游还经常安排"低价团"游客乘坐老旧大巴，甚至面临被淘汰的"问题大巴"。这类大巴车龄长、车况差、零部件陈旧，不仅容易发生故障，而且具有很大安全隐患，可能导致重大事故。②

五是"灰色经营"严重影响中国形象，恶化中国人在俄生存和发展环境。中国人在俄"灰色经营"受俄媒体诟病，包括在俄批发市场经营存在诸多问题，涉及海关、税务、卫生、移民、消费者权益、金融等领域的一系列违规现象;③ 在俄种植蔬菜的中国老板滥用剧毒农药、杀虫剂和催熟剂;④ 来自中国的旅游团全部被在俄的中国导游和地接控制，俄罗斯旅游公司无法营利;虽然赴俄旅游的中国人很多，中国游客也进行了大量消费，但其带来的收入被中国导游、中国店主以及中国的旅游公司瓜分，俄罗斯的旅游业获利甚少，对俄罗斯经济贡献很小。⑤ 这些无疑有损于中国形象，不利于中国公民和企业在俄长期发展。

第二，非法居留和非法就业。据俄新网消息，每年进入俄罗斯境

---

① 《驻符拉迪沃斯托克总领馆警示中国游客慎勿参加"低价团"，慎防发生安全事故》，http://vladivostok. chineseconsulate. org/chn/lswf/lsfwgk/t1576694. htm。

② 《驻符拉迪沃斯托克总领馆警示中方旅游业者切勿安排中国游客乘坐"问题大巴"，慎防发生交通事故》，http://vladivostok. chineseconsulate. org/chn/lswf/lsfwgk/t1577745. htm。

③ 于晓丽:《在俄华人灰色经营问题解析》，载《俄罗斯学刊》，2020 年第 1 期，第128 页。

④ 许文腾:《俄罗斯十大坑人陷阱，华人必看》，"俄语台"微信公众号，2018 年 4 月 1 日推文，转引自于晓丽:《在俄华人灰色经营问题解析》，载《俄罗斯学刊》，2020 年第 1 期，第 127 页。

⑤ 同③，第 127—129 页。

内的中国公民数十万人，而其中只有数万人拥有合法的劳动许可。① 在俄不断发生中国公民因居留身份不合法被抓扣事件。2015 年 1 月，伏尔加格勒市移民局和警方在当地"中国城"商贸中心抓捕 90 名中国公民，最后确认，共 37 名中国公民涉嫌非法移民，其中约 10 人被处以2000 卢布行政罚款，另有 10 人因长期非法滞留被判处限期自主离境。② 2015 年 4 月 30 日，在汉特-曼西自治区苏尔古特市警方例行检查中，有 170 名中国公民居留手续或证件方面存在问题，法院依法对其作出判决。③

第三，中国雇主诱骗同胞从事非法劳务。在俄中国公民之间不时发生劳动争议。中国劳务人员通常经朋友、村民等非正规渠道介绍来俄。这些劳务人员与雇主在工作待遇、环境条件等问题上产生分歧，且由于语言障碍、身份不合法、无合同保障等问题，无法进行有效维权，也不能及时回国，致使自身权益遭受损害。④

2013 年 3 月，中国驻圣彼得堡总领事馆发布安全提醒称，自 2012 年以来，该馆已经处理了十余起涉及在圣彼得堡的中国劳务人员与其雇主或中介之间产生纠纷的案件。大多数中国劳务人员被非法中介以高薪或优厚待遇为诱饵欺骗来俄，而且他们大多与中介或雇主以口头形式达成协议，一旦产生纠纷就无法得到相关法律保护，也常因此受到当地警方和移民等部门的检查、罚款甚至拘捕，身心遭受较大伤害。⑤ 2016 年 12 月，中国驻叶卡捷琳堡总领事馆接到若干起中国公民

---

① 商务部国际贸易经济合作研究院、中国驻俄罗斯大使馆经济商务处、商务部对外投资和经济合作司：《对外投资合作国别（地区）指南：俄罗斯（2019 年版）》，http://mofcom. gov. cn/dl/gbdqzn/upload/eluosi. pdf。

② 《关于俄罗斯伏尔加格勒市中国公民被拘捕事》，http://ru. china-embassy. org/chn/fwzn/lsfws/lsdt/t1232384. htm。

③ 《关于部分旅居苏尔古特市中国公民被拘捕事的最新情况》，http://ru. china-embassy. org/chn/fwzn/lsfws/lsdt/t1151816. htm。

④ 《关于我陕西务工人员在雅库茨克发生劳务纠纷事》，http://ru. china-embassy. org/chn/fwzn/lsfws/lsdt/t1366616. htm。

⑤ 《给来圣市务工的国内同胞提个醒》，http://saint-petersburg. china-consulate. org/chn/lsyw/lsbh/t1022249. htm。

在俄劳务纠纷报案，反映其经亲友或不明中介来俄务工，因工作时间、劳动强度、环境条件等与事先承诺分歧很大，与雇主产生纠纷。他们大多持旅游、商务签证来俄，发生纠纷后因身份不合法，不能有效维权，自身权益受到很大损害。① 2018 年 3 月，中国驻符拉迪沃斯托克总领事馆发布提醒称，近年来，一些企业与个人欺骗中国工人赴滨海边疆区等地务工。工人赴俄后不能得到承诺的待遇，造成劳资纠纷，甚至发生护照被扣押、不让回国等事件。②

第四，违法驾车。按照俄相关法律规定，中国公民在俄罗斯境内不能凭本国护照和翻译公证件驾车。③ 2016 年 3 月，在莫斯科个别地区一些中国公民持中国驾照驾车被俄方查处。④

第五，进入限制外国人进入的地区。2015 年年初，有中国公民因误入限制外国公民进入的俄罗斯城市而受到处罚。⑤

第六，中国游客的违规行为。中国游客的一些行为在俄罗斯当地居民中造成不良影响。例如，在符拉迪沃斯托克市的玻璃海滩，有中国游客无视"禁止带走玻璃石子"的文字标识警示，大量捡拾玻璃石子并带出，破坏了海滩环境，给当地居民造成困扰。⑥ 当地媒体引用社交网站消息称，中国游客洗劫了著名的玻璃海滩。载有中国游客的大巴车一辆接一辆来到海滩。他们事先准备好袋子，来捡拾海水冲刷过

---

① 《提醒中国公民谨慎来俄务工》，http://ekaterinburg. chineseconsulate. org/chn/lsyw/134395/t1377693. htm。

② 《驻符拉迪沃斯托克总领馆对中国公民的安全提醒》，http://vladivostok. chinese con sulate. org/chn/lswf/lsbh/t1542879. htm。

③ 《关于中国公民在俄罗斯驾车的最新解释说明》，http://ru. china－embassy. org/chn/lsfws/zytz/201604/t20160425_3158250. htm。

④ 《关于中国公民在俄罗斯驾车的有关说明》，http://ru. china－embassy. org/chn/fwzn/lsfws/lsdt/t1351280. htm。

⑤ 商务部国际贸易经济合作研究院、中国驻俄罗斯大使馆经济商务处、商务部对外投资和经济合作司：《对外投资合作国别（地区）指南：俄罗斯（2019 年版）》，http://mof com. gov. cn/dl/gbdqzn/upload/eluosi. pdf。

⑥ 《驻符拉迪沃斯托克总领馆提醒中国游客不要带走玻璃海滩的玻璃石子》，http://vladivostok. chineseconsulate. org/chn/lswf/lsfwgk/t1577738. htm。

的玻璃石子。值得注意的是，海滩上有明文标识："禁止带出玻璃石子"。①

（六）自然灾害风险

俄罗斯常见的自然灾害包括强降雪和台风暴雨。2018年3月，俄罗斯滨海边疆区等地出现强降雪天气，积雪厚度超过20厘米，部分地区达50厘米。道路交通受到影响，部分铁路、公交线路及飞机航班出现延误或取消。② 2019年夏季，受台风"克罗斯"影响，俄滨海边疆区多地连降暴雨，台风、暴雨等灾害影响集中在与中国毗邻地区，其中哈桑区日降水量预计达120毫米，部分地区已爆发山洪，道路、桥梁被冲毁。③ 中国驻哈巴罗夫斯克总领事馆也发布安全提醒称，哈巴罗夫斯克边疆区多地普降暴雨，导致部分道路严重积水、交通事故多发，阿穆尔河水位明显上涨，强降雨可能引发道路交通隐患及洪涝、雷击等自然灾害。④

（七）意外事故

涉及在俄罗斯的中国公民的意外事故主要有以下几种情况：

第一，交通事故。2019年5月，一辆载有41名中国游客和2名中国导游的旅游大巴在俄罗斯滨海边疆区乌苏里斯克市发生严重交通事故，造成2人不幸遇难，13人不同程度受伤。⑤

---

① 中国驻符拉迪沃斯托克总领事馆的中文译文《石头成纪念品：中国游客洗劫了符拉迪沃斯托克的著名海滩——当地居民为此感到困扰》，http://vladivostok. chineseconsulate. org/chn/lswf/lsfwgk/t1577738. htm。

② 《驻符拉迪沃斯托克总领馆提醒领区中国公民注意暴风雪天气出行安全》，http://vladivostok. chineseconsulate. org/chn/lswf/lsbh/t1540432. htm。

③ 《驻符拉迪沃斯托克总领馆提醒中国公民暴雨天气谨慎出游》，http://vladivostok. chineseconsulate. org/chn/lswf/lsfwgk/t1689367. htm。

④ 《驻哈巴罗夫斯克总领馆提醒领区内中国公民防范暴雨灾害》，http://chinacon sula te. khb. ru/chn/lsfw/lsbh1/t1683340. htm。

⑤ 《关于一辆中国旅游大巴车在乌苏里斯克市发生严重交通事故的情况》，http://vladivostok. chineseconsulate. org/chn/lswf/lsfwgk/t1667567. htm。

第二，火灾。2015 年 3 月 11 日，喀山市某商贸中心发生火灾事故，伤亡惨重。① 2015 年 4 月 19 日凌晨，俄罗斯远东地区马加丹市中国大市场发生火灾。经向俄方和旅居当地华人了解，暂无人员伤亡，但华商损失比较严重。②

第三，工伤事故。2015 年 8 月 14 日，中国厦门某公司外派船员在俄罗斯克拉斯诺达尔边疆区"高加索"港口停靠装货期间发生意外事故，造成一人死亡、两人受伤。③

第四，食物中毒。2015 年 8 月，在圣彼得堡市一家宾馆下榻的中国旅游团 120 多名游客中有 50 多人因入住酒店餐厅奶制品变质引起的食物中毒出现呕吐、腹泻和发烧等症状。④

二、中国公民和中资企业在希腊的主要安全风险

中国公民和中资企业在希腊面临的主要安全风险包括政治风险、社会治安风险、自然灾害风险、流行性疾病及其他风险等。

（一）政治风险

希腊执政党更迭频繁，导致政策缺乏连续性，对重大长期投资构成风险。例如，2015 年 1 月，齐普拉斯率领的希腊激进左翼政党在议会选举中胜出。该党的竞选口号是结束紧缩措施、反对出售国有资产偿还债务。2015 年下半年，希腊经历严重债务危机，股市暴跌，经济一度停滞，民众生活甚至陷入物物交换状态。齐普拉斯新政府就职当

---

① 《喀山市（Адмирал）商贸中心发生火灾最新情况》，http://ru. china－embassy. org/chn/fwzn/lsfws/lsdt/t1245041. htm。

② 《俄罗斯马加丹市中国大市场发生火灾》，http://ru. china－embassy. org/chn/fwzn/lsfws/lsdt/t1255904. htm。

③ 《我馆派员协助处理中国船员伤亡案》，http://ru. china－embassy. org/chn/fwzn/lsfws/lsdt/t1288966. htm。

④ 《我馆领事看望住院治疗的中国游客》，http://saint－petersburg. china－consulate. org/chn/lsyw/lsbh/t1289890. htm；《关于圣彼得堡市发生中国游客食物中毒情况的通报》，http://saint－petersburg. china－consulate. org/chn/lsyw/lsbh/t1289344. htm。

天，希腊海运部部长德里察斯高调宣布，停止比雷埃夫斯港港口管理局私有化进程。直到欧盟和国际货币基金组织向希腊政府提出严厉的预算紧缩和劳动关系制度改革条件后，齐普拉斯政府才不得不重启比雷埃夫斯港港口管理局的股权转让计划，但在国内遭到工会联盟抗议。2016年2月，在中远海运收购比雷埃夫斯港后一个月，港口再现罢工，集装箱堆积和货物装卸作业中断，清关和免柜期程序都受到影响。①

（二）社会治安风险

希腊整体治安良好，但近年来受经济危机影响，当地中国城曾出现过针对华人的绑架与抢劫事件。② 根据2021年全球犯罪指数，将不安全程度由高到低排列，在全球135个国家和地区中，希腊排名第70位。③ 中国驻希腊使馆发布的安全提醒也显示，希腊总体安全形势尚好，但在旅游旺季时常发生针对外国游客的偷盗抢劫案件。④ 此外，电信诈骗犯罪屡有发生。中国驻希腊使馆屡次发布安全提醒称，中国驻多个国家使领馆接连收到中国公民的反映，有不法分子冒充中国驻外使领馆人员进行电信诈骗，个别中国公民轻信上当遭受巨大经济损失。⑤

---

① 周太东：《中国与希腊"一带一路"投资合作——比雷埃夫斯港项目的成效、经验和启示》，载《海外投资与出口信贷》，2020年第2期，第36页。

② 商务部国际贸易经济合作研究院、中国驻希腊大使馆经济商务处、商务部对外投资和经济合作司：《对外投资合作国别（地区）指南：希腊（2019年版）》，http://mofcom. gov. cn/dl/gbdqzn/upload/xila. pdf。

③ NUMBEO，"Crime Index by Country 2021"，http://numbeo. com/crime/rankings＿by＿country. jsp？title＝2021&displayColumn＝0。

④ 《圆梦爱琴海　平安希腊行——驻希腊使馆给来希中国游客的"小贴士"》，http://gr. china－embassy. org/chn/lsqw/t1568199. htm。

⑤ 《中国驻希腊使馆再次提醒旅希侨胞、留学生警惕假冒中国驻外使领馆名义的电信诈骗》，http://gr. china－embassy. org/chn/lsqw/t1528611. htm；《中国驻希腊使馆提醒旅希侨胞警惕假冒中国驻外使领馆名义的电信诈骗》，http://gr. china－embassy. org/chn/lsqw/t1486 891. htm。

（三）自然灾害风险

希腊常见的自然灾害主要是地震和山林火灾。由于所处地理位置和地质构造的特殊性，希腊境内地震频发，但地中海海域一般不会引发大规模海啸。2014 年 1 月 26 日，爱奥尼亚海凯法洛尼亚岛中部发生里氏 5.8 级地震，一些房屋出现裂缝，货架倒塌。① 2018 年 10 月 26 日凌晨，扎金索斯岛附近海域发生里氏 6.8 级地震，所幸未造成人员伤亡。②

2018 年 7 月，雅典西部、东部、北部郊区发生多起山林火灾。据当地媒体报道，截至 7 月 24 日上午，火灾已造成 50 多人死亡，100 多人受伤。阿提卡省宣布该省部分地区进入紧急状态，多条通往火灾地区的道路被暂时封闭，雅典国际机场大量航班受到影响。这是希腊近十年来最严重的一起火灾。此外，克里特岛、科林斯等希腊其他地区也有火灾发生。③

（四）流行性疾病

2018 年，希腊爆发西尼罗河病毒。患者主要是被携带有西尼罗河病毒的蚊子叮咬而感染该病毒。病毒感染者随即会出现头痛、高烧、抽搐等症状。根据希腊疾控中心的统计数据，截至 2018 年 8 月 26 日，希腊已有 107 人感染西尼罗河病毒，造成 11 人死亡。④

（五）其他风险

自 2017 年 11 月起至 2019 年，希腊警方查处了九家涉嫌偷税漏税

---

① 《我馆向凯法洛尼亚岛地震地区华侨华人表示慰问》，http://gr. china-embassy. org/chn/lsqw/t1123251. htm。

② 《地震安全提醒》，http://gr. china-embassy. org/chn/lsqw/t1607407. htm。

③ 《安全提醒：雅典郊区多处发生火灾，请中国公民务必注意出行安全!》，http://gr. china-embassy. org/chn/lsqw/t1579799. htm。

④ 《中国驻希腊使馆提醒旅希侨胞和中国游客做好防蚊措施》，http://gr. china-embassy. org/chn/lsqw/t1588232. htm。

的清关代理公司，所有由上述公司代理清关的大量中方货柜也被希政府暂扣调查，导致中国贸易企业承受了重大损失。中国企业派驻希腊人员，既需要在希腊缴纳社会保险，也需按规定在国内缴纳医疗、失业、养老等社会保险，且绝大部分中方人员在几年后回到中国，并不能享受到在希腊缴纳社会保险，特别是养老保险带来的福利，这加重了中资企业和员工的负担。[①]

三、中国公民和中资企业在克罗地亚的主要安全风险

中国公民和中资企业在克罗地亚面临的主要安全风险包括政治风险、社会治安风险以及出入境受阻风险等。

（一）政治风险

2020 年，克罗地亚在半年时间内相继举行总统大选和议会选举，政局稳定。克罗地亚族与塞尔维亚族等少数族群关系有待改善，司法体系改革尚不彻底。[②]

（二）社会治安风险

克罗地亚社会治安状况总体较好，未发生针对中国企业或公民的恐怖袭击和绑架案件，[③] 但克罗地亚的主要城市及旅游景点，曾多次发

[①] 商务部国际贸易经济合作研究院、中国驻希腊大使馆经济商务处、商务部对外投资和经济合作司：《对外投资合作国别（地区）指南：希腊（2019 年版）》，http://mofcom. gov. cn/dl/gbdqzn/upload/xila. pdf。

[②] 徐刚、徐恒祎：《克罗地亚第七届总统选举评析》，载《国际研究参考》，2020 年第 7 期，第 21 页。

[③] 商务部国际贸易经济合作研究院、中国驻克罗地亚大使馆经济商务处、商务部对外投资和经济合作司：《对外投资合作国别（地区）指南：克罗地亚（2019 年版）》，http:// mofcom. gov. cn/dl/gbdqzn/upload/keluodiya. pdf。

生涉中国公民盗窃案件，给受害人造成较大的财产损失，影响其行程。① 根据 2021 年全球犯罪指数，将不安全程度由高到低排列，在全球 135 个国家和地区中，克罗地亚排第 122 位。②

（三）出入境受阻风险

2017 年 5 月，接连发生中国公民仅持单次申根签证来克罗地亚，导致在边境口岸入境受阻或入境后无法再次返回申根国家的情况。中国驻克使馆曾发布安全提醒称，克罗地亚不是申根国家，来克旅游或过境，应持有克国签证、或两次以上有效的申根签证、或长期申根签证，否则可能被拒绝入境；即使入境也无法再次返回申根国家，只能从克返回中国。③

第三节　中国公民和中资企业在非洲共建"一带一路"国家的安全风险

本节主要选取埃塞俄比亚、南非、埃及等非洲国家，分析海外中国公民和中资企业面临的主要安全风险。

一、中国公民和中资企业在埃塞俄比亚面临的主要安全风险

在埃塞俄比亚的中国公民和中资企业面临的主要安全风险包括政治风险、社会治安风险、出入境受阻风险、违法违规风险、意外事故、

---

① 《再次提醒来克罗地亚旅游中国公民提高防窃意识》，http://hr. china-embassy. org/chn/lsqz/lsbh/t1563945. htm；《驻克罗地亚使馆提醒中国游客注意防窃》，http://hr. china-embassy. org/chn/lsqz/lsbh/t1548512. htm；《驻克罗地亚使馆提醒旅克中国公民注意克签证政策和财物安全》，http://hr. china-embassy. org/chn/lsqz/lsbh/t1460297. htm；《驻克罗地亚使馆提醒中国游客注意财物安全》，http://hr. china-embassy. org/chn/lsqz/lsbh/t1369841. htm。

② NUMBEO，"Crime Index by Country 2021"，http://numbeo. com/crime/rankings_by_country. jsp?title=2021&displayColumn=0.

③ 《驻克罗地亚使馆提醒旅克中国公民注意克签证政策和财物安全》，http://hr. china-embassy. org/chn/lsqz/lsbh/t1460297. htm。

流行性疾病、其他风险等。

（一）政治风险

第一，民族矛盾尖锐，中央政府与地方政府之间爆发武装冲突。埃塞俄比亚人口总量约 1 亿，为多民族联邦制国家。最大的两个民族——奥罗莫人与阿姆哈拉人分别占总人口的 35% 和 28%。北部的提格雷人仅占总人口的 6% 左右，但"提格雷人民解放阵线"（简称"提人阵"）曾于 1991 年率领军队推翻了前总统门格斯图的统治，并建立了"埃塞俄比亚人民革命民主阵线"（简称"埃革阵"）。在埃革阵执政时期，埃塞俄比亚保持了长期稳定和经济高速增长。但由于经济发展成果分配不均，"小族统治大族"的结构引发国内多方不满，民族矛盾不断激化。自 2016 年起，埃塞陷入民族冲突与社会动荡，推动权力重新洗牌。出身奥罗莫族的阿比·艾哈迈德（Abiy Ahmed）于 2018 年出任总理，并在 2019 年年底成立新执政党"繁荣党"，把"提人阵"排除在外，并大量解任政府内和军队内的"提人阵"人员，两党矛盾尖锐化。2020 年 11 月，因新冠肺炎疫情推迟大选，引发了"提人阵"与总理阿比·艾哈迈德领导的联邦政府之间的武装冲突。至 2022 年 1 月，冲突延续已一年多，并不断升级，迄今已造成数千人死亡、数十万人背井离乡，并导致饥荒问题持续蔓延。2021 年 11 月，"提人阵"武装联盟曾一度推进到首都亚的斯亚贝巴周边城镇，总理阿比亲赴前线指挥作战，至 2022 年年初，联邦政府已收复除北部提格雷州以外的大部分地区。

第二，因民众游行示威引发局势紧张，外国企业遭打砸抢。2016 年下半年，埃塞俄比亚中南部奥罗米亚地区的民众在征地拆迁等问题上与政府意见产生分歧，民众举行大规模游行示威，甚至与军警发生冲突，造成多人伤亡，局势持续紧张。① 包括中国、土耳其、荷兰等国

---

① 《埃塞宣布进入为期 6 个月的国家紧急状态》，http://xinhuanet.com/world/2016-10/09/c_1119682544.htm。

在内的 50 多家外国企业遭到打砸，中埃合资纺织厂也在其中。① 10 月 8 日，埃塞进入为期 6 个月的国家紧急状态，以便应对奥罗米亚地区民众大规模示威造成的紧张局势。② 2017 年 3 月 30 日，埃塞人民代表院审议通过《关于延长国家紧急状态的草案》，决定将 4 月 7 日期满的国家紧急状态延长 4 个月。③ 进入紧急状态后，政府采取中断骚乱地区道路、信号等极端管控措施，发布之时正值中国企业项目建设高峰期，数十万吨建设项目物资在港口积压如山，项目长期停摆。④

第三，民族冲突，引发动乱，殃及无辜。2020 年 9 月，埃塞俄比亚西北部的本尚古勒-古马兹州不同民族间冲突加剧，导致 100 多人死亡，当地政府抓捕 300 多名涉嫌参与暴力活动者。10 月 6 日，在该地区，武装分子袭击过往车辆，造成一名中国公民和多名埃塞人中枪身亡。⑤ 2020 年年底，该州安全形势持续恶化。12 月 24 日，持枪歹徒对村庄发动袭击，杀死 100 多人。⑥

此外，埃塞的政治风险还包括腐败问题和边境冲突。在埃塞与厄立特里亚和索马里接壤的边境地区会偶发武装冲突。⑦

（二）社会治安风险

根据 2021 年全球犯罪指数，将不安全程度由高到低排列，在全球

---

① 《中资企业遭遇打砸抢，驻埃塞俄比亚大使腊翊凡看望慰问中方员工》，http://et. china-embassy. org/chn/lsxx/lsbhyxz/t1407674. htm。

② 《埃塞宣布进入为期 6 个月的国家紧急状态》，http://xinhuanet. com/world/2016-10/09/c_1119682544. htm。

③ 《提醒中国公民注意埃塞俄比亚延长国家紧急状态》，http://et. china-embassy. org/chn/lsxx/lsbhyxz/t1451769. htm。

④ 胡建谅：《"一带一路"建设项目风险管理实践与探索——以埃塞俄比亚某工程建设项目为例》，载《建筑经济》，2020 年第 9 期，第 34—35 页。

⑤ 《安全提醒》，http://et. china-embassy. org/chn/lsxx/lsbhyxz/t1822852. htm。

⑥ 《驻埃塞俄比亚使馆提醒在埃中国公民注意安全》，http://et. china-embassy. org/chn/lsxx/lsbhyxz/t1842742. htm。

⑦ 商务部国际贸易经济合作研究院、中国驻埃塞俄比亚大使馆经济商务处、商务部对外投资和经济合作司：《对外投资合作国别（地区）指南：埃塞俄比亚（2019 年版）》，http://mofcom. gov. cn/dl/gbdqzn/upload/aisaiebiya. pdf。

135 个国家和地区中，埃塞俄比亚排名第 46 位。① 中国公民和中资企业在埃塞俄比亚遭遇的主要社会治安风险是盗窃和抢劫杀人。例如，2014 年，亚的斯亚贝巴连续发生多起针对中国公民的抢劫、偷盗事件，有的发生在白天闹市区，有的发生在半夜下班回家途中，有的发生在驾车时候，有的是持枪抢劫，有的是通过提醒当事人车辆出故障，在其停车检查时实施偷盗，导致当事人财物、证件等被抢、被盗。② 2019 年 7 月，在奥罗米亚州阿达玛工业园附近，某中资企业多名中方员工遭一伙持刀劫匪暴力抢劫，一名中国公民不幸遇害身亡，数人轻伤，被抢走手机三部。③ 2020 年 9 月，某中资企业驻地遭数名持枪歹徒入室抢劫，造成财产损失和一名中方人员重伤。④

（三）出入境受阻风险

中国公民遭遇的与埃塞俄比亚有关的出入境风险主要有以下几种情况：

第一，携带超额现金。埃塞外汇管控非常严格，在未申报的情况下，非埃塞常住人员（指无埃塞 ID 的外国公民）出境携带美金不得超过 3000 美元（或等值其他外币）、当地货币不得超过 1000 比尔（均合 160 元人民币），持有埃塞 ID 的外国公民不得携带外币出境。外国人入、出境，须申报所携带的外汇现金数量，如出境时申报的外汇数量多于入境时申报的数量，则须出示当地银行证明，否则将会被判入

---

① NUMBEO, "Crime Index by Country 2021", http://numbeo.com/crime/rankings_by_country.jsp? title = 2021&displayColumn = 0.

② 《安全提示》，http://et.china-embassy.org/chn/lsxx/lsbhyxz/t1137941.htm。

③ 《抢劫杀害在埃塞中国公民的 5 名嫌犯落网》，http://et.china-embassy.org/chn/lsxx/lsbhyxz/t1682529.htm。

④ 《提醒在埃中国公民和企业强化安保措施，防范入室盗抢》，http://et.china-embassy.org/chn/lsxx/lsbhyxz/t1817353.htm。

狱服刑。① 从其他国家经亚的斯亚贝巴机场转机的旅客，如因下一段航班延误或其他原因必须出机场，需申报所携带的现金和其他贵重物品，否则，出境时有可能被查扣甚至被拘留。② 外国公司在完成税务审计后，如需将利润汇出，需向埃塞国家银行提前申请办理相关审批手续，一般情况需要花费数月时间。埃塞严厉打击外汇黑市交易，一旦查处，予以重判。③ 2020 年年初，有过境埃塞的中国旅客因航班延误，携带超过限额的现金入境时未申报，出境时现金被海关查扣、人被拘留，造成重大经济损失，且面临刑事处罚。④

第二，携带象牙制品。2016 年，接连发生多起中国公民在埃塞国际机场过境时，因携带少量象牙饰品被埃塞执法部门依法拘留和罚款的案件。⑤ 2019 年，埃塞海关加大对出境和过境旅客的行李检查力度，多名中方人员转机时因携带象牙制品等违禁品被扣留，并被移交给埃塞俄比亚司法部门。⑥

第三，携带专业相机。2014 年，在埃塞国际机场连续发生多起中国游客因携带专业相机及类似专业相机入境被拒案件。旅客入境时，埃方要求旅客以寄存方式将相机临时存放在机场海关，但出境时，埃塞海关在高估相机价格的基础上，要求征收 5% 的再出口税。按埃塞规定，除卡片机之外，如携带其他一切型号相机及摄影器材入境，应事先与埃塞旅行社或友人取得联系，向他们通报自己所携带相机的型号和数量，并请其向埃塞海关总署申报，得到批准后，所携带的相机等

---

① 商务部国际贸易经济合作研究院、中国驻埃塞俄比亚大使馆经济商务处、商务部对外投资和经济合作司：《对外投资合作国别（地区）指南：埃塞俄比亚（2019 年版）》，http://mofcom. gov. cn/dl/gbdqzn/upload/aisaiebiya. pdf。

② 《再次提醒中国公民切勿携带大额现金入、出及过境埃塞》，http://et. china－embassy. org/chn/lsxx/lsbhyxz/t1733017. htm。

③ 同①。

④ 同②。

⑤ 《提醒过境埃塞中国公民切勿携带象牙等野生动物制品》，http://et. china－embassy. org/chn/lsxx/lsbhyxz/t1402346. htm；《提醒驻埃塞及过境中国公民切勿携带象牙等制品》，http://et. china－embassy. org/chn/lsxx/lsbhyxz/t1342509. htm。

⑥ 同①。

物品才能自由出入埃塞国境。①

第四，签证或居留证件问题。2013 年 3 月，埃塞首都国际机场连续发生两起中国公民因签证原因出入境受阻事件。② 2013 年 11 月，几名旅居埃塞俄比亚中国公民因持假签证，被埃塞方调查、拘捕，有的被关押。③ 2020 年 4 月，有中国公民因为签证或 ID 过期，在机场办理离境手续受阻，无法按时回国。根据规定，外国人在购得回国机票后，应携带有效证件、机票订单等相关证明材料办理离境签，机场移民部门无权办理离境签或接收滞留罚款。④

第五，航空公司超售机票。2020 年 7 月，埃塞航空陆续恢复通往欧美、非洲有关国家的航线，在埃塞首都亚的斯亚贝巴中转乘客大幅增加，中国驻埃塞使馆陆续接到中国乘客投诉，反映埃塞航空公司出现机票超售、涨价等情况，造成机场滞留。⑤

（四）除出入境之外的违法违规行为带来的安全风险

除出入境之外的违法违规行为带来的安全风险主要指非法务工和违规持有大量现金和换汇。

第一，非法务工。中国商务部主编的关于埃塞的投资指南指出，埃塞不断加强外来务工人员管理，无工作签证的滞留务工人员除遣返

---

① 《中国公民埃塞俄比亚出入境提醒》，http://et. china－embassy. org/chn/lsxx/lsbhyxz/t1123572. htm。

② 《出行提示》，http://et. china-embassy. org/chn/lsxx/lsbhyxz/t1019887. htm。

③ 《中国公民申办埃塞俄比亚签证提醒》，http://et. china－embassy. org/chn/lsxx/lsbhyxz/t1099982. htm。

④ 《有关办理离境手续的提醒》，http://et. china－embassy. org/chn/lsxx/lsbhyxz/t1771951. htm。

⑤ 《针对中国乘客近期反映的情况　中国驻埃塞使馆加大力度做埃航工作》，http://et. china-embassy. org/chn/lsxx/lsbhyxz/t1802579. htm。

离境外，还有刑事处罚风险。①

第二，持有大量现金或民间渠道换汇。根据埃塞规定，个人和公司拥有现金不得超过 150 万比尔（约合 24 万元人民币），否则警察有权查扣。如通过合法经营获得超过 150 万比尔现金，应提供合法来源证明。2020 年 9 月，有多人和企业因持有大量现金或通过民间渠道换汇被埃塞警方扣押调查。②

（五）意外事故

2019 年 3 月 10 日，埃塞俄比亚航空公司从亚的斯亚贝巴飞往肯尼亚内罗毕的 ET302 航班失事，机上 149 名乘客和 8 名机组成员全部遇难。失事航班上共有八名中国乘客（含香港居民一人），分别为五名男性、三名女性，其中包括中资企业职员、游客和国际职员。③

（六）流行性疾病

埃塞俄比亚不少地方医疗卫生服务和基本生活供给短缺、气候条件恶劣、多种传染疾病盛行。例如，有中国企业所承建的项目所在地属于霍乱、疟疾高发区域，周边水资源受到不同程度的污染，气候炎热高温更加剧了携带疟原虫的蚊蝇猖獗活动传播，加上水处理设备及公共医疗资源的匮乏，极易导致霍乱和疟疾。④2014 年 5 月，一名在埃塞工作的中国公民因患急性恶性脑疟去世。⑤2019 年年中，埃塞曾

---

① 商务部国际贸易经济合作研究院、中国驻埃塞俄比亚大使馆经济商务处、商务部对外投资和经济合作司：《对外投资合作国别（地区）指南：埃塞俄比亚（2019 年版）》，http://mofcom. gov. cn/dl/gbdqzn/upload/aisaiebiya. pdf。

② 《提醒在埃中国企业和公民切勿大量存放现金，应循正规渠道兑换货币》，http://et. china-embassy. org/chn/lsxx/lsbhyxz/t1818009. htm。

③ 《我馆全力以赴做好埃塞航空 ET302 空难后续工作》，http://et. china-embassy. org/chn/lsxx/lsbhyxz/t1644336. htm。

④ 胡建谅：《"一带一路"建设项目风险管理实践与探索——以埃塞俄比亚某工程建设项目为例》，载《建筑经济》，2020 年第 9 期，第 35 页。

⑤ 《健康提示》，http://et. china-embassy. org/chn/lsxx/lsbhyxz/t1158977. htm。

发生霍乱疫情。[①]

（七）其他风险

2016 年下半年，接连发生几起中国公民在埃塞俄比亚驾车遇交警执法检查时，因争议被埃塞方立案进入司法程序案件。[②]

二、中国公民和中资企业在南非的主要安全风险

中国公民和中资企业在南非面临的主要安全风险包括政治风险、社会治安风险、出入境受阻风险、违法违规行为、自然灾害风险、意外事故、流行性疾病等。

（一）政治风险

南非工人罢工活动频繁，罢工时间长短不一，短则几小时，长达数月。非洲人国民大会（简称"非国大"）、南非共产党以及南非工会大会组成的三方联盟是南非的执政力量，[③] 因此南非工会组织势力非常强大。南非工会大会下辖 21 个产业工会，有缴纳会费会员 180 多万人。为了强化劳工保护，南非政府制定了一整套劳工法律，涉及工时、休假、组织工会、罢工等内容。法规对工会权力的强调一定程度上造成罢工频繁，带来诸多负面影响。如，2013 年至 2014 年，南非矿工罢工持续数月。2014 年，共发生 88 次罢工，其中，矿工和建筑工工会领导的铂矿领域的"超级罢工"持续五个月。2016 年，南非全国矿工工会与英美铂金薪资谈判破裂，导致近一半工人罢工。2017 年 9 月，南非工会大会策划组织了全国大罢工，并得到了多个商协会等组

[①] 《提醒在埃塞俄比亚中国公民注意防范霍乱疫情》，http://et.china-embassy.org/chn/lsxx/lsbhyxz/t1672936.htm。

[②] 《提醒在埃塞中国公民妥善处理交通争议》，http://et.china-embassy.org/chn/lsxx/lsbhyxz/t1415937.htm。

[③] 《南非总统：执政联盟关注工人阶级　坚持左翼路线》，http://www.chinanews.com/gj/2015/11-24/7637806.shtml。

织的支持和赞助。2018 年年底，由于大型矿业企业纷纷做出裁员决定，南非矿业工人与建筑协会宣布组织罢工，罢工持续数月。①

2021 年 7 月，南非前总统雅各布·祖马（Jacob Zuma）因"藐视法庭罪"被判入狱 15 个月。以此为由，豪登省约翰内斯堡和夸祖鲁-纳塔尔省德班这两个城市爆发骚乱，抗议者封锁了高速公路，洗劫并焚烧卡车、商店、银行甚至学校和医院。整个骚乱造成 14 亿多美元的损失，超过 330 人在冲突中丧生。骚乱的根源是隐藏在政治和社会冲突表象之下的经济弊端。新南非总体上保留了殖民时代的经济结构，主要问题是经济结构失衡，其特征包括产能不足、经济垄断、国有企业治理缺失、过度依赖资源型开发、过于依赖外资流入、出口贸易结构单一和劳动力市场失衡。

新冠肺炎疫情又使生产活动收缩、商品和服务需求大减，进一步降低了国民收入和就业水平。2021 年 6 月，南非的生产价格指数（Producer Price Index）同比增长了 7.7%，达到自 2016 年 2 月以来的最大年度涨幅。由于生产商会将成本转嫁给消费者，导致生活必需品价格明显上涨。联合国人类发展报告指出，2020 年，五分之一的南非人口陷入极端贫困，每天的生活费不足 28 兰特（约合 12.15 元人民币）。② 人们日益失望，对政府产生了信任危机。前总统被判入狱事件成为引爆群众不满情绪的导火索。

（二）社会治安风险

根据 2021 年全球犯罪指数，将不安全程度由高到低排列，在全球

---

① 商务部国际贸易经济合作研究院、中国驻南非大使馆经济商务处、商务部对外投资和经济合作司：《对外投资合作国别（地区）指南：南非（2019 年版）》，http://mofcom. gov. cn/dl/gbdqzn/upload/aiji. pdf。
② 刘钊轶：《南非骚乱背后的经济弊端》，载《经济》，2021 年第 9 期，第 106—109 页。

135 个国家和地区中,南非排名第 3 位。① 关于社会治安风险的安全提醒是中国驻南非使领馆发布的安全提醒中数量最多的。考虑到案件信息的公开程度,不便细致归类,大致分为抢劫绑架杀人和诈骗两大类。

第一,抢劫绑架杀人。以下将 2013 年 1 月 1 日至 2021 年 1 月之间中国驻南非使领馆网站及其他媒体公布的相关信息,按照案件发生的时间顺序排列展示,由此可见南非社会治安问题的严重性。

2013 年 1 月,中国驻约翰内斯堡总领馆连续接到两起报案,经约翰内斯堡国际机场进入南非旅游、公干的中国公民从约翰内斯堡国际机场乘车出发后,即被不明身份车辆尾随,在前往目的地途中或抵达目的地驻车时,被一路跟踪的抢匪或同伙抢劫,随身财物及旅行证件被劫一空。②

2013 年 4 月,开普敦地区发生多起武装抢劫中国商店案件。③ 4 月 22 日,西开普省地区发生两名福建籍中国公民遭抢劫案,一人中枪身亡,另一人左手受伤。④

2013 年 6 月,南非部分地区发生骚乱,对当地的华侨华人造成冲击,多家商铺遭抢。西北省、夸纳省、姆普马兰加省又接连发生三起针对中国公民的恶性刑事案件,导致人员伤亡。⑤ 其中,夸纳省、姆普马兰加省各发生一起入室抢劫凶杀案,共造成两名中国公民死亡,一名中国公民受伤。两起案件均发生在被害者经营的杂货店中。⑥

2013 年 12 月,东开普省、约翰内斯堡等地接连发生针对中国公民

---

① NUMBEO,"Crime Index by Country 2021",http://numbeo.com/crime/rankings_by_country.jsp? title = 2021&displayColumn = 0.

② 《请赴南非约翰内斯堡旅游的中国公民谨防在机场被尾随抢劫》,http://johan nes burg.china-consulate.org/chn/lsfw/lsbh/t1506827.htm。

③ 《领事保护温馨提示》,http://capetown.china-consulate.org/chn/lsbh/t1033291.htm。

④ 《我馆领事官员赴现场处理中国公民被劫枪杀案》,http://capetown.china-consulate.org/chn/lsbh/t1035316.htm。

⑤ 《中国驻南非使馆提醒在南中国公民关注当地治安形势》,http://za.china-emb assy.org/chn/lqfw/zytz/t1053569.htm。

⑥ 《领事提醒》,http://za.china-embassy.org/chn/lqfw/zytz/t1053566.htm。

的恶性刑事案件，导致人员伤亡。①

2014年1月，铂金矿工罢工在部分地区引发暴力事件，有中国公民经营的店铺在暴力事件中遭到冲击。②

2014年1月至4月，连续发生多起涉及中国公民的恶性案件，导致五名中国公民死亡。③

2014年2月，南非多地发生骚乱，西北省、林波波等省的华商店铺在事件中受到冲击，造成重大财产损失。④

2014年4月3日，一辆载有中国游客的旅游巴士从西北省著名旅游景点太阳城返回比勒陀利亚途中，遭遇一伙持枪歹徒抢劫，造成重大财产损失。这是继2014年2月28日发生中国游客遇袭事件后在同一地区发生的第二起中国游客遇袭事件。⑤

2014年4月，约翰内斯堡地区多次发生涉中国公民伤亡的恶性案件。4月7日，一台湾同胞在自家商铺内遭持枪歹徒抢劫，脸部中枪受重伤；4月15日、16日连续发生两起中国公民在自营商店内遭持械抢劫案件，其中一人遭枪击，腹部受伤，另一人肩部受刀伤。⑥

2014年7月，至少有三名南非华人在两起抢劫案中遇害。⑦

2015年1月，连续发生多起涉及中国公民的恶性案件，三名中国

① 《中国驻南非使领馆提醒旅南侨胞关注当地治安形势》，http://za. china－embassy. org/chn/lqfw/zytz/t1104626. htm。

② 《中国驻南非使馆提醒在南中国公民关注当地罢工情况》，http://za. china－embassy. org/chn/lqfw/zytz/t1124104. htm。

③ 《中国驻南非使领馆发布领事提醒：提醒在南中国公民密切关注南非治安形势，提高安全防范意识》，http://za. china－embassy. org/chn/lqfw/zytz/t1145442. htm。

④ 《中国驻南非使馆提醒在南中国公民关注当地治安形势》，http://za. china－embassy. org/chn/lqfw/zytz/t1131520. htm。

⑤ 《中国驻南非使领馆再次提醒赴南中国游客注意安全》，http://za. china－embassy. org/chn/lqfw/zytz/t1144270. htm。

⑥ 《驻约堡总领馆提醒领区侨胞关注自身安全》，http://johannesburg. china－consulate. org/chn/lsfw/lsbh/t1506828. htm。

⑦ 《一名上海籍华人在南非遭抢劫中弹身亡》，载《北京青年报》，2014年7月28日，第A11版。

公民遇害身亡。①

2015 年 2 月，多地发生骚乱，外籍人士店铺被哄抢，其中多家华人店铺受到波及。②

2015 年 4 月，多地发生骚乱，并有持续蔓延态势。4 月 15 日，华侨华人较为集中的约翰内斯堡部分地区，一些外籍商人遭遇抢劫。③

2015 年 5 月，约翰内斯堡及邻近地区接连发生三起针对中国公民的恶性抢劫案件，造成一名中国公民死亡，两名中国公民受重伤。④

2015 年 8 月 7 日，来自浙江省安吉县的一个十人（含导游）商务团遭劫匪持枪劫持，损失价值数十万人民币的现金和财物，六名代表团成员护照被抢，两名团员受轻伤。⑤

2015 年 9 月 20 日，一名侨胞在开普敦地区中国城遭抢劫并被枪杀。⑥

2015 年 10 月 17 日，一名福建籍中国公民在其经营的酒水批发店中遭四名持枪歹徒抢劫，店主被歹徒开枪击中头部重伤，经抢救无效不幸遇难。⑦

2015 年 11 月至 2016 年 3 月，开普敦发生两起侨胞遭遇绑架案件。⑧

---

① 《中国驻南非使领馆提醒旅南侨胞关注当地治安形势》，http://za. china-embassy. org/chn/lqfw/zytz/t1229838. htm。

② 《中国驻南非使领馆提醒旅南侨胞防范骚乱》，http://za. china-embassy. org/chn/lqfw/zytz/t1235060. htm。

③ 《中国驻南非使领馆再次紧急提醒旅南侨胞注意防范骚乱》，http://za. china-embassy. org/chn/lqfw/zytz/t1255001. htm。

④ 《中国驻约堡总领馆提醒广大侨胞 近日抢劫案件频发务必加强防范》，http://johannesburg. china-consulate. org/chn/lsfw/lsbh/t1507263. htm。

⑤ 《提高安全意识、避免遭遇抢劫 切记六个"不"——中国驻约翰内斯堡总领事馆领事提醒》，http://johannesburg. china-consulate. org/chn/lsfw/lsbh/t1507265. htm。

⑥ 《中国城枪杀案凶手落网》，http://capetown. china-consulate. org/chn/lsbh/。

⑦ 《开普敦再发抢劫案，我馆提醒侨胞注意安全》，http://capetown. china-consulate. org/chn/lsbh/t1306919. htm。

⑧ 《驻开普敦总领馆关注侨胞绑架案》，http://capetown. china-consulate. org/chn/lsbh/t1349777. htm。

2016年2月6日，开普敦附近马尔梅斯伯里的一位侨胞被歹徒残忍枪杀。①

2016年2月29日，一侨胞在东开普省纳尔逊·曼德拉湾市工业园区进货时遭遇歹徒抢劫，中枪身亡。②

2016年4月25日，一名侨胞在东开普省乌姆塔塔镇一华人超市仓库为进货归来的司机开门时，六名黑人劫匪尾随货车进入仓库，控制当事人，威逼索要现金，当事人告对方无现金，歹徒开枪，致当事人胸部和腰部中枪，经当地医院抢救无效身亡。③

2016年8月27日，开普敦华人警民中心收到该中心警务联络负责人报告称，该区华商店铺遭到三名持枪歹徒洗劫，收银机内现金和店主手机被歹徒抢走。④

2016年9月，约翰内斯堡地区侨胞生活、工作聚集的商城区、唐人街及部分高速路出口、红绿灯处发生多起涉中国侨胞拦路抢劫、入室盗窃案件，部分侨胞受到人身伤害和财产损失。⑤

2017年2月，一周内在约翰内斯堡地区连续发生两起劫匪尾随中国旅行团至酒店持枪抢劫案件，造成数名人员受伤和巨额财物损失。⑥

2017年5月，西北省发生骚乱，多家中国公民经营的商铺遭洗劫、哄抢，造成严重财产损失。约翰内斯堡市两家中餐馆遭持枪抢劫，造成一名中国公民受伤，一名南非公民死亡，大量现金被抢。⑦

---

① 《康勇总领事接受新华社采访》，http://capetown. china-consulate. org/chn/lsbh/。
② 《纳尔逊·曼德拉湾市华人警民合作中心积极协助处理侨胞潘水生遇难案》，http://capetown. china-consulate. org/chn/lsbh/t1345259. htm。
③ 《我东开普省一侨胞遭遇抢劫不幸遇难》，http://capetown. china-consulate. org/chn/lsbh/t1358703. htm。
④ 《开普敦华人警民中心警民联防机制发挥实效，抢匪人赃俱获》，http://capetown. china-consulate. org/chn/lsbh/t1393108. htm。
⑤ 《近期抢劫案件频发，驻约堡总领馆提醒侨胞注意安全》，http://johannesburg. china-consulate. org/chn/lsfw/lsbh/t1507276. htm。
⑥ 《提请中国游客特别关注》，http://johannesburg. china-consulate. org/chn/lsfw/lsbh/t1507277. htm。
⑦ 《提醒旅南侨胞密切关注当地安全形势》，http://za. china-embassy. org/chn/lqfw/zytz/t1460019. htm。

2017 年 5 月 19 日，自由州省布隆方丹市发生骚乱，多家当地商铺遭洗劫、哄抢，一名中国公民在骚乱中受伤。[①]

2017 年 11 月 22 日，开普敦一华人商铺遭袭，两名福建侨胞遇难，一名侨胞受重伤。[②]

2018 年年初，局部地区不时爆发骚乱，多地发生数起涉中国公民重大抢劫、伤人案件，造成人身伤害和重大财产损失。[③]

2018 年 5 月上旬，在两周时间内，自由州省布隆方丹市发生数起涉及中国公民或商铺的抢劫、盗窃案件，当事人受到不同程度的人身伤害或财产损失。[④]

2018 年 8 月，距离约翰内斯堡市东南方向约 70 公里的海德堡市爆发骚乱事件，当地一些经营场所遭到破坏，其中一家中国侨胞商铺被洗劫一空。[⑤]

2019 年 3 月，豪登省、西开普省、自由州、西北省等多地接连发生涉中国公民被抢被害案件，造成人员伤亡和财产损失。[⑥] 3 月 25 日，德班和曼迪尼等地发生游行示威，导致交通阻塞，有工厂被纵火并殃及侨商财产。[⑦]

2019 年 9 月 4 日，中国驻南非使馆发布安全提醒称，南非经济持续低迷，失业率高企，导致盗抢活动明显增加，局部地区屡发暴力示

---

① 《提醒布隆方丹侨胞密切关注当地安全形势》，http://johannesburg.china-consulate.org/chn/lsfw/lsbh/t1507278.htm。

② 《两名中国侨胞在开普敦遇害身亡　驻开普敦总领馆再次提醒侨胞加强安全防范》，http://capetown.china-consulate.org/chn/lsbh/t1513224.htm。

③ 《提醒在南中国公民加强春节期间安全防范》，http://za.china-embassy.org/chn/lqfw/zytz/t1530718.htm。

④ 《近期布隆方丹市涉中国公民盗抢案件多发总领馆提醒该地区侨胞加强防范》，http://johannesburg.china-consulate.org/chn/lsfw/lsbh/t1560222.htm。

⑤ 《驻约堡总领馆提醒领区中国公民注意防范骚乱风险》，http://johannesburg.china-consulate.org/chn/lsfw/lsbh/t1588819.htm。

⑥ 《提醒在南非注意安全》，http://za.china-embassy.org/chn/lqfw/zytz/t1643994.htm。

⑦ 《驻德班总领馆提醒在夸纳省的中国公民和企业注意加强安全防范》，http://durban.chineseconsulate.org/chn/lsfw/lsbhyxz/t1648843.htm。

威、群体骚乱等事件，社会治安状况堪忧。①

2020年4月16日，中国驻德班总领事馆发布安全提醒称，夸纳省发生多起不法分子闯入商铺盗抢事件，有中国公民遭受经济损失。②

2020年6月，中国驻南非使馆发布安全提醒称，随着南非"带疫解封"，经济活动逐步恢复，当地盗抢绑架等犯罪活动随之逐渐增多，对我公民健康和安全带来双重威胁。中国侨胞商铺先后遭到抢劫，造成我公民重伤和财产损失。③

2020年7月，中国驻南非使馆发布安全提醒称，南非疫情形势持续恶化，对当地社会生产生活造成巨大冲击，社会不稳定因素大幅增加，治安形势更加严峻。近期，当地武装抢劫、绑架、偷盗等违法犯罪活动明显增多，恶性案件不时发生，在南非的中国公民和企业机构面临人身财产安全风险加大。豪登省、姆普马兰加省、夸-纳省和西开普省等多地中国公民接连遇险、遇害，造成重大人员伤亡和财产损失。④

2020年7月26日，夸纳省一华商工厂发生恶性抢劫案，造成一名中国公民死亡。⑤

2020年8月16日，夸纳省新堡市一侨胞工厂遭歹徒持刀抢劫，厂主被刺伤，不治身亡，另一人受重伤。⑥

2020年8月24日，中国驻南非使馆发布《驻南非使馆关于近期中

① 《提醒中国公民近期注意南非安全形势》，http：//za. china-embassy. org/chn/lqfw/zytz/t1694608. htm。

② 《提醒在夸纳省的中国公民和企业注意防范盗抢》，http：//durban. chineseconsulate. org/chn/lgxx/lgdt/t1770342. htm。

③ 《盗抢绑架活动抬头，安全风险不容小觑》，http：//za. china-embassy. org/chn/lqfw/zytz/t1792386. htm。

④ 《提醒旅南中国公民高度重视安全防范》，http：//za. china-embassy. org/chn/lqfw/zytz/t1803107. htm。

⑤ 《驻德班总领馆提醒领区中国公民注意人身和财产安全》，http：//durban. chineseconsulate. org/chn/lsfw/lsbhyxz/t1801140. htm。

⑥ 《驻德班总领馆提醒侨胞高度重视人身安全》，http：//durban. chineseconsulate. org/chn/lsfw/lsbhyxz/t1806899. htm。

国在南公民遇害案的声明》，表示受年初新冠肺炎疫情冲击和影响，南非经济发展疲弱，失业高企，社会治安形势急剧恶化。近期连续发生多起针对在南中国侨民的谋杀、抢劫和绑架等严重暴力犯罪案件，50多天里先后有 7 名中国公民遇害。特别是 8 月 13 日知名侨领前南非齐鲁同乡总会会长夫妇在约翰内斯堡市光天化日之下被歹徒残忍枪杀，震惊南非侨界。①

2020 年 10 月，中国驻南非使馆再次发布安全提醒称，随着南非"封禁"级别逐步降低，各类严重暴力犯罪活动进一步上升。尤其是自 2019 年 12 月以来，南非境内已发生十余起针对中国公民的绑架案，给侨胞人身财产安全带来严重威胁。上述案件中，绑匪目标明确，手段娴熟，呈现明显的团伙性、有组织犯罪的特点：一是侵害对象上，受害人多为经营店铺、现金流较频繁的侨胞；二是作案时机上，绑匪通常在受害人上下班时实施拦车绑架，尤其临近周末、月末作案更为频繁；三是地理位置上，在开普敦、约翰内斯堡等治安高风险区域经营商铺的侨胞更易成为目标。②

第二，诈骗。2014 年 4 月，南非华人警民合作中心向中国驻南非使馆反映，个别不法分子虚构承揽国内汇款业务，骗取旅南侨胞汇款，导致侨胞巨额财产损失。③

2018 年 5 月，中国驻约翰内斯堡总领事馆接到中国公民电话，该公民称接到自称是中国驻约翰内斯堡总领馆打来的电话，让其拨打某座机号码，并领取重要文件。中国驻约翰内斯堡总领事馆即向南非警方报案，据警方告，上述电话号码系使用黑客软件生成的网络电话，

---

① 《驻南非使馆关于近期中国在南公民遇害案的声明》，http://za. chineseembassy. org/chn/sgxw/t1808810. htm。

② 《驻南非使馆提醒中国公民防范绑架案件》，http://za. china-embassy. org/chn/lqfw/zytz/t1821875. htm。

③ 《提醒在南非中国公民防范汇款诈骗》，http://za. china-embassy. org/chn/lqfw/zytz/t1151616. htm。

且该号码曾在过去的诈骗案件中使用过。①

2019 年 3 月，南非电信网络诈骗犯罪频发，不法分子紧跟社会热点，不断变换手法，针对不同群体量身设计骗术，步步设套，手段层出不穷。甚至有诈骗分子假冒中国驻外使领馆名义进行电信诈骗，给当事人造成严重损失。②

2020 年 3 月，中国驻南非使馆发布安全提醒称，接南非警方通报，近日有不法分子假冒政府或医疗机构工作人员，以上门检测新冠病毒或提供消毒服务为借口，诱骗居民开门后实施抢劫。此前，使馆还接到多起中国公民遭遇电信诈骗的求助。诈骗分子谎称有口罩、消毒液等防疫物资，诱骗当事人汇款后即失去联系，给我公民造成重大财产损失。③

（三）出入境受阻风险

涉及南非的中国公民出入境受阻事件主要有以下几种情况：

第一，持假签证或假居留证。2016 年 2 月，有部分中国公民持假南非签证或居留证从约翰内斯堡国际机场入境南非时被查处，被南非移民部门遣返。④

第二，办理假工作签证。2015 年 4 月，南非内政部查处一批通过盗用签证贴纸发放的工作签证，其中涉及部分中国籍申请人。此批签证系不法中介通过贿赂个别移民官员盗取，有关签证已被南非内政部

---

① 《驻约堡总领馆再次提醒领区中国公民警惕假冒使领馆名义的诈骗案件》，http://johannesburg. china-consulate. org/chn/lsfw/lsbh/t1563566. htm。
② 《提醒旅南非中国公民警惕电信网络诈骗》，http://za. china-embassy. org/chn/lqfw/zytz/t1647304. htm。
③ 《提醒旅南中国公民谨防涉疫情犯罪活动》，http://za. china-embassy. org/chn/lqfw/zytz/t1756925. htm。
④ 《提醒中国公民务必通过合法途径办理南非签证或居留》，http://za. china-embassy. org/chn/lqfw/zytz/t1344041. htm。

宣布作废，相关涉案申请人被列入南非不准入境名单。①

第三，未备妥相关入境文件。2013 年 7 月，接连发生数起中国国内团组、个人入（过）境南非时，因无法出示《国际预防接种证书》（即俗称的"黄皮书"），被拒绝入境。②

第四，无法解释入境目的等相关情况。按规定，外国旅客在入境南非时，南非边境移民官员会视情询问旅客入境目的和停留时间等问题，并要求提供相关证明文件。2014 年 6 月，中国某企业组织来南非建厂的 20 余名建筑工人在约翰内斯堡国际机场入境受阻，原因是工人们语言不通，无法向机场移民官员解释说明入境目的等相关情况，且无法提供南非境内联系人的任何信息。③

第五，因罢工机场滞留。2013 年 8 月，因受南非运输工人联盟罢工影响，大批中国旅客在机场滞留。④

第六，携带违禁品。2013 年 12 月，一名中国公民在南非约翰内斯堡国际机场过境时被南非海关查获携带象牙等野生动物制品，被当地警方逮捕。⑤ 2017 年 1 月，两名中国游客因购买象牙、犀牛角制品被开普敦警方逮捕。⑥

（四）除出入境之外其他违法违规行为带来的安全风险

除出入境之外其他违法违规行为带来的安全风险有以下几种情况：

---

① 《中国驻南非使领馆提醒在南中国公民务必通过合法途径办理工作签证》，http://za. china-embassy. org/chn/lqfw/zytz/t1252975. htm。

② 《南非使馆提醒赴南非团组、个人接种黄热病疫苗并携带接种证书》，http://za. china-embassy. org/chn/lqfw/zytz/t1061468. htm。

③ 《中国驻南非使领馆提醒访南团组及个人备妥入境文件，防止入境受阻》，http://za. china-embassy. org/chn/lqfw/zytz/t1169376. htm。

④ 《中国驻南非使领馆提醒中国公民关注南有关罢工信息》，http://za. china-embassy. org/chn/lqfw/zytz/t1069972. htm。

⑤ 《中国驻南非大使馆提醒境外中国公民切勿购买、携带象牙等违禁动物制品》，http://za. china-embassy. org/chn/lqfw/zytz/t1111366. htm。

⑥ 《我馆提醒来南游客严格遵守当地法律法规》，http://capetown. china-consulate. org/chn/lsbh/t1435232. htm。

第一，非法鲍鱼加工点爆炸。2016 年 4 月，东开普省一家非法加工鲍鱼的地下工厂因煤气泄漏发生爆炸，致使现场一名中国澳门居民死亡。① 2017 年 5 月，开普敦又一非法鲍鱼加工窝点发生爆炸，一名中国公民遇难。②

第二，违反最低工资标准法案。南非最新国家最低工资标准法案于 2019 年 1 月 1 日起生效，法案规定当地雇员每小时最低工资不得少于 20 兰特（约合 8.67 元人民币）（家政业、农场雇工除外）。雇主一旦被发现未按新的最低工资标准给付雇员工资，会受到严厉处罚，处罚自 2019 年 1 月 1 日起计算。2019 年 3 月，南非有关执法部门密集督查最低工资标准执行情况，有雇主因未执行相关标准受到惩处。③

第三，违反疫情防控规定。因新冠肺炎疫情大流行，南非于 2020 年 3 月 27 日凌晨进入全国封禁状态。根据南非官方发布的规定，封禁期间除有关公共服务及必要保障人员外，其他所有人员须严格居家。食品和基本物资生产、销售和供应等民生保障行业，经向政府主管部门申请许可后，可继续营业。警察、劳工、卫生等部门加强执法行动，全面查处违反封禁规定情况，中国侨胞企业、商城、店铺等被波及。④

第四，渔船违规被扣。2016 年 5 月，中国渔船"福远渔 7880""福远渔 7881"和"润达 617"在途经南非回国时，被南非有关部门以违反南非有关法规被扣押在东伦敦港，并遭起诉。⑤上述渔船因躲避风浪进入南非专属经济区，属无害通行。但因渔船鱿钓工具无许可，在海上被南非方拦截时未配合执法检查被扣押。6 月，南非法院当庭

---

① 《中国驻开普敦总领馆提醒在南中国公民合法经营》，http://capetown.china-consulate.org/chn/lsbh/t1356171.htm。

② 《开普敦华人警民中心为已故华人寻亲处理后事》，http://capetown.china-consulate.org/chn/lsbh/t1469054.htm。

③ 《南非政府加大最低工资标准执行督查力度》，http://za.china-embassy.org/chn/lqfw/zytz/t1647623.htm。

④ 《提醒中国企业商户严格遵守南非封禁管控规定》，http://za.china-embassy.org/chn/lqfw/zytz/t1764884.htm。

⑤ 《我馆向东伦敦侨界致谢》，http://capetown.china-consulate.org/chn/lsbh/t1376193.htm。

判决罚款放船放人。三艘中国渔船获释,驶离东伦敦港回国。① 6 月,被南非当局扣押的中国渔船"鲁黄远渔 186 号"办妥相关离港手续并驶离开普敦港。该船系从中国前往刚果(布)进行合法捕鱼途中,因恶劣天气进入南非水域避险,属无害通行。经南多部门联合检查证明,该船未曾在南水域捕鱼,但因"未持有捕鱼围网许可"和"未配备油类记录簿"被南有关部门处以罚款。②

第五,华商因违规嫌疑遭突击检查。2020 年 3 月,德班地区执法部门搜查了当地一家华人口罩厂,并对其提出哄抬价格等指控。③ 2020年 4 月,南非当局对德班新华商城进行突击检查。④

(五)自然灾害风险

2013 年 12 月,南非多个地区遭遇雷电、暴雨、冰雹等极端天气,并造成人员伤亡。⑤ 南非是雷电灾害多发国家,据统计,每年有超过200 人遭雷击身亡。2016 年 2 月,南非夸祖鲁-纳塔尔省连续发生数起严重雷击事故,造成 4 人死亡,40 余人重伤。⑥ 2016 年 7 月,开普敦地区频遭极端天气袭扰,气温偏低,风雨交加。不少地方,特别是贫民区住房进水淹水,房屋损毁,造成数万人无家可归。公路交通事故数量也有上升。⑦

---

① 《被南非扣押的中国渔船获释离开东伦敦港》,http://capetown. china－consulate. org/chn/lsbh/t1374773. htm。

② 《被南当局扣押的中国渔船获释离开开普敦港》,http://capetown. china－consulate. org/chn/lsbh/t1369987. htm。

③ 《关于媒体称一华人口罩厂遭南非执法人员搜查事》,http://durban. chineseconsulate. org/chn/lgxx/lgdt/t1763366. htm。

④ 《中国驻德班总领事馆高度关注德班新华商城事件》,http://durban. chineseconsulate. org/chn/lgxx/lgdt/t1764990. htm。

⑤ 《中国驻南非使领馆提醒旅南侨胞关注天气变化》,http://za. china－embassy. org/chn/lqfw/zytz/t1104623. htm。

⑥ 《提醒在南非中国公民注意防雷安全》,http://za. china－embassy. org/chn/lqfw/zytz/t1341312. htm。

⑦ 《开普敦灾害管理中心呼吁市民注意安全》,http://capetown. china－consulate. org/chn/lsbh/。

（六）意外事故

涉及在南非的中国公民的意外事故主要有交通事故和火灾两类。

南非交通事故频发，是全球交通事故高发国家之一。每年发生恶性交通事故 70 多万起，造成万余人死亡。① 当地道路交通发达，但坡多弯急，路况复杂，部分高速公路未设置路中隔离设施，易诱发逆向超车。酒驾、毒驾、疲劳驾驶问题亦突出。南非为右舵左行，驾驶习惯与中国国内相反。② 2014 年 10 月，一中国旅游团在高速公路发生严重交通事故，造成近 60 人死伤。③ 2015 年 9 月，一名广东籍侨胞在开普敦发生车祸不幸遇难。④ 2019 年 11 月，南非各地发生多起严重交通事故，造成人员伤亡和财产损失，一名中国公民不幸因车祸罹难。⑤

2016 年 2 月，东开普省北阿里瓦尔地区两名华侨遭遇火灾遇难。⑥ 2016 年 7 月，开普敦中国城二期商城发生火灾，造成多家商铺受损。⑦

（七）流行性疾病

南非常见流行性疾病情况如下：2015 年 2 月，南非北开普、西开普、豪登、姆普马兰加、夸祖鲁纳塔尔等多个省份出现麻疹疫情。麻疹是常见的急性呼吸道传染病，传染性强，在人口密集而未普种疫苗

---

① 《中国驻南非使领馆提醒在南非中国公民注意交通安全》，http://za. china-emb assy. org/chn/lqfw/zytz/t1202190. htm。

② 《驻南非使馆提醒中国游客注意旅行安全》，http://za. china-embassy. org/chn/lqfw/zytz/t1576128. htm。

③ 同①。

④ 《一方有难，八方支援》，http://capetown. china-consulate. org/chn/lsbh/t1351256. htm。

⑤ 《驻南非使馆提醒中国公民注意交通安全》，http://za. china-embassy. org/chn/lqfw/zytz/t1714426. htm。

⑥ 《东开普省警察总监向我馆通报北阿尔侨胞火灾遇难案调查进展》，http://capetown. china-consulate. org/chn/lsbh/t1348248. htm。

⑦ 《开普敦中国商城发生火灾》，http://capetown. china-consulate. org/chn/lsbh/t1377107. htm。

的地区易发生，儿童尤其易被感染。[①] 2018 年年初，豪登省、西开普省和夸纳省等地李氏杆菌病例较同期大幅上升。[②] 至 2020 年 6 月，南非新冠肺炎累计确诊人数已超过 11 万例，且仍在快速增长，已有多名侨胞感染。[③]

三、中国公民和中资企业在埃及的主要安全风险

中国公民和中资企业在埃及面临的主要安全风险包括政治风险、恐怖袭击风险、社会治安风险、出入境受阻风险、违法违规风险、意外事故等。

（一）政治风险

埃及长期实行威权政治的治理模式，国内各类政治势力暗流涌动，政治参与和分享权力的诉求不断高涨。科普特人（约占埃及总人口的 10%）与穆斯林的宗教冲突时隐时现。[④] "塞西政府执政以后，社会矛盾有所缓和，但结构性矛盾并未消解，不时爆发各类集体抗议、罢工和骚乱。"[⑤]

埃及腐败问题比较突出，行政效率不高。政府部门之间缺乏合作与服务的理念，公司注册、建设等手续报批流程繁琐，时间较长，"吃回扣"现象普遍。[⑥]

埃及法律法规体系建设不完善，但缺乏操作细规，人为因素在执

---

① 《中国驻南非使领馆提醒在南中国公民注意防范麻疹疫情》，http://za. china－embassy. org/chn/lqfw/zytz/t1233857. htm。

② 《提醒在南中国公民加强春节期间安全防范》，http://za. china－embassy. org/chn/lqfw/zytz/t1530718. htm。

③ 《盗抢绑架活动抬头，安全风险不容小觑》，http://za. china－embassy. org/chn/lqfw/zytz/t1792386. htm。

④ 杨剑、祁欣、褚晓：《中国境外经贸合作区发展现状、问题与建议——以中埃泰达苏伊士经贸合作区为例》，载《国际经济合作》，2019 年第 1 期，第 123 页。

⑤ 赵军：《中国参与埃及港口建设：机遇、风险及政策建议》，载《当代世界》，2018年第 7 期，第 65—66 页。

⑥ 同④。

法过程中占比较大。例如，埃及政府对外资企业实行安全审查，虽然企业按要求提供的文件、证明等齐全，但安全审查通过意见下发滞后；再如，埃及比较重视劳工本地化，要求企业按照 1:19 的比例招聘当地员工（即 1 个外国人，19 个本地人），虽然很多中国企业遵守相关规定，但埃方为中国员工办理签证仍需要较长时间。① 同时，由于个别中国企业违规使用中国员工，埃及警方有时会对此类中小企业突击检查，偶尔作风粗蛮。埃及驻华使馆对于出现超期滞留的中国公民一般不予以再次签发签证。②

地缘政治风险较大。埃及地理位置重要，历来都是域外势力角逐之地，且中东地区国家关系分化重组，热点众多，容易引发地缘政治冲突。

（二）恐怖袭击风险

埃及发生的恐怖袭击有一定的地域性，例如西奈地区和黑白沙漠地区恐袭风险大；且针对特定人群，例如时而发生针对外国游客的恐怖袭击。

2016 年 11 月至 2017 年 4 月，北西奈地区连续发生多起政府军与恐怖分子激战事件，造成多人伤亡。③ 经议会批准，埃及自 2017 年 4 月 11 日起进入为期三个月的紧急状态，期间，军方在北西奈地区连续采取军事行动，严厉打击宗教极端分子和涉恐组织。④ 2017 年 6 月 24 日，中国驻埃及使馆发布安全提醒称，埃及自 2017 年 4 月 11 日进入

① 杨剑、祁欣、褚晓：《中国境外经贸合作区发展现状、问题与建议——以中埃泰达苏伊士经贸合作区为例》，载《国际经济合作》，2019 年第 1 期，第 124 页。

② 商务部国际贸易经济合作研究院、中国驻埃及大使馆经济商务处、商务部对外投资和经济合作司：《对外投资合作国别（地区）指南：埃及（2020 年版）》，http://www.mofcom.gov.cn/dl/gbdqzn/upload/aiji.pdf。

③ 《提醒中国公民近期暂勿前往埃及北西奈地区》，http://eg.china-embassy.org/chn/lsfw/20180517/t1413863.htm；《再次提醒中国公民近期暂勿前往埃及北西奈地区》，http://eg.china-embassy.org/chn/lsfw/20180517/t1436106.htm。

④ 《再次提醒中国公民近期暂勿前往埃及西奈半岛地区》，http://eg.china-embassy.org/chn/lsfw/20180517/t1462658.htm。

紧急状态以来，安全形势严峻，暴恐事件时有发生，造成大量人员及军警伤亡。① 自 2017 年 7 月 10 日起，埃及政府延长紧急状态三个月。②

2017 年 11 月，吉萨省巴哈利亚地区发生多起恐怖组织与埃及警方的流血冲突。该地区系埃及警方反恐行动的重点区域，位于撒哈拉沙漠边缘，毗邻利比亚边境，以拥有著名的黑白沙漠景观而著称。③ 2016 年 12 月，开罗连续发生两起针对警察和平民的爆炸案，造成大量人员伤亡。④ 2019 年 8 月，开罗市中心尼罗河河畔公路发生汽车爆炸，造成 20 人死亡，47 人受伤。⑤

针对外国游客的恐怖袭击时有发生。2018 年 12 月，一辆旅游大巴在行驶至开罗著名旅游景点金字塔外的商业街时，遭到路边炸弹袭击，造成至少四人死亡，多名外籍游客受伤。⑥ 2019 年 5 月，开罗郊区埃及新博物馆附近一辆旅游巴士在行驶时遭遇路边炸弹袭击，造成至少七名外籍游客和十名埃及人受伤。⑦

(三) 社会治安风险

根据 2021 年全球犯罪指数，将不安全程度由高到低排列，在全球

---

① 《驻埃及使馆提醒中国游客近期暂勿来埃自由行》，http://eg. china-embassy. org/chn/lsfw/20180517/t1472840. htm。

② 《驻埃及使领馆再次提醒在埃中国公民加强安全防范》，http://eg. china-embassy. org/chn/lsfw/20180517/t1476145. htm。

③ 《提醒中国公民近期暂勿前往包括黑白沙漠在内的埃及吉萨省巴哈利亚地区》，http://eg. china-embassy. org/chn/lsfw/20180517/t1513026. htm。

④ 《提醒在埃及中国公民注意安全》，http://eg. china-embassy. org/chn/lsfw/20180 517/t1423207. htm。

⑤ 《中国驻埃及使馆提醒在埃中国公民注意安全》http://eg. china-embassy. org/chn/lsfw/20180517/t1686241. htm。

⑥ 《中国驻埃及使馆提醒中国公民注意旅游安全》http://eg. china-embassy. org/chn/lsfw/20180517/t1626121. htm。

⑦ 同⑥。

135 个国家和地区中，埃及排第 60 位。① 埃及主要社会治安案件类型如下：

第一，盗窃。2017 年 5 月，中国驻埃及使馆接获多宗中国游客财物失窃的报案。② 除一般盗窃案之外，还有乘客在来埃及的航班上财物被盗。2019 年 7 月，中国驻埃及使馆发布安全提醒称，近年来，已发生多起来埃及航班上游客财物被盗案件。例如，2019 年 1 月，三名中国人来埃及下飞机后发现，他们携带的数千美元被调包成了柬埔寨币，信用卡也被盗刷数万元。2019 年 4 月，一名中国游客下飞机后发现，其行李包内的数千美元被调包成零钱。此外，当机场安检排队人多时，经常会发生中国游客财物被盗事件。例如，2019 年 3 月，一名中国游客在开罗机场安检时，因现场人多混乱，手提包内的现金被盗。③

第二，持刀伤人。2017 年 7 月，红海旅游胜地霍尔格达发生持刀袭击外国游客事件，导致两死四伤。④

第三，勒索。2019 年 4 月，一名中国女游客赴埃及自由行。由于该女子与当地陌生男子交往过密，被骗至一偏僻处被强行拍私照，勒索钱财；同年 7 月，另一名中国女游客在埃及自由行期间无视我馆发布的安全提醒，在其"埃及朋友"带领下前往巴哈利亚这一危险地区旅游，结果被索要高额服务费，大量现金也被盗。⑤

（四）出入境受阻风险

携带违禁品。2019 年 6 月，中国驻埃及使馆发布信息称，近年来，

---

① NUMBEO, "Crime Index by Country 2021", http://numbeo.com/crime/rankings_by_country.jsp?title = 2021&displayColumn = 0.

② 《驻埃及使馆提醒中国游客斋月期间注意安全》，http://eg.china-embassy.org/chn/lsfw/20180517/t1464068.htm。

③ 《驻埃及使馆提醒暑期来埃中国游客注意安全》，http://eg.china-embassy.org/chn/lsfw/20180517/t1681259.htm。

④ 《提醒在埃及中国游客注意安全》，http://eg.china-embassy.org/chn/lsfw/20180517/t1478086.htm。

⑤ 同③。

中国公民在埃及机场因走私、携带大量海参等海产品出境时被海关人员查扣案件时有发生。根据埃及海关规定，海参、海马、珊瑚等属珍贵海产品，严禁携带出境，违者将被没收所有违禁品并处以罚款，情节严重者可能面临拘禁及禁止再次入境的处罚。[①] 2019 年 1 月，一名中国游客出境时违规携带海参被海关查获，被处以罚款。[②]

（五）除出入境外其他违法违规行为带来的安全风险

第一，合同不规范、薪酬发放不符合标准。近年来，中资企业在埃及承包工程业务增长迅速，承揽了一系列大型工程项目，在埃及劳务人员迅速增加，曾出现层层分包、合同不规范、薪酬发放不到位等问题，工程企业在与劳务公司合作时出现权责不清，推诿扯皮。[③]

第二，企业未获许可私自生产或不给员工办理工作签证。个别中国投资者在未获得许可证的情况下，私自从事钢铁生产，被处以巨额罚款；有些企业未给中国员工办理工作签证。[④]

第三，违规拍照。2019 年 3 月，一名中国游客在埃及军警办公楼拍照被警察拦截，经反复解释并删除照片后，才未被追究责任，但旅游行程受到一定影响。[⑤]

（六）意外事故

第一，溺水。埃及沿海各旅游城市潜水点较多，但部分海域海况

---

① 《提醒中国公民严禁携带海参等珍贵海产品出境》，http://eg. china-embassy. org/chn/lsfw/20180517/t1676621. htm。

② 《驻埃及使馆提醒暑期来埃中国游客注意安全》，http://eg. china-embassy. org/chn/lsfw/20180517/t1681259. htm。

③ 商务部国际贸易经济合作研究院、中国驻埃及大使馆经济商务处、商务部对外投资和经济合作司：《对外投资合作国别（地区）指南：埃及（2019 年版）》，http://mofcom. gov. cn/dl/gbdqzn/upload/aiji. pdf。

④ 同③。

⑤ 同②。

复杂，冬季水温较低。① 海滩安全救护设施不健全，潮汐、旋流、潜流、离岸流等都是海泳的隐形杀手，霍尔格达、沙姆沙伊赫等地溺水事故多发。例如，2017 年 8—9 月，红海省霍尔格达市接连发生数起中国游客意外溺亡案件。②

第二，热气球坠落。在埃及，频频发生涉及中国游客的热气球坠落事件。2013 年 2 月，卢克索一个载有 20 名游客的热气球坠落，造成包括 9 名香港游客在内的 19 人遇难。③ 2016 年 9 月，卢克索地区再次发生两起热气球紧急迫降事故，造成多名中国游客不同程度受伤。④ 2017 年 2 月，卢克索地区发生中国公民乘坐超载热气球导致热气球坠落的事故。⑤

第三，交通事故。埃及交通秩序混乱，路况不好，道路上未标示车道和斑马线，交通事故频发。且埃及车辆普遍不上保险，遇交通事故很难得到理赔。⑥ 2018 年 4 月，埃及连续发生两起重大交通事故，共造成四名中国游客死亡，多人受伤。⑦ 2019 年 5 月，两名中国公民自驾从开罗前往亚历山大，与违章车辆发生交通事故，尽管对方负全责，但由于对方车辆未投保，索赔难度较大。⑧ 2019 年 12 月，在开罗市郊发生一起严重交通事故，造成赴埃及商务考察的中国公民两死四

---

① 《提醒旅埃中国公民注意潜水安全》，http://eg. china - embassy. org/chn/lsfw/20180 517/t1428870. htm。

② 《提醒在埃及中国游客注意安全》，http://eg. china - embassy. org/chn/lsfw/20180 517/t1489485. htm。

③ 《埃及卢克索热气球事故一周年　幸存操作员表歉意》，http://world. huanqiu. com/article/9CaKrnJEpwj。

④ 《提醒在埃及中国公民不要乘坐热气球》，http://eg. china - embassy. org/chn/lsfw/201 80517/t1394502. htm。

⑤ 《再次提醒赴埃及中国游客尽量不要乘坐热气球》，http://eg. china - embassy. org/chn/lsfw/20180517/t1435315. htm。

⑥ 《驻埃及使馆提醒暑期来埃中国游客注意安全》，http://eg. china - embassy. org/chn/lsfw/20180517/t1681259. htm。

⑦ 《提醒来埃中国游客注意交通安全》，http://eg. china - embassy. org/chn/lsfw/2018051 7/t1555163. htm。

⑧ 同⑥。

伤。上述人员驾车行驶至事故路段时，因道路黑暗无照明，超车时撞上路边隔离设施，导致车辆失控翻滚，后排乘员被甩出车外，导致重伤不治身亡。[①]

第四，酷暑诱发急病。埃及夏季高温酷暑，游客容易因旅行疲劳诱发急病。2019 年 5 月，一名年近八旬的中国游客来埃及旅游期间，因身体劳累突发疾病，最终不治身亡。[②]

第四节　中国公民和中资企业在美洲和大洋洲共建"一带一路"国家的安全风险

本节主要选取古巴、秘鲁、新西兰等美洲和大洋洲国家，分析海外中国公民和中资企业面临的主要安全风险。

一、中国公民和中资企业在古巴的主要安全风险

中国驻古巴使馆网站信息不多，使馆通知栏目和领事保护栏目也是如此。中国商务部组织编写的关于古巴的 2020 年版投资指南中写道："古巴长期以来实行社会主义政治制度，政局稳定。"[③]

古巴法律规定，禁止个人持有枪支武器。古巴社会治安总体状况好，凶杀、持枪抢劫等恶性犯罪案件极少发生，但近几年针对外国人的偷盗抢劫案件概率有所上升。古巴革命胜利后未发生过恐怖袭击事件，亦不存在反政府武装组织。古巴官方未公布国内刑事犯罪相关统计数据。全球出现新冠肺炎疫情后，古巴未出现因疫情而针对中国企

---

① 《情况通报》，http://eg. china-embassy. org/chn/lsfw/20180517/t1729102. htm。

② 《驻埃及使馆提醒暑期来埃中国游客注意安全》，http://eg. china-embassy. org/chn/lsfw/20180517/t1681259. htm。

③ 商务部国际贸易经济合作研究院、中国驻古巴大使馆经济商务处、商务部对外投资和经济合作司：《对外投资合作国别（地区）指南：古巴（2020 年版）》，http://mofcom. gov. cn/dl/gbdqzn/upload/guba. pdf。

业或华人的游行、示威、人身攻击等行为。① 根据 2021 年全球犯罪指数，将不安全程度由高到低排列，在全球 135 个国家和地区中，古巴排名第 110 位。②

中国企业在古巴投资面临一定的经济风险。古巴在经济体制和经济运行方式上与市场经济国家有很大区别。从内部看，古巴长期以来实施高度集中的计划经济体制，外商投资企业没有定价权，价格由政府部门确定，企业无法进行独立的成本和利润核算；除非出口，企业在产销上均由政府制定，企业没有自主权；配套服务企业缺乏，即便有，也要受制于政府的计划；外汇管制严格，外汇宽进严出，货币双轨制，往往使得外商投资企业在投入和所得上承受汇率剪刀差。由于经济结构的特殊性，古巴对外经贸业务支付能力有限，与中国开展的经贸合作业务基本采用长期信用证方式，存在相当的经营和支付风险。从外部看，古巴半个多世纪来受到美国的全面经济封锁，客观上形成了古巴与其他国家发展经贸往来的巨大障碍，2019 年 5 月 2 日起，美国全面启动"赫尔姆斯－伯顿法"第三条，允许美国公民就古巴革命政府"没收"其财产起诉古巴及外国企业，与古巴开展业务的企业，必须对美国可能的制裁保持高度警惕。③

现有能够查找到的相关资料显示，古巴存在交通意外、安全事故、飓风、暴雨灾害等风险。④ 2019 年年底，卡马圭省发生严重交通事故致 4 人死亡 28 人受伤。⑤ 此外，古巴对出入境物品的管理严格，在机

---

① 商务部国际贸易经济合作研究院、中国驻古巴大使馆经济商务处、商务部对外投资和经济合作司：《对外投资合作国别（地区）指南：古巴（2020 年版）》，http://mofcom. gov. cn/dl/gbdqzn/upload/guba. pdf。

② NUMBEO, "Crime Index by Country 2021", http://numbeo. com/crime/rankings_by_ country. jsp?title = 2021&displayColumn = 0.

③ 同①。

④ 商务部国际贸易经济合作研究院、中国驻古巴大使馆经济商务处、商务部对外投资和经济合作司：《对外投资合作国别（地区）指南：古巴（2019 年版）》，http://mofcom. gov. cn/dl/gbdqzn/upload/guba. pdf。

⑤ 北京市涉外突发事件应急指挥部办公室编：《境外安全周报》（2019. 12. 30—2020. 01. 05），2020 年第 1 期（总第 165 期），第 5 页。

场出入境时，对食品、药品、通讯器材、电器、文物、货币、音像制品和书籍等均进行检查。①

二、中国公民和中资企业在秘鲁的主要安全风险

在秘鲁的中国公民和中资企业面临的主要安全风险包括政治风险、恐怖袭击风险、社会治安风险、出入境受阻风险、违法违规风险、自然灾害风险、意外事故、流行性疾病等。

（一）政治风险

行政程序繁琐。例如，秘鲁对于劳务输入比例和投标阶段工程专业人员的专业性要求有强制性规定。若企业投标时需要的专业工程人员（土建工程师、电气工程师、结构工程师等）为非秘鲁籍，则需获得秘鲁工程师协会的专业认证，且相关资历文件需进行双认证和官方翻译才会被认可，该流程往往需要至少2—3个月时间，对于企业来说，这无法满足招标的时间要求。②

当地工会势力强大，排斥外国人在秘鲁就业，有时会针对外国人就业比较集中的项目或企业发起抗议和袭扰活动。③ 在秘鲁部分偏远地区，非法采矿利益集团的民团武装也经常袭扰正常矿业活动。④ 例如，中国五矿集团于2014年收购秘鲁拉斯邦巴斯铜矿项目。2019年2月，秘鲁一部分原住民阻断一条连接铜矿的主要公路，抗议五矿在当地开采矿石，声称五矿未兑现承诺，并要求赔偿，而五矿称已投入数亿美

---

① 商务部国际贸易经济合作研究院、中国驻古巴大使馆经济商务处、商务部对外投资和经济合作司：《对外投资合作国别（地区）指南：古巴（2019 年版）》，http://mofcom. gov. cn/dl/gbdqzn/upload/guba. pdf。

② 高利金：《秘鲁属地化管理工作思考》，载《国际工程与劳务》，2019 年第 10 期，第 47 页。

③ 商务部国际贸易经济合作研究院、中国驻秘鲁大使馆经济商务处、商务部对外投资和经济合作司：《对外投资合作国别（地区）指南：秘鲁（2019 年版）》，http://mofcom. gov. cn/dl/gbdqzn/upload/bilu. pdf。

④ 同③。

元安置当地原住民。[①]

（二）恐怖袭击风险

秘鲁东南部有极左激进武装力量的残余势力，经过政府连年清剿，尚有百余人，已沦为贩毒集团，偶尔与当地军警发生冲突，绑架和袭击无辜平民。[②]

（三）社会治安风险

秘鲁贫富差距较大，经济发展不平衡。走私、贩毒问题严重，偷盗、抢劫等刑事案件高发，犯罪率较高。[③] 根据 2021 年全球犯罪指数，将不安全程度由高到低排列，在全球 135 个国家和地区中，秘鲁排第 13 位。[④] 近年来，虽然秘警察部门加大改革和反腐力度，采取重拳打击犯罪，整治非法采矿，社会治安有所好转，但首都利马、北部和中南部沿海城市治安差强人意，持枪抢劫、绑架和凶杀等恶性案件时有发生。[⑤] 根据秘鲁相关法规，符合条件的个人经批准可持有枪支，但民间绝大多数枪支未经登记。[⑥]

毒品犯罪问题突出。据联合国统计，自 2013 年，秘鲁已取代哥伦比亚成为南美洲最大古柯非法种植地和可卡因生产国，秘鲁贩毒势力与国外贩毒集团勾结，已渗透到全国特别是利马、阿雷基帕、特鲁希

---

① 《秘鲁原住民阻断公路抗议中国矿企》，载《环球时报》，2019 年 4 月 1 日，第 3 版。

② 商务部国际贸易经济合作研究院、中国驻秘鲁大使馆经济商务处、商务部对外投资和经济合作司：《对外投资合作国别（地区）指南：秘鲁（2019 年版）》，http://mofcom. gov. cn/dl/gbdqzn/upload/bilu. pdf。

③ 商务部国际贸易经济合作研究院、中国驻秘鲁大使馆经济商务处、商务部对外投资和经济合作司：《对外投资合作国别（地区）指南：秘鲁（2020 年版）》，http://mofcom. gov. cn/dl/gbdqzn/upload/bilu. pdf。

④ NUMBEO， "Crime Index by Country 2021"，http://numbeo. com/crime/rankings_by_country. jsp？ title＝2021&displayColumn＝0。

⑤ 同②。

⑥ 同②。

略和奇克拉约等大城市，成为社会毒瘤。①

2013 年 3 月，中国驻秘鲁使馆发布安全提醒称，近日秘鲁首都利马治安状况不佳，偷盗、抢劫、伤人案件时有发生。② 2016 年年初，发生多起中国游客在首都利马因乘坐出租车而被司机及其同伙抢劫财物的袭击事件。③ 2019 年 2 月，马德雷德迪奥斯大区某酒店遭到约十名歹徒持枪抢劫。当时，共有 41 名中国籍游客，虽然没有中国公民在此次事件中伤亡，但一名中国游客的护照被抢。④ 2019 年 11 月，秘鲁利马发生一起恶性枪击案，一名中国公民不幸遇害。⑤

中国驻秘鲁使馆多次发布关于电信诈骗的安全提醒。2018 年 10 月，秘鲁再次出现不法分子假冒使馆工作人员进行电信诈骗。这些不法分子冒充中国驻秘鲁大使馆工作人员，谎称当事人必须尽快处理一份加急文件，否则将影响其在秘鲁的居留权。⑥ 2019 年，多名旅秘侨胞反映接到诈骗电话，致电人自称使馆工作人员，要求当事人到中国驻秘鲁大使馆领取一份上海来的公函，或称当事人身份被国内犯罪分子盗用在上海办理信用卡或银行卡，骗取当事人身份信息，甚至为了取得当事人信任明确说出其在使馆申请护照换发的预约和取件时间（当事人曾通过旅行社进行护照换发预约）。⑦ 2021 年 12 月，中国驻秘

---

① 商务部国际贸易经济合作研究院、中国驻秘鲁大使馆经济商务处、商务部对外投资和经济合作司：《对外投资合作国别（地区）指南：秘鲁（2019 年版）》，http://mofcom. gov. cn/dl/gbdqzn/upload/bilu. pdf。

② 《提醒在秘鲁中国公民注意人身和财物安全》，http://embajadachina. org. pe/chn/lsf ws/lbqw/t1026839. htm。

③ 《提醒赴秘鲁中国游客注意乘车安全》，http://embajadachina. org. pe/chn/lsfws/lbqw/ t1425793. htm。

④ 《秘鲁酒店抢劫事件中无中国公民伤亡》，http://embajadachina. org. pe/chn/lsfws/lbq w/t1639817. htm。

⑤ 《驻秘鲁使馆积极处置我公民枪击案》，http://embajadachina. org. pe/chn/lsfws/lbqw/ t1716394. htm。

⑥ 《中国驻秘鲁使馆再次提醒旅秘中国公民防范电信诈骗》，http://embajadachina. org. pe/chn/lsfws/lbqw/t1602668. htm。

⑦ 《再度提醒广大旅秘侨胞谨防电信诈骗》，http://embajadachina. org. pe/chn/lsfws/lb qw/t1680866. htm；《再度提醒中国公民谨防电信诈骗》，http://embajadachina. org. pe/chn/ lsfws/lbqw/t1700735. htm。

鲁使馆发布提醒信息称，"近日，有多名侨胞向我馆反映，称频繁接到来电显示为'中国驻秘鲁使馆'官网公布的总机号码电话，此系不法分子通过改号软件冒用，不可轻信，不必理睬。"①

（四）出入境受阻风险

第一，签证问题。因无有效秘鲁居留证、签证或所持签证与入境目的不符、无法出示或签证信息文件不合要求、语言障碍等原因，秘鲁利马机场曾发生数起中国公民入境遇阻或被遣返事件。②

第二，从陆路口岸入境未盖入境章。中国自助游游客经厄瓜多尔、玻利维亚从秘鲁北部和东南部陆路口岸入境，因缺乏经验或疏忽大意，未主动办妥入境手续并忘记确认秘鲁移民总署官员在护照上加盖入境章，出境时遇到麻烦。根据秘鲁有关法规，如所持护照未加盖入境章，会被视为非法入境，须交大额罚款并进入司法程序后被驱逐出境。③

第三，旅行证件和签证有效期有问题。根据秘鲁出入境法律法规，入境秘鲁时所持旅行证件（含护照、旅行证和海员证）须有六个月以上有效期。另外，如持有有效期一年、多次入境的秘鲁签证，首次使用需在签证签发之日起六个月以内，如未在六个月内使用，该签证视为作废。2019 年，出现数起中国游客及船员入境秘鲁时因旅行证件或秘鲁签证有效期问题被拒绝入境的情况。④

第四，携带海马。根据秘鲁生产部 2004 年颁布的第 306 号决议，禁止捕捞、销售、运输海马，但携带海马出境被查的情况仍时有发生，

---

① 《驻秘鲁使馆提醒在秘中国公民谨防电信诈骗》，http://pe.china-embassy.org/chn/lsfws/202112/t20211230_10477101.htm。

② 《中国公民入境秘鲁有关提醒》，http://embajadachina.org.pe/chn/lsfws/lbqw/t1052034.htm。

③ 《提醒中国游客入境秘鲁旅游时确保加盖入境章》，http://embajadachina.org.pe/chn/lsfws/lbqw/t1333496.htm；《提醒中国公民入境秘鲁时确保办妥入境手续》，http://embajadachina.org.pe/chn/lsfws/lbqw/t1510590.htm。

④ 《提醒来秘中国公民行前确认旅行证件及签证有效期》，http://embajadachina.org.pe/chn/lsfws/lbqw/t1665438.htm。

也有中国船只上的船员因私自购买海马导致出境被查。[1]

（五）除出入境之外其他违法违规行为带来的安全风险

企业违规生产。2014 年 3 月 31 日，秘鲁环境评估与监管局宣布，中铝秘鲁矿业公司特罗莫克铜矿项目需立即停产，因其生产过程有违相关环保规定。[2]

（六）自然灾害

2018 年 1 月，秘鲁近海发生里氏 6.8 级地震，震源深度 48 公里，秘官方宣布，地震造成 2 人死亡，65 人受伤。[3]

（七）意外事故

通讯不畅失联。因徒步路线穿过偏远山地或雨林地区，当地手机信号不稳定，多次发生中国公民在秘参加野外徒步旅行团后因通讯不畅与国内亲属短暂失联事件。[4]

（八）流行性疾病

2013 年，秘鲁出现甲型 H1N1 流感。[5] 2016 年，秘鲁发现输入性寨卡病毒病例。[6]

---

① 《提醒赴秘鲁中国公民注意勿携带海马等违禁品出入境》，http://embajadachina. org. pe/chn/lsfws/lbqw/t1375981. htm。

② 《中铝正查秘鲁铜矿停产原因 秘鲁环评局负责人指出　中铝没有按规定安装污水收集及处理系统》，载《北京青年报》，2014 年 4 月 3 日，第 B06 版。

③ 《提醒在秘鲁中国公民注意防范地震灾害》，http://embajadachina. org. pe/chn/lsfws/lbqw/t1525657. htm。

④ 《关于注意野外徒步旅行安全的提醒》，http://embajadachina. org. pe/chn/lsfws/lbqw/t1587447. htm。

⑤ 《提醒在秘鲁中国公民注意预防甲型 H1N1 流感》，http://embajadachina. org. pe/chn/lsfws/lbqw/t1060107. htm。

⑥ 《提醒在秘中国公民注意防范寨卡病毒疫情》，http://embajadachina. org. pe/chn/lsfws/lbqw/t1337737. htm。

三、中国公民和中资企业在新西兰的主要安全风险

在新西兰的中国公民和中资企业面临的主要安全风险包括政治风险、恐怖袭击风险、社会治安风险、出入境受阻风险、自然灾害风险、意外事故、劳务纠纷等。

（一）政治风险

新西兰为"五眼联盟"成员国，在对华政策方面与其他几个成员国具有相似性，对中国高新企业在其境内发展持保留态度。例如，2018 年 11 月，新西兰通信安全局以"国家安全风险"为由，驳回了新西兰电信运营商 Spark 启用华为作为 5G 项目供应商的请求。新西兰政府的上述做法对华为在新西兰的投资和运营产生了重大影响。[①]

新西兰各界环保意识强，民众的环保诉求影响新西兰政府决策，对在新西兰境内的中国企业产生影响。例如，近年来，随着越来越多海外投资瓶装水厂在新西兰落户和提取淡水，新环保人士和本地居民的抗议明显增多。尽管新西兰水资源出口比例非常小，但环保人士担心这些工厂在取水时给河流和地下水体带来污染，破坏水域的生态平衡。本地居民担心这些瓶装水厂往往是低成本从最深层的地下水体取水，提取的都是最纯净的淡水，而且大多用于出口，留给当地社区的往往是不安全的饮用水。2018 年 10 月，新西兰总理阿德恩曾对媒体表示，联合政府不再鼓励对外出售新西兰纯净水。2019 年 3 月，一家备受争议的中资瓶装水公司打算在基督城开设第二家分厂，引起当地社区及环保组织的强烈反对，民众上街游行，造成了消极的社会影响。[②] 2019 年 4 月，新西兰政府在为修改《海外投资法》而进行的公

---

① 商务部国际贸易经济合作研究院、中国驻新西兰大使馆经济商务处、商务部对外投资和经济合作司：《对外投资合作国别（地区）指南：新西兰（2020 年版）》，http://mofc om. gov. cn/dl/gbdqzn/upload/xinxilan. pdf。

② 同①。

众咨询中提出，在评估一项海外投资时或将需要更强的能力来将国家安全、水资源和毛利文化价值纳入考量。[1]

（二）恐怖袭击风险

2019 年 3 月 15 日，新西兰两座清真寺遭遇恐怖袭击，造成至少49 人死亡、48 人受伤，是新西兰历史上经历的最为严重的恐怖袭击事件。[2] 据统计，新西兰 1970 年至 2017 年间共发生了 20 件恐怖袭击事件，受伤总人数为 1 人，死亡总人数为 2 人。[3]

（三）社会治安风险

新西兰社会治安状况总体较好，犯罪率较低。根据 2021 年全球犯罪指数，将不安全程度由高到低排列，在全球 135 个国家和地区中，新西兰排第 77 位。[4] 根据新西兰法律，经批准后，符合条件的个人可持有枪支。2019 年 3 月 15 日，基督城发生针对清真寺的枪击案后，4月 12 日，新西兰通过新的控枪法案，正式禁止大部分半自动武器。[5] 在新西兰发生的涉及中国公民的社会治安事件主要情况如下：

第一，盗抢。近年来，新西兰尤其是奥克兰市频频发生中方人员遭遇抢盗案件。[6]2013 年 5 月初，来自中国的一旅游团在奥克兰某餐馆用餐时遭遇抢劫，共 17 人的护照及 2 人的现金、手机被盗；此后，另

---

① 商务部国际贸易经济合作研究院、中国驻新西兰大使馆经济商务处、商务部对外投资和经济合作司：《对外投资合作国别（地区）指南：新西兰（2020 年版）》，http：//mofc om. gov. cn/dl/gbdqzn/upload/xinxilan. pdf。

② 《新西兰遭遇"最黑暗一天"恐怖袭击已致至少 49 死》，https：//world. huanqiu. com/article/9CaKrnKj44r。

③ 《新西兰发生其史上最严重恐怖袭击》，https：//nzc. xmu. edu. cn/2019/0315/c5733 a364422/page. htm。

④ NUMBEO，"Crime Index by Country 2021"，http：//numbeo. com/crime/rankings _ by _ country. jsp？title＝2021&displayColumn＝0.

⑤ 同①。

⑥ 同①。

有3位中国游客护照被盗。① 2015年3月，中国驻奥克兰总领事馆发布安全提醒称，近段时间，奥克兰地区中国游客在奥克兰遭遇抢盗事件明显增多，仅2015年2月1日至3月1日，就有40名中国游客的护照及其他财物遭遇盗抢。②

中国驻奥克兰总领事馆2016年10月制作的《中国公民领区旅行注意事项》对中国公民发出提醒称，在奥克兰市一些区域和校园周边或僻静地等，时有游客车窗玻璃被砸、财物被盗和抢劫事件发生。

第二，诈骗。2018年9月，中国驻克莱斯特彻奇总领事馆发布安全提醒称，电信诈骗已成为侵害民众财产和扰乱正常生活的主要社会问题之一。2018年，电信诈骗在新西兰境内此起彼伏，令华人华侨遭遇重大财产损失。9月，新西兰警方提出警告，有电信诈骗者试图冒充SPARK电信公司和警方机构员工进入受害者的电脑系统和银行账户。骗子首先打电话给受害者，称受害者的电脑被非法进入或用于犯罪目的，需由警察系统内部打击严重和有组织犯罪、包括金融犯罪的机构——"国家有组织犯罪组"（National Organised Crime Group，OFCANZ）进行安全确认。之后，一名声称是"OFCANZ员工"的人就会向受害者发出指令，要求进入受害者的电脑系统及银行账户。社区中老龄或无助的人员通常成为此类诈骗的目标。③

2020年4月，中国驻新西兰使馆发布安全提醒称，有不法分子冒充使馆人员，以使馆发放"健康包"为名，要求当事人提供信用卡号，支付邮寄费用；还有不法分子以防控新冠肺炎疫情、需要查询个人出入境记录为由，假冒使馆及国内公安、移民管理部门名义，进行电信

---

① 《提醒赴新西兰奥克兰中国游客注意安全》，http://chinaconsulate. org. nz/chn/lsbh/t1037710. htm。

② 《领事提醒》，http://chinaconsulate. org. nz/chn/lsbh/t1245760. htm。

③ 《电信诈骗又有新招数》，http://christchurch. chineseconsulate. org/chn/lsfws/lsbh/t1590917. htm。

诈骗。①

（四）出入境受阻风险

第一，违规携带药品。新西兰发生数起中国公民因携带自用药品被海关查扣、遣返的事件，新西兰海关对此种行为采取了更严格的检查措施。②

第二，违规携带香烟或肉制品。2013 年 7 月，发生多起中国游客和留学生因未申报（或藏匿）其多带香烟或携带香肠等肉制品在奥克兰国际机场入境受阻并被拒入境事件。③

（五）自然灾害风险

第一，地震。新西兰位于环太平洋火山地震带上，是地震多发国家。近年来，新西兰各地区相继发生地震等自然灾害，对在新西兰的中国公民造成了不同程度的影响。④ 2016 年 2 月 14 日，克赖斯特彻奇市发生里氏 5.7 级地震，导致山体崩塌、部分建筑物受损、个别地区通讯短暂中断。⑤ 2016 年 11 月 14 日，新西兰全境发生多次有感地震，其中，南岛中部地区发生里氏 7.5 级强震。⑥

第二，火山喷发。2019 年 12 月 9 日，新西兰的怀特岛发生火山喷发。新西兰公开消息称，事发时共有 47 人在岛上观光，截至事发后次日，已确认 5 人死亡，8 人失踪，多人受伤入院。受伤及失踪人员中包

---

① 《驻新西兰使馆提醒在新中国公民谨防涉疫情类电信诈骗》，http://nz. china - embassy. org/chn/zxgxs/t1770247. htm。

② 商务部国际贸易经济合作研究院、中国驻新西兰大使馆经济商务处、商务部对外投资和经济合作司：《对外投资合作国别（地区）指南：新西兰（2020 年版）》，http://mofcom. gov. cn/dl/gbdqzn/upload/xinxilan. pdf。

③ 《中国公民入境新西兰特别提示》，http://chinaconsulate. org. nz/chn/lsbh/t1056129. htm。

④ 同②。

⑤ 《防范地震灾害提醒》，http://christchurch. chineseconsulate. org/chn/lsfws/lsbh/t1341055. htm。

⑥ 《驻新西兰使馆、驻奥克兰总领馆、驻克赖斯特彻奇总领馆提醒在新中国公民注意地震防范》，http://nz. china-embassy. org/chn/zxgxs/t1415125. htm。

括中国游客。①

第三，山火。2019 年 2 月 5 日，新西兰南岛北部城市纳尔逊近郊发生有史以来最为严重的山火。②

第四，极端暴雨天气。2019 年 12 月，新西兰南岛遭遇极端天气，连日暴雨，引发湖泊涨水、河流漫灌、山体滑坡等自然灾害，造成多条公路部分路段道路毁损，交通中断，个别地区通讯不畅。蒂马鲁等地区宣布进入紧急状态，皇后镇、达尼丁出港航班舱位紧张，部分中国游客行程受到影响。③

（六）意外事故

第一，车祸。新西兰不少地区多为山地和丘陵，道路狭窄，弯多、坡多，且新西兰为右舵左行，驾驶习惯、交通规则与国内差异较大，极易引发交通事故。近年来发生多起涉中国公民的交通事故，造成人身伤亡和重大财产损失。④ 例如 2019 年 3 月，在新西兰南岛发生两起涉中国公民的交通安全事故，共涉及中国公民 23 人，其中三人死亡，七人不同程度受伤。⑤ 2019 年 9 月，一辆载中国游客的旅游巴士侧翻，造成六人死亡，多人受伤。⑥ 2020 年 1 月，一辆搭载中国游客的旅游巴

---

① 《中国驻新西兰使馆、驻奥克兰总领馆、驻克赖斯特彻奇总领馆提醒在新中国公民防范自然灾害影响》，http://christchurch. chineseconsulate. org/chn/lsfws/lsbh/t1723032. htm。

② 《新西兰南岛纳尔逊发生严重山火，驻克赖斯特彻奇总领馆提醒中国公民注意安全》，http://christchurch. chineseconsulate. org/chn/lsfws/lsbh/t1636273. htm。

③ 同①。

④ 商务部国际贸易经济合作研究院、中国驻新西兰大使馆经济商务处、商务部对外投资和经济合作司：《对外投资合作国别（地区）指南：新西兰（2020 年版）》，http://mofcom. gov. cn/dl/gbdqzn/upload/xinxilan. pdf。

⑤ 《驾车安全提醒》，http://christchurch. chineseconsulate. org/chn/lsfws/lsbh/t1643929. htm。

⑥ 《新西兰一旅游大巴侧翻致中国游客 6 人死亡》，http://chinaqw. com/sp/2019/09-04/230811. shtml。

士在高速路上发生侧翻，造成两人重伤，一人中度受伤。①

第二，溺水。新西兰四面环海，风急浪大，常年水温偏低，部分海域时常发生离岸流，可将下海人员瞬间卷走，下海游泳或捕捞危险性大，每年均有中方人员下海溺亡事故发生。②

（七）劳务纠纷

2018 年至 2019 年，数十名中国籍劳工通过"非法中介"或个人，分别支付十几万至数十万人民币的中介费来新西兰务工。"非法中介"承诺工作签证能使务工人员一人打工，全家搬至新西兰，还可赚取几百万新西兰元的工作报酬。但这些劳工多数没有获得工作机会，或即便有工作，酬劳也很少，有些护照还被强制扣留，生活必需品被拿走，最后被赶出住所。经中新两国政府出面协调，一些务工人员的签证得以延期可继续工作，但有些则被迫离境。③

第五节　中国公民和中资企业在共建"一带一路"国家安全风险的主要类型及成因分析

上文对巴基斯坦、哈萨克斯坦、菲律宾、缅甸、俄罗斯、希腊、克罗地亚、埃塞俄比亚、南非、埃及、古巴、秘鲁、新西兰等 13 个共建"一带一路"国家的中国公民和中资企业所遭遇的安全问题进行了梳理。本节拟在此基础上梳理海外中国公民和中资企业面临的安全风险的主要类型，分析其成因，关于如何改进相关机制，为海外中国公

---

①　《续报新西兰南岛涉中国旅游团车祸事故情况》，http://christchurch. chineseconsulate. org/chn/lsfws/lsbh/t1734595. htm。

②　《驻新西兰使馆 驻奥克兰总领馆 驻克赖斯特彻奇总领馆提醒中国公民注意交通安全、人身和财产安全》，http://chinaconsulate. org. nz/chn/lsbh/t1329518. htm。

③　商务部国际贸易经济合作研究院、中国驻新西兰大使馆经济商务处、商务部对外投资和经济合作司：《对外投资合作国别（地区）指南：新西兰（2020 年版）》，http://mofcom. gov. cn/dl/gbdqzn/upload/xinxilan. pdf。

民和中资企业提供更好的安全保护将在后文论述。

一、主要安全风险类别

通过梳理中国公民及中资企业在以上 13 个共建"一带一路"国家所遭遇的安全风险，总结主要类型如下：

（一）政治风险

政治风险主要包括以下几种情况：

第一，政府更迭后，政策延续性得不到保障。例如，巴基斯坦权力中心易反复转移；菲律宾选举政治非常复杂；新西兰政府不承认上一届政府的既定政策；希腊执政党频繁更迭，政策连续性欠缺等。

第二，中央政府对地方政府的控制力偏弱，中央的政策在地方上得不到执行。如其他国家与巴基斯坦中央政府达成的协议，未必能够得到巴基斯坦地方政府的有力执行；缅甸也存在类似情况。

第三，政府与军队关系紧张或存在地方武装力量或反政府武装势力，容易发生局势动荡。例如，巴基斯坦军队和政府之间关系复杂，影响其政局稳定；菲律宾存在反政府武装；缅甸存在军方和非军方势力之间的斗争及地方民族武装与中央政府之间的对抗；埃塞俄比亚民族矛盾尖锐，中央政府与地方政府之间爆发武装冲突，冲突有长期化、向内战化发展的可能。

第四，腐败问题突出，行政效率低下。巴基斯坦、哈萨克斯坦、菲律宾、埃塞俄比亚、埃及等发展中国家都存在此种现象。

第五，法律体系不完善，执法过程中人为因素影响大。例如，俄罗斯国家法律、政府条例缺乏连续性，法治环境有待改善，中国公民常受到执法人员勒索；埃及法律法规体系建设不完善，缺乏操作细则，执法过程中主观随意性较为明显。

第六，游行示威和罢工较为频繁，甚至引起局势骚乱和民众对外资企业的打砸抢。例如，埃塞俄比亚曾发生民众游行示威，引发局势紧张，在埃塞俄比亚的外国企业遭打砸抢；南非工会势力强大，工人罢工活动频繁；秘鲁地工会比较强势，排斥外国人在秘鲁就业，有时会针对外国人就业比较集中的项目或企业发起抗议和袭扰活动。

第七，地缘政治因素引发局势不稳。例如，菲律宾与中国存在南海争端，曾发生因争端而引发的对海外中国公民和企业的不利局面；埃及地理位置重要，历来都是域外势力角逐之地，且中东地区国家关系分化重组，热点众多，容易引发地缘政治冲突。

第八，受西方盟国影响，对中国企业发展心怀芥蒂。例如，新西兰为"五眼联盟"成员国，在对华政策方面与其他几个成员国具有相似性，对中国高新技术企业在其境内发展持保留或限制态度。

第九，政府决策受制于公众舆论，政策延续性受到影响。例如，新西兰各界环保意识强，民众关于环境保护的呼吁影响新西兰政府决策，对在新西兰境内的中国企业产生影响；尽管巴基斯坦总体对华友好，但由于中央政府治理能力偏弱和舆论环境多元化，各类来自不同利益集团的反对容易使得巴基斯坦政府已确定的政策发生变化。

（二）恐怖袭击风险

13 国中只有关于古巴一国的信息明确显示该国从未发生过恐怖袭击；有七个国家——巴基斯坦、俄罗斯、菲律宾、南非、埃及、秘鲁、新西兰发生过恐怖袭击活动或曾受到恐怖分子拟发动袭击的"警告"；其余国家的资料则没有提及该类风险。

巴基斯坦被列为世界上遭受恐怖主义袭击最严重的国家之一。据公开报道，自 2013 年以来，有数名在巴基斯坦的中国公民死于恐怖袭击。2018 年 11 月，发生了恐怖分子袭击中国驻卡拉奇总领事馆的恶性事件。菲律宾棉兰佬岛地区存在反政府恐怖势力，恐怖袭击活动时有发生，且恐怖分子通过袭击附近的建设项目，借以向政府示威。俄罗斯长期受到恐怖主义势力威胁。虽然在俄罗斯政府的强力打击下，俄境内的恐怖主义和极端主义暂时得到有效控制，但恐怖袭击风险不能排除。长期以来，南非被视为恐怖组织的中转地。埃及发生的恐怖袭击有一定的地域性。例如西奈地区和黑白沙漠地区恐袭风险大，且恐怖袭击针对外国游客等特定人群。秘鲁东南部有极左激进武装力量的残余部分，经过政府连年清缴，尚有百余人，已沦为贩毒集团，偶与当地军警发生冲突，绑架和袭击无辜平民。2019 年 3 月，一向安宁平静的新西兰也经历了史上最为严重的恐袭事件。

以上情况表明，恐怖袭击风险已不限于发展中国家，发达国家也很难幸免；恐怖袭击的方式也日益多样化，既有有组织的进攻，也有独狼式的冒险。

（三）社会治安风险

社会治安风险比较普遍，造成的安全问题严重程度差别较大。如在南非，频发持枪抢劫，不仅造成财产损失，更危及生命安全；在希腊、新西兰，针对外国游客的盗窃时有发生；在俄罗斯地铁，小偷将受害人公开围住行窃，十分猖狂。有些犯罪分子专门针对中国人，如在菲律宾、缅甸，屡屡发生中国公民被诱骗参与赌博，欠下赌债后被扣押、遭毒打的事件；中国公民在以上各国都有遭遇电信诈骗犯罪的风险。具体情况见表 2。

表 2　涉及海外中国公民的社会治安风险情况

国家	主要社会治安风险
巴基斯坦	持枪抢劫、诈骗
哈萨克斯坦	盗窃、多地中资企业项目发生员工斗殴、冲击滋扰营地
菲律宾	下药抢劫、绑架劫杀、电信诈骗
缅甸	被诱骗遭非法扣押、电信诈骗
俄罗斯	抢劫杀人、公开行窃、勒索、电信诈骗
希腊	盗窃、电信诈骗

续表

国家	主要社会治安风险
克罗地亚	盗窃、电信诈骗
埃塞俄比亚	盗窃、抢劫杀人、电信诈骗
南非	抢劫绑架杀人、电信诈骗
埃及	盗窃、持刀伤人、勒索
秘鲁	偷盗、持枪抢劫、杀人、电信诈骗
新西兰	盗抢、电信诈骗

（四）出入境受阻

出入境受阻是海外中国公民遭遇的主要安全风险之一。此类安全风险主要有两种情况：一是由于签证或出入境文件方面的问题而导致的出入境受阻；二是由于违规携带现金或物品而导致的出入境受阻。具体情况见表3。

表3　海外中国公民遭遇的出入境风险情况

国家	签证和居留证件问题	违规携带	其他问题
巴基斯坦	通过中介办理签证，涉嫌提供虚假签证资料；从事与签证目的不相符的活动	携带超额现金	
哈萨克斯坦	签证中介机构办理的居留注册地与实际居留地不符；遗失入境卡，未及时向移民局履行补办手续而无法出境		被索要小费
菲律宾	因"另纸签证"易丢失引发出入境问题		

国家	签证和居留证件问题	违规携带	其他问题
俄罗斯	违反中俄关于团体旅游免签的相关规定；违反俄罗斯方面关于电子签的相关规定；签证信息填写有误	违规携带超额现金或物品	
克罗地亚	持单次申根签证来克罗地亚，导致在边境口岸入境受阻或入境后无法再次返回申根国家		
埃塞俄比亚	签证或居留证件过期；持假签证	携带超额现金；携带象牙制品；携带专业相机	埃塞俄比亚航超售机票
南非	持假签证或假居留证；未备妥相关入境文件；无法向移民官解释入境目的等相关情况	携带象牙等野生动物制品	因罢工机场滞留
埃及		携带违禁品	
秘鲁	从陆路口岸入境未盖入境章；旅行证件和签证有效期有问题	携带海马	
新西兰		违规携带药品；违规携带香烟或肉制品	

（五）除出入境之外的违法违规行为带来的安全风险

因海外中国公民和中资企业的违法违规行为产生的安全风险情况多种多样，其中"三非"（非法入境、非法居留和非法就业）情况比较突出。具体情况见表4。

表 4 除出入境之外的海外中国公民和中资企业违法违规相关的安全风险

国家	除出入境之外的违法违规行为带来的安全风险
巴基斯坦	伪造结婚文件或入教文件；来巴基斯坦结婚涉嫌贩卖人口；进入未经许可不得进入的地区
哈萨克斯坦	非法务工；违法用工；非法移民
菲律宾	赌博；非法务工；非法采矿；非法捕捞
缅甸	赌博；非法务工；违规放飞无人机；来缅甸结婚涉嫌拐卖人口
俄罗斯	"灰色经营"引发的系列安全问题；非法居留和非法就业；中国雇主诱骗同胞从事非法劳务；违法驾车；进入限制外国人进入地区；游客违反旅游景点规定
埃塞俄比亚	非法务工；非法持有大量现金或民间渠道换汇
南非	非法鲍鱼加工点爆炸；违反最低工资标准法案；违反疫情防控规定；渔船违规被扣；华商因违规嫌疑遭突击检查
埃及	合同不规范、薪酬发放不符合标准；企业未获许可私自生产或不给员工办理工作签证；违规拍照
秘鲁	企业生产中违反环境保护规定

（六）自然灾害

海外中国公民所遭遇的自然灾害包括地震、火山喷发、台风等。具体情况见表 5。

表 5 海外中国公民遭遇的自然灾害风险情况

国家	自然灾害
菲律宾	台风、火山喷发、地震
俄罗斯	强降雪、台风、暴雨
希腊	地震
南非	雷电、暴雨、冰雹

国家	自然灾害
秘鲁	地震
新西兰	地震、火山喷发、山火

（七）意外事故

海外中国公民遭遇的意外事故包括交通事故和溺水等。其中，交通事故比较普遍。在旅游热点国家如菲律宾和埃及等，溺水是主要安全风险之一。中国游客在埃及遭遇了几起热气球坠落事故。具体情况见表6。

表6 海外中国公民遭遇的意外事故情况

国家	意外事故情况
菲律宾	溺水、沉船、火灾
缅甸	交通事故
俄罗斯	交通事故、火灾、工伤事故、食物中毒
埃塞俄比亚	空难
南非	交通事故、火灾
埃及	溺水、热气球坠落、交通事故、酷暑诱发急病
秘鲁	因通讯不畅失联
新西兰	交通事故、溺水

（八）流行性疾病

海外中国公民面临的流行性疾病种类较多。除当前全球大流行的新冠肺炎疫情外，疟疾、霍乱和登革热等都比较普遍。具体情况见表7。

表 7 海外中国公民面临的流行性疾病风险

国家	流行性疾病种类
巴基斯坦	霍乱、登革热、疟疾、脊髓灰质炎、新冠肺炎
哈萨克斯坦	脑膜炎、肺炎、新冠肺炎
菲律宾	登革热、新冠肺炎
缅甸	甲型 H1N1 流感、新冠肺炎
希腊	西尼罗河病毒、新冠肺炎
埃塞俄比亚	霍乱、疟疾、新冠肺炎
南非	麻疹、李氏杆菌、新冠肺炎
秘鲁	甲型 H1N1 流感、寨卡病毒、新冠肺炎

需要提及的是，流行性疾病除直接威胁人们的生命安全和身体健康外，相关防疫和管理措施也给海外中资企业运营带来风险。例如，在菲律宾，每患登革热一人，菲律宾政府便收取 10,000 比索（约合 1300 元人民币）的罚款。新冠肺炎疫情发生后，很多国家采取了关闭边境口岸、暂停发放签证、限制人员出入境等措施，同时加强重要战略物资管控，优先保障国内民生和抗疫需要。这些措施对海外中资企业的设备物资供应、人员派出轮换、商务考察磋商等产生负面影响；造成部分投资经营活动滞缓或暂停。

二、安全风险成因分析

海外中国公民和中资企业遭遇的安全风险，究其成因，主客观因素并存。从客观上看，海外中国公民人数和中资企业数量多，分布广。他们的安全受到国际形势、各国局势变化、社会治安情况、法律完备程度、执法公正度、政府廉洁度以及中国和东道国关系等因素的影响；从主观上看，中国公民和中资企业本身的风险防范意识、规则意识和守法意识、自我安全保护能力比较薄弱，以及海外中国人侵害同胞的犯罪活动，中国公民和中资企业的违法违规行为所形成的安全困境等都加剧了因客观因素导致的安全风险。

（一）客观原因

第一，全球局势动荡，各国都面临着不同程度的政治风险。近年来，全球 GDP 增长，但经济发展成果的分配却越来越不公，这既体现在国与国之间，也体现在各国内部的不同阶层和群体之间。日益增大的分配不公引发社会动荡，成为全世界动乱的主要根源。① 一些国家民主体制脆弱，"逢选必乱"。还有不少国家处于转型期，不同程度地面临高失业、高通胀和低增长的难题，教派冲突、族群冲突、部族冲突、政府与反政府力量对抗、世俗与宗教势力抗衡，各种矛盾交织，局势很难平稳发展。

第二，全球恐怖主义威胁不减。"9·11"事件以来，国际恐怖主义在高压打击下演化出复杂多样的组织形态，全球性恐怖组织（如"伊斯兰国"）、地区性恐怖组织（如"东突厥斯坦伊斯兰运动""博科圣地""索马里青年党"等）和"独狼"式的恐怖分子带来的安全威胁交织在一起。恐怖势力的影响范围不断扩大，逐步形成了一条从西非到中亚乃至东南亚地区的"恐怖之弧"，恐怖分子在地理上相互联通、在人员物资上相互流动、在观念上相互共振、在行动上相互呼应。② 恐怖袭击的地理范围也不仅仅是西亚、中亚和非洲地区，欧美也深受其害。过去五年中，恐怖主义活动一个令人担忧的发展趋势是极右政治恐怖主义活动的迅速增加，尽管与其他形式的恐怖主义活动相比较，该类型恐怖袭击的次数并不多，但从 2014 年至 2020 年，在西方国家发生了 35 次极右恐怖袭击活动。在北美、西欧和大洋洲，此类

---

① 李扬：《从长周期视角观察国内外经济形势》，载《经济日报》，2018 年 1 月 4 日，第 14 版。

② 王涛、鲍家政：《恐怖主义动荡弧：基于体系视角的解读》，载《西亚非洲》，2019 年第 1 期，第 115—118 页。

袭击次数增加了 250%，造成的死亡人数增加了 709%。2019 年，此类恐怖袭击造成 89 人遇难，其中，发生在新西兰的克赖斯特彻奇清真寺遇袭事件造成 51 人死亡。[①]

第三，在社会治安方面，除抢劫、盗窃等犯罪活动外，电信诈骗犯罪活动猖獗。伴随着通信技术和互联网的发展，电信网络诈骗犯罪手段不断迭代升级，犯罪活动"风险低、收益高"，不法分子无须与受害者进行直接接触，警方侦破不易。加上团伙作案，人数众多，很多时候警方抓获的嫌疑人仅仅是团伙中的中层或者底层的人员，极少能够抓获真正的"匪首"。而且，电信网络诈骗犯罪涉及网络企业、电信运营商、银行等部门，需要多方协调配合才能在源头上根治。[②] 境外针对中国公民的电信诈骗案的成功侦破更依赖于中外警方及各部门的通力合作，难度更大。

第四，东道国法律体系不健全，对有关法规宣传不够，中国公民很难掌握具体信息。例如，在俄罗斯存在的"灰色经营"问题，本身是与俄方法律制度上的漏洞紧密相连。关于中国公民是否可以在俄罗斯使用中国驾照的问题，中国驻俄使领馆不了解具体规定，在中国公民在俄因驾车被扣后，经中国驻俄使领馆与俄主管部门反复确认，俄方才给予书面回复并承诺将相关说明解释通发相关执法部门。[③]

第五，气候变化带来的风险加大。在全球变暖和城市化的同时影响下，气候变化致灾因子增强。气候变化带来的不仅是高温热浪，还包括全球暴雨和洪水的增加。[④] 对许多地区来说，气候变化已是"生死攸关的问题"。世界卫生组织和世界经济论坛都将气候变化及其影响列

---

① Institute for Economics & Peace, "Global Terrorism Index 2020 Measuring the Impact of Terrorism", http://visionofhumanity. org/wp-content/uploads/2020/11/GTI-2020-web-1. pdf.

② 袁广林、蒋凌峰：《基于公共治理理论的电信网络诈骗犯罪多元共治》，载《中国刑警学院学报》，2019 年第 1 期，第 66—67 页。

③ 《关于中国公民在俄罗斯驾车的有关说明》，http://ru. china-embassy. org/chn/fwzn/lsfws/lsdt/t1351280. htm。

④ 《气候变化风险加大　我们该如何应对》，http://www. xinhuanet. com/science/2018-09/20/c_137479358. htm。

为首要风险之一。① 一些国家常年面临极端天气带来的安全风险。

第六，海外中国公民和中资企业的安全受到中国与其东道国关系的影响。例如，许多在菲律宾经商的中国商人因受当地移民和劳工法限制，无法取得合法身份。菲当局长期对此听之任之。2012年中菲黄岩岛争端后，菲律宾当局以非法务工为由多次抓捕在菲中务工人员，并以打击走私为名查封华商仓库。② 对此，当地华侨普遍认为，菲律宾的这一举动有着明显的政治意图。③ 2014年8月5日，菲律宾巴拉望地区法院宣布12名中国渔民"非法捕鱼"的罪名成立。其中，船长被判12年有期徒刑，11名船员被判6年至11年不等的监禁。更有外媒称，这是自中菲关系因南海争端紧张以来，首次有中国渔民在菲律宾被定罪，这令本就紧张的中菲关系更进一步紧张。有分析人士指出，菲律宾此举打破了中菲之间处理渔业纠纷的"默契"。过去，菲律宾在收到"罚款"后就会释放被扣押的中国渔船和船员。虽然菲律宾重判中国渔民不涉及南海争端，但其有意借此表达其在南海问题上的强硬立场。④ 2021年2月，由于有谣言称中国在缅甸政局变化中支持缅甸军方，缅甸国内反华情绪上升。有人在中国驻缅甸大使馆前抗议，要求中方停止支持缅军方，并呼吁抵制中国商品。在缅中国公民安全受到严重影响。⑤

第七，中国在海外安全风险预防宣传方面存在不足。海外中国公民违法违规行为部分原因是当事人心存侥幸，"知法犯法"，但不排除

---

① Simon Beard and Lauren Holt, "Centre for the Study of Existential Risk, What Are the Biggest Threats to Humanity?", https://www.bbc.com/news/world-47030233.

② 《菲律宾刁难华人：警察持枪抓扣华商带走5岁小孩》，https://mil.huanqiu.com/article/9CaKrnJEMpV。

③ 《菲律宾借岛争刁难华商　持枪警察严查中国面孔》，载《环球时报》，2014年4月4日，第7版。

④ 《菲律宾重判中国渔民　中方要求保障渔民权益》，载《北京青年报》，2014年8月8日，第A23版。

⑤ 《2021年2月18日外交部发言人华春莹主持例行记者会》，http://fmprc.gov.cn/web/fyrbt_673021/jzhsl_673025/t1854801.shtml。

相当一部分公民并不了解相关规定，尤其是一些关于出入境签证、入境居留的规定。例如上文提到，以非空中交通方式抵达某些目的地国家须专门到移民窗口办理入境手续，否则会造成出境受阻；某些国家要求出境须提供相应证明文件；坐火车途径国家也要办理过境签证、团体免签需事先提交游客名单等。笔者在写作的过程中，也发现查找有关国家安全风险的资料并不容易。

（二）主观原因

海外中国公民和中资企业由于自身原因导致安全风险。

一是安全风险防范意识薄弱，对有关方面发布的安全提醒置若罔闻。关于旅游项目风险，如溺水风险与游客自身麻痹大意，未严格遵守相关安全提醒有很大关系。关于携带象牙、毒品等违禁品的严重后果，虽有多则安全提醒，但屡有中国公民以身试法。携带现金使海外中国游客成为盗窃犯们重点关注的对象。一些针对海外中国游客、华侨商铺和中资企业的抢劫犯罪与此有关。还有交通事故频繁发生固然与当地路况有关，但也有不少与当事人的安全意识薄弱有关，例如，中国驻新西兰使馆发布的关于交通安全的提醒明确表示，"这一条提醒是很多人用生命写就的，在很多惨痛的事故中主路车辆甚至没有留下任何刹车痕迹"。① 中国驻埃及使馆也表示，"一些中国游客安全意识淡薄，有的擅自脱离旅游团行动，有的过马路时不注意避让来往车辆，有的甚至站在马路中间照相，导致一些不必要的交通意外事故发生"。②

二是海外中国公民侵害同胞的海外犯罪活动。例如，在菲律宾和缅甸屡屡发生中国公民被骗参与赌博案件，往往犯罪分子和受害人都是中国人。2017 年 7 月，菲律宾警方在首都马尼拉破获了一个涉嫌在

---

① 《平安文明游南岛，你准备好了吗？》，http://christchurch. chineseconsulate. org/chn/lsf ws/lsbh/t1597020. htm。

② 《提醒来埃中国游客注意交通安全》，http://eg. china-embassy. org/chn/lsfw/2018051 7/t1555163. htm。

赌场内放贷、绑架勒索赌客的犯罪团伙，其成员绝大部分为中国公民。① 劳务纠纷中也有不少同胞听信国内不良中介的不实之言而上当受骗。

三是海外中国公民和企业的违法违规行为一定程度上形成了"恶性循环"的安全困境，也给中国的国家形象造成了负面影响，不利于海外中国公民的长期生存和企业的长期发展。

早在 2008 年，根据外交部领事司的统计数字，在海外中国公民遇到的安全问题中，一半事件是由中方人员的不当行为引起的。② 2013 年时，中国领事服务网安全提醒信息的统计显示，大约五分之一的安全提醒信息与海外中国公民的违法违规和不当行为有关。③多年过去了，这一现象仍然没有得到实质性改变。有关国家的执法部门将中国公民和中资企业列为重点"关注"对象，审查更为严格。如在纳米比亚发生多起中国公民携带濒危野生动物制品等违禁品案件后，纳米比亚移民局、海关、警方等因此明显加大了对包括中国公民在内的出入境所携带物品和现金数量的核查力度。④2017 年 4 月，阿尔巴尼亚政府实施旅游旺季中国公民免签入境政策后，因一些中国公民入境后涉嫌从事违法活动，阿尔巴尼亚边境和移民部门加强了对中国公民的入境检查，造成中国公民入境受阻并被遣返。⑤在约旦，接连发生数起中国公民办理落地签入境后参与偷越国境活动，涉案人员均被约旦强力部门扣留、驱逐。中国公民办理落地签入境约旦受阻案明显增加。⑥ 在坦桑尼亚，

---

① 《提醒赴/在菲中国公民警惕赌场借贷陷阱（此提醒长期有效）》，http://ph.china-embassy.org/chn/lsfw/lsbh。

② 中国外交部领事司长魏苇在 2008 年 8 月 5 日举行的《世界知识》论坛上的发言，论坛主题为《企业和个人，海外遇事怎么办》，http://news.xinhuanet.com/overseas/2008-08/31/content_9743308.htm。

③ 夏莉萍:《海外中国公民安全风险与保护》，载《国际政治研究》，2013 年第 2 期，第 11 页。

④ 《中国驻纳米比亚大使馆再次提醒在纳中国公民严格遵守当地法律》，http://na.chineseembassy.org/chn/lsyw/txytz/t1506883.htm。

⑤ 《关于中国公民入境阿尔巴尼亚的重要提醒》，http://al.chineseembassy.org/chn/lsfw/lstx/t1594183.htm。

⑥ 《旅游提醒》，http://jo.chineseembassy.org/chn/gmfw/txytz/t1471383.htm。

因中资企业的非法用工、中国公民的非法居留和非法就业问题，中资企业和中国公民成为坦桑尼亚劳动部、移民局执法检查的重点对象。坦桑尼亚方面收紧了对包括中国人在内的外国人工作签证的审批。①中国驻菲律宾使馆发布安全提醒称，中国公民在菲律宾从事各类赌博违法犯罪活动呈蔓延之势，赌博花样不断翻新，参赌人数不断增多，非法拘禁、虐待拷打、勒索赎金等恶性案件频发，已经成为当地社会一大公害。②

本章小结

本章选择 13 个共建"一带一路"国家为研究对象，重点研究中国公民和中资企业在这 13 个国家遭遇的安全风险，最后总结其共同点并分析安全风险的成因。中国公民和中资企业遭遇的主要安全风险包括政治风险、恐怖袭击风险、社会治安风险、出入境受阻风险、由于中国公民和企业自身违法违规行为带来的安全风险、自然灾害、意外事故、流行性疾病等八大类。

海外中国公民和中资企业遭遇的安全风险，究其成因，主客观因素并存。从客观上看，海外中国公民人数和中资企业数量大，分布广。他们的安全受到国际形势、各国局势变化、社会治安情况、法律完备程度、执法公正度、政府廉洁度以及中国和东道国关系等因素的影响。从主观上看，中国公民和中资企业本身风险防范意识、规则意识和守法意识、自我安全保护能力较弱，以及中国人侵害同胞的犯罪活动，中国公民和中资企业的违法违规行为所形成的安全困境等都加剧了因客观因素导致的安全风险。

---

① 2019 年 2 月 2 日笔者对中国前驻坦桑尼亚大使馆高级外交官的访谈。
② 《提醒在菲中国公民洁身自好，避免陷入涉赌勒索伤害案件》，http://ph.china-embassy.org/chn/lsfw/lsbh/t1558599.htm。

第二章 海外中国公民和中资企业安全保护机制的发展

改革开放之前，走出国门的中国公民和中资企业很少，相关安全保护机制建设几乎无从谈起。改革开放之后至 21 世纪之前，出国的中国公民和中资企业数量有所增加，相关机制建设有所进展，但比较缓慢。2000 年 3 月，全国人大九届三次会议正式提出"走出去"战略后，出国的中国公民，尤其是到海外寻求发展的中资企业的数量大幅增加。随着海外安全环境的复杂化，涉及海外中国公民和中资企业的安全事件频频发生，相关机制建设十分必要且非常迫切。在此背景下，除政府部门外，越来越多的力量参与到海外中国公民和中资企业安全保护工作中来，相关机制建设也取得了很大进展。

第一节 新中国成立至 20 世纪末海外中国公民和中资企业安全保护机制发展简要回顾

从 1949 年中华人民共和国成立至 20 世纪末，海外中国公民和中资企业安全保护机制发展过程，以 1978 年改革开放为界，大致可分为两个阶段。

一、1949 年至 1978 年：探索期

1949 年至 1978 年这一阶段，中国政府保护的主要对象是海外华侨。党和政府一系列文件都显示出对海外华侨保护工作的重视。1949年，中华人民共和国第一部临时宪法性质的文件《中国人民政治协商会议共同纲领》规定，"中华人民共和国中央人民政府应尽力保护国外华侨的正当权益"。1952 年 1 月，《中共中央关于海外侨民工作的指示》明确指出"要保护海外华侨的正当权益"①。该阶段，东南亚国家出现了两起大规模排华事件，中国政府对此进行了有理、有利、有节的斗争。

一是 20 世纪 50 年代末 60 年代初的印度尼西亚排华事件。"1959年 11 月 18 日，印尼颁布总统第十号法令，规定除第一级和第二级自治区及州的首府以外的外侨小商贩、零售商自 1960 年 1 月 1 日起停业。"② 1960 年，印尼掀起排华浪潮，以西爪哇为重点，印尼大部分地区使用武力逼迁华侨、削减华校、解雇华工等手段对印尼各地华侨进行打击和排挤、对中国外交官的活动加以限制、对中国的撤侨工作进行阻挠，甚至在 1960 年 7 月 3 日，发生了西爪哇军警枪杀两名华侨妇女的恶性事件。

中国政府为了合理解决华侨问题，维护两国友好关系，一方面多次向印尼方面提出抗议，谴责印尼政府违背印尼外长访华时同中方达成的谅解和双方联合公报精神，要求印尼政府立即采取有效措施制止各种排华活动，维护印尼华侨的正当权益；另一方面建议通过外交谈判全盘解决在印尼的华侨问题。

1959 年 12 月 9 日，中国外交部部长陈毅致函印尼外长苏班德里约，强调华侨问题的严重性以及解决问题的紧迫性，并对全面解决华

---

① 中国领事工作编写组：《中国领事工作》（上册），北京：世界知识出版社，2014 年版，第 329—330 页。

② 谢益显主编：《中国当代外交史》，北京：中国青年出版社，2009 年版，第 127 页。

侨问题提出三点建议：①两国政府立即交换关于双重国籍问题的批准书，讨论和规定实施条约的办法；②希望印尼政府保护华侨的正当权益，制止对他们的歧视和迫害；③对于流离失所、无法谋生或不愿继续居留在印尼的华侨，中国政府准备按照华侨自愿原则，分批分期接其回中国。然而，印尼方面对此并没有作出积极回应。

此后，中国派出接侨船只开始组织撤侨工作，1959 年至 1960 年，先后撤回华侨 10 多万人。1960 年年底，两国开始办理具有双重国籍者的选籍手续。①

二是 20 世纪 70 年代后半期的越南排华事件。1955 年，中共中央与越南劳动党达成协议，确定应逐步教育华侨转为越南籍公民。1975 年以前，两党协议执行情况基本上是好的。但越南南北统一后，越南政府于 1976 年 2 月对越南南方华侨进行公民登记，强迫华侨承认自己是越南籍人，如坚持保留中国国籍，则取消户口，不发给粮票、布票，不给就业，还要缴纳高额杂税，迫使广大华侨被迫登记为越南国籍。

1977 年年初，越南在边境地区实行所谓的"净化边境"措施，将世代居住在边境地区的华侨驱赶到中国境内。1978 年年初，越南各地还有组织地安排火车专列，成批地把华侨（含越籍华人）运到中越边境，然后令他们进入中国境内。至 1979 年年初，被驱赶进入中国境内的华侨华人达 28 万人之众（其中包括少量越南人）。

1978 年年初，中国外交部不断向越南提出交涉。但越方置若罔闻，驱赶工作仍然有增无减。1978 年 5 月 26 日，中国政府决定，派船前往越南接运被迫害的华侨回国。6 月 15 日，全国人大常委会副委员长、国务院侨务办公室主任廖承志在欢送赴越接侨回国客轮起航大会上发表讲话，要求越南政府立即停止排斥、迫害、驱赶华侨的错误做法，对中国政府派船接运受难华侨提供方便，不要再做损害两国人民友谊的事。

---

① 钱其琛主编：《世界外交大辞典》，北京：世界知识出版社，2005 年版，第 2300—2301 页。

1978 年 7 月 19 日，中国外交部照会越南外交部，建议中越两国政府就居住在越南的华侨问题举行副外长级谈判。22 日，越南外交部复照同意举行副外长级谈判，建议 8 月 8 日在河内举行。8 月 8 日至 9 月 26 日，中越两国政府代表团在河内举行副外长级谈判，共进行了八轮。在谈判中，中方提出，1955 年的两党协议是解决华侨问题的指导原则，越方应停止歧视、排斥、迫害和驱赶华侨，将被驱赶到中国的越南公民接回越南；尚有亲属在越的华侨，如愿返回越原居住地，越方应予以接待和安置。越南南方华侨的国籍问题，可结合越南南方的实际情况，逐步引导教育其自愿加入越南国籍；对尚未自愿转入越南国籍的华侨，越南政府应参照过去的办法，平等对待北方的华侨华人，中方将给予合作和协助，积极鼓励和动员他们成为越南公民。越方坚持，越南北方华侨早已逐步转为越南公民，1955 年的协议现已不适用；对于越南南方的华人问题，双方不曾有过任何协议，早自 1956 年，几乎所有的华侨都加入了越南国籍。由于谈判中，双方意见分歧很大，争论激烈，未取得任何结果。①

除以上两次较大规模的排华事件外，海外中国公民的保护需求并不突出。这一时期，受经济条件和国际环境的限制，中国公民出国（境）很少，赴境外投资、承包工程等中国企业也十分有限。1952 年至 1978 年，中国公民因公、因私出境人数总和共 28 万人次，平均每年 1 万人左右。后来，随着华侨双重国籍问题的逐步解决，广大华侨相继加入了侨居国国籍，华侨人数也大为减少。②

在美苏冷战，尖锐对立的大背景下，应对超级大国的安全威胁是该阶段中国外交的头等大事，保护华侨权益有时不得不让步于维护国家主权和安全的中心任务。最为典型的案例是 20 世纪 70 年代中后期，中国政府对于红色高棉治下华侨遭受迫害事件的处理。对于华侨的求

---

① 钱其琛主编：《世界外交大辞典》，北京：世界知识出版社，2005 年版，第 2392 页。
② 中国领事工作编写组：《中国领事工作》（上册），北京：世界知识出版社，2014 年版，第 331 页。

助，中方采取了"不干涉"态度。外交部领事司组织编写的《中国领事工作》一书认为，该阶段可以用于实施领事保护的外交资源非常有限，中国领事保护工作常常处于"有心无力"的境地，举步维艰。如中共华侨委员会在 1953 年对海外侨胞发表声明中所言，国外华侨要保护自己的正当权益，主要必须依靠华侨自身的团结。① 这一时期，保护海外中国公民和中资企业的相关机制建设也无从谈起。

二、1979 年至 2000 年：起步期

在 1978 年至 2000 年这一阶段，因为客观需求和主观认识两方面的原因，海外中国公民和中资企业安全保护机制建设取得一定的进展。在客观需求方面，这一阶段出国公民人数虽然有所增加，但中国外交部和驻外使领馆处理的保护案件数量并不多。从中国国家统计局公布数据来看，自 1994 年才开始公布关于中国大陆居民出境人次的统计数字，为 373 万人次；2000 年，增加到 1047 万人次，是 1994 年的 2.8 倍。这其中包括了前往港澳地区的相关统计数字。②《中国外交 1999 年版》第一次提到外交部和驻外使领馆处理的保护案件的数字，1998 年为 230 余起。③

在主观认识方面，尽管 1982 年《中华人民共和国宪法》规定"中华人民共和国保护华侨的正当的权利和利益，保护归侨和侨眷的合法的权利和利益"④，体现出了对海外华侨权益保护的重视，但是，这一时期外交部编写出版的《中国外交概览》或《中国外交》（即"中国外交白皮书"）⑤ 表明，海外中国公民和中资企业的安全保护尚处于

---

① 中国领事工作编写组：《中国领事工作》（上册），北京：世界知识出版社，2014 年版，第 331 页。

② 中国国家统计局网站：http://data. stats. gov. cn/easyquery. htm？cn = C01&zb = A0K01&sj = 2018。

③ 中华人民共和国外交部政策研究室编：《中国外交 1999 年版》，北京：世界知识出版社，1999 年版，第 710 页。

④ 同①，第 329 页。

⑤ 外交部从 1987 年起组织编写《中国外交概览》，1993 年起改名为《中国外交》。

外交工作的"边缘地带"。1987 年版和 1988 年版的"中国外交白皮书"有关于护侨工作的简短内容；1989 年至 1997 年之间出版的"中国外交白皮书"要不没有与领事工作相关的内容，要不虽有领事工作的章节，但未提及保护海外公民和中资企业。[①] 直到 1998 年版才有专门的一节谈及 1997 年处理保护案件的情况，共 300 字左右。[②]

该阶段比较重要的保护案件有 1990 年从科威特撤离大量中国劳务人员和应对 1998 年印度尼西亚暴乱排华。

1990 年 8 月 2 日，伊拉克悍然入侵科威特。当时，中国在科威特劳务人员和侨民近 5000 人。13 日，党中央果断做出指示，"要不惜一切代价接运中国劳务人员和侨民平安回国"。翌日，中国驻科威特使馆接到国内有关指示后，立即讨论、安排撤离工作。从 19 日开始到 23 日晚上，在短短四天内，除 12 人留守外，包括在科威特的劳务、侨民（其中包括一些台胞、港商和华人）以及使馆人员在内的 4813 人，分六批安全撤离。[③]

1997 年开始，印度尼西亚各地陆续发生排华事件。尤其是东南亚金融危机后，排华事件日益增多。1998 年伊始，金融危机对印尼造成严重冲击。5 月 13 日，印尼发生了"五月暴乱"。华侨在暴乱中受到巨大伤害，一些华商相继逃离印尼。中国外交部及时成立 24 小时值班应急小组，周密制订护侨撤侨方案。中国驻印尼使馆所有工作人员昼夜加班，逐一拨打电话询问安慰、紧急救援。外交官们不顾个人安危，多次驾车驶入骚乱街区将被困同胞送往安全地区；当飞离雅加达的航班满员时，积极与航空公司联系，增加航班；24 小时为中国公民和印尼华人提供签证服务；积极配合国内有关部门，为受难同胞及时回家

---

　　① 1989 年及 1994 年至 1997 年之间出版的"中国外交白皮书"有专章介绍中国外交中的领事工作，但没有提及领事保护或护侨。

　　② 中华人民共和国外交部政策研究室编：《中国外交 1998 年版》，北京：世界知识出版社，1998 年版，第 842 页。

　　③ 秦鸿国：《战火中撤离科威特》，载《世界知识》，1990 年 12 月，第 28—29 页。

提供最大便利。①

　　该阶段，海外中国公民和中资企业安全保护机制建设刚刚起步。在应急机制方面，领事司成立了 24 小时值班应急小组。② 从以上两起较大规模的撤侨事件可以看出，应急处置效率较高，但参与的部门仍然比较单一，主要是外交部和相关中国驻外使领馆。在预防机制方面，中国外交部和驻外使领馆印发了《中国境外领事保护和服务指南》；③ 通过互联网向公众普及保护和协助知识，④ 2000 年 12 月，外交部官网发布第一条海外安全提醒信息。⑤ 进入 21 世纪后，海外中国公民和中资企业安全保护机制进入了快速发展期。

第二节　21 世纪海外中国公民和中资企业安全保护机制发展的背景

　　进入 21 世纪以来，越来越多的中国公民和中国企业走出国门，保护服务的对象规模越来越大。外交部和驻外使领馆处理的保护案件的数量不断增加，保护任务日益繁重。由于与普通民众的切身利益密切相连，海外中国公民和中资企业安全保护工作被中国党和政府赋予特殊的使命和内涵，保护服务的"供需矛盾"日益突出。

---

　　① 凌雅菲：《为了每一位中国公民的平安——中国驻印尼使馆救助香港同胞实录》，载《人民日报（海外版）》，1998 年 5 月 23 日，第 4 版。

　　② 中华人民共和国外交部政策研究室编：《中国外交 1999 年版》，北京：世界知识出版社，1999 年版，第 710 页。

　　③ 中华人民共和国外交部政策研究室编：《中国外交 1998 年版》，北京：世界知识出版社，1998 年版，第 843 页。

　　④ 中华人民共和国外交部政策研究室编：《中国外交 2000 年版》，北京：世界知识出版社，2000 年版，第 758 页。

　　⑤ 《领事工作媒体吹风会现场实录（上）》，http://cs.mfa.gov.cn/gyls/lsgz/lqbb/t1628183.shtml。

一、海外安全保护服务的对象规模庞大

（一）海外中国公民人数越来越多

进入 21 世纪以来，中国国内居民出境人次持续大幅增加。根据国家统计局资料，国内居民出境人次从 2000 年的 1047 万增加到 2019 年的 1.7 亿，20 年内增加了 16 倍。表 8 和图 1 显示了 2001—2019 年间中国内地公民出境人次增长情况，平均增幅约为 16.6%。① 需要注意的是，表格中显示的是出境人次而不是出国人次。尽管没有关于海外中国公民人数的确切统计数字，② 但一个颇具规模的"海外中国"正逐渐形成。③ 以 2019 年的数据为例，2019 年中国公民出境旅游近 1.5 亿人次，④ 这还不包括 4 万多家境外中资企业，⑤ 150 多万海外留学和进修人员，⑥ 以及近 100 万在外各类劳务人员。⑦

---

① 数据来自国家统计局网站：http://data. stats. gov. cn/easyquery. htm? cn = C01&zb = A0K01&sj = 2014，http://cs. mfa. gov. cn/gyls/lscs/；2015—2019 年的数字见 http://stats. gov. cn/tjsj/ndsj/2020/html/C1709. jpg；所有数字四舍五入。

② 目前在我国没有关于内地公民出国人次的专门统计。国家统计局数据中只有每年内地公民出境总人次和内地公民因私出境人次的统计。

③ 《中国领事保护与服务：盘点 2015，期冀 2016——外交部举行领事工作国内媒体吹风会》，http://www. fmprc. gov. cn/web/wjbxw_673019/t1337903. shtml。

④ 《2019 年中国公民出境旅游近 1.5 亿人次》，载《人民日报（海外版）》，2019 年 2 月 14 日，第 1 版。

⑤ 《钟山部长出席庆祝中华人民共和国成立 70 周年活动新闻发布会》，http://www. mofcom. gov. cn/article/ae/ztfbh/201909/20190902901363. shtml。

⑥ 《教育部：2018 年我国留学人数超 66 万，回国人数增长了 8%》，http://edu. china. com. cn/2019-03/28/content_74620779. htm。

⑦ 《2019 年我国对外劳务合作业务简明统计》，http://hzs. mofcom. gov. cn/article/date/202001/20200102932444. shtml。

表8　2001—2019年中国内地公民出境人次　　　（单位：万）

年份	出境总人次	比上年增加	因私出境人次	因公出境人次
2001	1213	15.9%	695	518
2002	1660	36.9%	1006	654
2003	2022	21.8%	1481	541
2004	2885	42.7%	2298	587
2005	3102	7.5%	2514	588
2006	3452	11.3%	2880	578
2007	4095	18.6%	3492	603
2008	4584	11.9%	4013	571
2009	4765	3.9%	4220	545
2010	5738	20.4%	5150	588
2011	7025	22.4%	6411	614
2012	8318	18.4%	7705	613
2013	9818	18.0%	9197	621
2014	11,002	20.5%	10,727	275
2015	12,786	16.2%	12,172	614
2016	13,513	5.7%	12,850	663
2017	14,273	5.6%	13,582	691
2018	16,199	13.5%	15,502	697
2019	16,921	4.5%	16,211	710

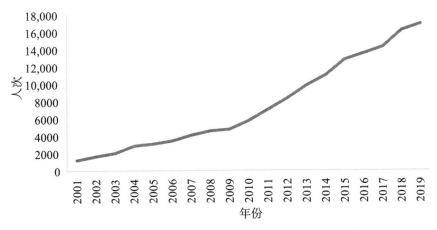

图 1　2001—2019 年中国内地公民出境人次增长趋势

（二）海外中国公民和中资企业安全防范意识和自我保护能力较为欠缺

中国公民和中资企业的法律意识、海外风险防范意识和自我保护能力跟不上国家对外开放和海外利益迅速拓展的步伐。在国家对外开放和海外利益快速拓展的同时，中国公民和中资企业的海外适应能力却提升缓慢、相对滞后。不少公民和企业无视有关部门发出的安全提醒，一意孤行，发生安全问题后，完全依赖政府出面解决。民众对政府提供的保护服务的期望值很高。比如，中国驻外使领馆常常接到公民打来的求助电话，有时尽管问题并不严重，但对方往往会要求使领馆派人过去到现场帮助处理。① 特别值得注意的是，近年来，因海外中国公民和中资企业违法违规而引发的领事保护案件不断增多，不仅给自身安全带来威胁，还直接影响当地民众对中国国家和中国公民整体

---

① 2015 年年底，笔者对曾在中国驻外使领馆从事过领事保护工作的外交官的采访。也曾有领事官员在接受媒体采访时谈到，有海外中国公民家里的狗死了也申请保护，还发生过有陌生人敲门，侨民马上给总领馆打电话要求领馆官员跟他们并肩作战的事；参见《境外"领事保护"存在尴尬》，http://www.ycwb.com/gb/content/2004 - 10/25/content_782249.htm。

形象的认知，在一定程度上形成了"恶性循环"的安全困境。①

二、海外中国公民和中资企业安全保护任务繁重

海外中国公民和中资企业安全保护任务繁重，主要体现在以下几个方面：

（一）海外安全保护的案件数量不断增加

进入 21 世纪以来，中国外交部和驻外使领馆处理的涉及海外中国公民和中资企业的保护案件总体处于上升趋势。2004 年、2005 年和 2006 年分别为 20,364 起、29,290 起和 31,800 起。② 2007 年至 2010 年，平均每年案件总数保持在 3.7 万起左右③。2015 年 7 月，外交部首次在官网公布了 2012 年至 2014 年的相关数据，分别为 36,821 起、41,703 起和 59,526 起。④ 2015 年，近 8 万起。⑤ 2018 年，约 8 万起，较 2017 年增长 1 万起。⑥ 2019 年约 7.9 万起。⑦

（二）海外中国公民和中资企业安全保护情况复杂

涉及海外中国公民和中资企业的安全保护情况复杂。其中如经济和劳务纠纷、非法移民和经商、渔船抓扣等引起的安全问题，究其根

---

① 夏莉萍：《海外中国公民和中资企业的安全风险——基于中国驻外使馆安全提醒之分析》，载《国际安全研究》，2019 年第 6 期，第 148—149 页。

② 数字来自 2007 年 5—8 月外交部领事司举办的"境外中国公民和机构安全保护工作图片展"。

③ 《中国领事保护案件年均 3.7 万起　很多其实可避免》，http://www.chinanews.com/hr/2010/09-21/2549353.shtml。

④ 《2014 年中国境外领事保护与协助案件总体情况》，https://www.fmprc.gov.cn/wjb_673085/22jg_673183/1ss_674689.xgxw_674691/201507/t20150701_7678166.shtml。

⑤ 《中国领事保护与服务：盘点 2015，期冀 2016——外交部举行领事工作国内媒体吹风会》，http://www.fmprc.gov.cn/web/wjbxw_673019/t1337903.shtml。

⑥ 《领事工作媒体吹风会现场实录（下）》，http://cs.mfa.gov.cn/gyls/lsgz/ztzl/2018ndlsgzcfh/t1628188.shtml。

⑦ 《领事工作国内媒体吹风会现场（实录）》，http://cs.fmprc.gov.cn/gyls/lsgz/lqbb/t1733452.shtml。

本，相当一部分与我国现在所处的发展阶段有关，是国内治理问题的"外溢"表现。这些问题处理起来牵涉多方，费时费力，且很难"治标"又"治本"。在出国人员总数大幅增加的大背景下，涉及几十、几百、上千甚至更多中国公民的海外安全事件频频发生，且不时多点同时爆发，给海外安全保护工作带来了巨大压力。①

　　大规模安全事件可分为两种情况：一种是由于所在国突发自然灾害或局势动荡所导致的撤离行动，如表9列出的近20年来中国政府组织的27次撤侨行动，共撤离约16万多名中国公民。这类事件的处理虽然持续时间不长，但工作强度大，需要动用大量人力物力。另一种是由中国公民集体性的违法违规行为或所在国本身法制不完善所导致的大规模抓捕行动。这些行动有的是居住国执法部门专门针对中国人的，有的则是针对所有外国人的。近年来，此类事件频频发生，其中包括2013年6月，在加纳大规模治理非法采金行动中，169名中国采金人员被抓扣；② 2014年12月，安哥拉警方以打击非法移民和非法务工为由在首都罗安达采取联合行动，抓扣了上千名外国公民，包括300多名中国人；③ 同月，肯尼亚警方逮捕了77名被控从事计算机网络犯罪活动的中国公民；④ 2015年7月，150多名中国伐木工人在缅甸被判重刑；⑤ 同月，菲律宾移民局逮捕了191名从事网络赌博的非法中国劳工⑥；2018年8月，菲律宾移民局在马尼拉中国城进行居留证件和就业

---

①　《官员专家建议领事保护工作上升至国家安全层面》，http：//news. xinhuanet. com/world/2014－08/12/c_1112047756. htm。

②　《外交部：被加纳抓扣中国采金人员已全部获释》，http：//news. xinhuanet. com/world/2013－06/13/c_116136475. htm。

③　《安哥拉大规模抓扣中国公民300多人》，http：//news. xinhuanet. com/mil/2014－12/22/c_127323763. htm。

④　《美媒：77名中国人被捕　肯尼亚拒中方参与联合调查》，http：//china. cankaoxiaoxi. com/2014/1211/594340_2. shtml。

⑤　《英媒：150多名中国伐木工人在缅甸被判重刑》，http：//www. cankaoxiaoxi. com/world/20150723/862441. shtml。

⑥　《191名中国人菲律宾涉赌被遣返　有人捂脸拒拍照》，http：//xj. people. cn/n/2015/0723/c188527-25685609. html。

表 9 2006—2020 年中国政府组织海外撤离行动情况[①]

年份	地点	人数	年份	地点	人数
2006	所罗门	320	2014	伊拉克	1258
2006	东帝汶	243	2015	也门	613
2006	黎巴嫩	207	2015	尼泊尔	5685
2006	汤加	193	2016	南苏丹	1005
2008	乍得	超 200	2016	新西兰	125
2008	泰国	3346	2016	以色列	150
2009	加蓬	22	2017	多米尼克	487
2010	海地	60	2017	印尼	11,239
2010	吉尔吉斯斯坦	1299	2018	日本	1044
2011	埃及	近 2000	2018	美国	1295
2011	利比亚	35,860	2020	埃塞俄比亚	630
2011	日本	9300	2020	意大利、英国、美国、南非、伊朗等 92 个国家	73,000
2012	中非	308			
2014	越南	3860	总计 27 次，撤离约 16 万中国公民		
2014	利比亚	1700			

手续检查，现场查扣 75 人，其中中国籍 73 人[②]；等等。这类事件处理起来虽然不如前一类强度大，但可能持续时间较长，也需要投入大量时间和精力。

---

① 2006 年 1 月—2015 年 3 月的数据来自《领事专题：祖国接你回家》，http://cs. mfa. gov. cn/gyls/lsgz/ztzl/zgjnhj/，表中列出的数字不包括 2011 年从利比亚协助撤离的 2100 名，2015 年从也门协助撤离的 279 名外国公民。2015 年 4 月至 2017 年的数字来自《领事专题：祖国助你回家》，http://cs. mfa. gov. cn/gyls/lsgz/ztzl/zgjnhj/。

② 《驻菲律宾使馆及时处置中国公民被查扣事件》，http://ph. china-embassy. org/chn/lsfw/lsbh/lbyw/t1585644. htm。

（三）网络媒体的蓬勃发展增加了安全保护工作的处置难度

截至 2020 年 3 月，中国网民规模达 9.04 亿，与 2013 年相比增加了 46.2%。其中，约 80.9% 的网民关注网络新闻，94.1% 的网民关注网络视频（含短视频）。[①] 在网络媒体时代，民众既是信息的接受者，也是信息的制造者和传播者。民众在频繁的群体互动过程中很容易形成影响广泛的舆论共识，造成舆论压力。例如，2015 年，某著名女星在丹麦酒店巨额珠宝失窃后，致电中国驻丹麦使馆求助却未能接通，转而发微博求助，一时间引起广大网民关注。后在中国使馆协助下，失窃物品被追回，中国驻丹麦大使也亲抵慰问。该女星公开承认，原来拨打的求助电话号码有误。[②] 中国外交部领保中心官员曾表示，在处置安全保护案件时不得不十分谨慎，自己常常全程录像，以防被当事人或媒体误读误解。

三、海外中国公民和中资企业安全保护工作被赋予特殊的使命和内涵

（一）21 世纪初至党的十八大之前

21 世纪初至党的十八大之前，安全保护工作成为展示"外交为民"的窗口，其不断进步也体现了中国政府强化其服务职能的努力。2001 年 7 月 1 日，江泽民总书记在庆祝中国共产党成立 80 周年大会上的讲话指出，"我们党要始终代表中国最广大人民的根本利益……全心全意为人民服务，立党为公，执政为民。"[③] 随后"立党为公、执政为民"便成为 21 世纪以来党和政府开展各项工作的指导思想。2003 年 7 月 1

---

① 《第 45 次中国互联网络发展状况统计报告》，http://www.cac.gov.cn/2020-04/27/c_1589535470378587.htm。

② 《刘涛丹麦被盗财物被追回，大使亲抵慰问》，https://www.sohu.com/a/47322270_119930。

③ 《江泽民在庆祝建党八十周年大会上的讲话》，载《人民日报》，2001 年 7 月 2 日，第 1 版。

日，在中国共产党成立 82 周年之际，胡锦涛总书记在其首次"七一"讲话中，对如何把握"立党为公、执政为民"提出了三点具体的要求。①

"立党为公、执政为民"要求推进政府自身建设和改革。2002 年，党的十六大报告第一次把政府职能归结为四个方面：经济调节、市场监管、社会管理和公共服务；提出要进一步转变政府职能，改进管理方式，推行电子政务，提高行政效率，降低行政成本，形成行为规范、运转协调、公正透明、廉洁高效的行政管理体制。② 2005 年 3 月，十届人大三次会议《政府工作报告》提出，努力建设服务型政府。该报告明确阐述了服务型政府的内涵，指出，创新政府管理方式，寓管理于服务之中，更好地为基层、企业和社会公众服务……增强政府工作透明度，提高政府公信力。③ 建设服务型政府的目标必然包括强化公共服务职能，向公众提供优质的公共产品和服务。④

在此背景下，安全保护工作，由于其为普通民众服务的性质，成为落实"执政为民""外交为民"指导思想的具体体现。⑤ 2004 年 6 月 10 日，在阿富汗北部昆都士发生造成 11 名中国公民死亡的恐怖袭击事件。胡锦涛总书记闻讯后表示："尽管我们中国有 13 亿人口，但我们珍惜每个同胞的生命，决不能允许恐怖主义威胁中国公民的安全。"⑥ 2006 年、2007 年的《政府工作报告》均明确提出"要维护中

---

① 《在"三个代表"重要思想理论研讨会上的讲话》，载《人民日报》，2003 年 7 月 2 日，第 1 版。

② 《在中国共产党第十六次全国代表大会上的报告》，http://www.people.com.cn/GB/shizheng/16/20021117/868419.html；刘文海：《努力建设服务型政府》，http://news.xinhuanet.com/report/2005-06/13/content_3078949_3.htm。

③ 《政府工作报告》，载《人民日报》，2005 年 3 月 15 日，第 1 版。

④ 关于建设服务型政府和中国政府职能转变情况，还可以参见刘熙瑞：《服务型政府——经济全球化背景下中国政府改革的目标选择》，载《中国行政管理》，2002 年第 7 期，第 5—7 页；杜建国：《当代中国政府职能转变进程》，载《地方政府管理》，2001 年第 10 期，第 3—5 页。

⑤ 夏莉萍：《十八大以来"外交为民"理念与实践的新发展》，载《当代世界》，2015 年第 2 期，第 50 页。

⑥ 《珍惜每个同胞：中国领事保护"五加强"应万变》，http://www.china.com.cn/chinese/TCC/1093119.htm。

国公民和法人在海外的合法权益"。①同时，作为中国政府为中国公民所提供的公共服务的一部分，安全保护必然受到包括外交部、各级地方外事办公室在内的各级政府部门的重视。

中国外交部负责人表示，"时刻把人民的利益放在心上，千方百计地维护中国公民和法人的合法权益。"②2007年8月23日，在外交部领事保护中心的成立仪式上，外交部部长杨洁篪表示，"外交部和驻外使领馆工作人员从以人为本、构建和谐社会的高度，本着对祖国和人民负责的态度，重视做好领事保护工作"③。2009年年底，杨洁篪在接受《人民日报》记者年终专访时表示，"外交部将坚持'以人为本''外交为民'，时刻把祖国人民的利益置于心中最高位置，切实维护海外中国公民和法人的合法权益……研究制定保护我海外人员的长效措施"④。

（二）党的十八大以来

党的十八大以来，海外中国公民和中资企业安全保护工作被赋予新的内涵，使命重大。其一，该项工作关乎国家外交总体目标的顺利实现。推动构建人类命运共同体和新型国际关系，不仅需要各国间保持健康、顺畅的人员往来秩序，也需要妥善解决中国与其他国家人员往来中出现的各类问题，有效管控和化解各类风险。做好海外中国公民和中资企业的安全保护工作，有助于深化中国与世界各国的务实合作，不断推进合作共赢的开放体系建设，更好地服务国家对外工作大

①《2006年国务院政府工作报告》，http://www.gov.cn/test/2009-03/16/content_1260216.htm；《2007年国务院政府工作报告》，http://www.gov.cn/test/2009-03/16/content_1260188.htm。

②外交部部长李肇星语，见张亮，王莉：《年终专访，李肇星纵论国际风云　畅谈外交为民》，载《人民日报》，2004年12月15日，第7版。

③《外交部领事保护中心在北京正式成立　杨洁篪讲话》，http://www.gov.cn/jrzg/2007-08/23/content_725761.htm。

④《外交部部长杨洁篪谈2009年中国外交》，http://theory.people.com.cn/GB/41038/10572623.html。

局和全方位对外开放。①党的十九届四中全会提出，要"构建海外利益保护和风险预警防范体系，完善领事保护工作机制，维护海外同胞安全和正当权益，保障重大项目和人员机构安全"。②

其二，该项工作是完善政府治理体系的重要环节。党的十八届三中全会提出的全面深化改革的总目标，就是完善和发展中国特色社会主义制度、推进国家治理体系和治理能力现代化。这是坚持和发展中国特色社会主义的必然要求，也是实现社会主义现代化的应有之义。③海外中国公民和中资企业的安全保护是外交工作中最"接地气"的部分，与社会公众接触频繁，与经济民生关联紧密，承担着不少国内社会公共治理职能，与国外特定法律社会环境相衔接，涉及法治建设、舆论引导、政府公共服务、保障社会民生、防范化解社会风险等国家治理体系建设的多个重要环节。该项工作的成效好坏，对巩固中国特色社会主义制度、完善国家治理体系产生直接影响。④

其三，该项工作是外交工作践行"以人民为中心"理念的具体体现。坚持以人民为中心是习近平新时代中国特色社会主义思想的重要内容。坚持以人民为中心，要求把增进人民福祉、促进人的全面发展、朝着共同富裕方向稳步前进作为经济社会发展的出发点和落脚点。⑤外交部表示，"'以人民为中心'是新时代领事外交工作的基本出发点，领事保护事关人民群众切身利益，事关千万家庭的福祉安康，国人脚步走到哪里，领事保护就跟到哪里。"⑥

---

① 《充分发挥中国特色社会主义制度和治理体系优势，进一步做好新时代领事保护与协助工作》，http://www.qizhiwang.org.cn/n1/2019/1213/c422375-31505360.html。

② 《中共中央关于坚持和完善中国特色社会主义制度，推进国家治理体系和治理能力现代化若干重大问题的决定》，载《人民日报》，2019年11月6日，第1版。

③ 《完善和发展中国特色社会主义制度，推进国家治理体系和治理能力现代化》，载《人民日报》，2014年2月18日，第1版。

④ 同①。

⑤ 《深刻领会坚持以人民为中心（深入学习贯彻习近平新时代中国特色社会主义思想）》，载《人民日报》，2019年10月30日，第9版。

⑥ 《中国外交部副部长罗照辉：国人脚步走到哪里，领事保护就跟到哪里》，http://www.chinanews.com/gn/2019/08-09/8922219.shtml。

其四，该项工作是落实总体国家安全观的内在要求。2014 年 4 月 15 日，习近平总书记主持召开中央国家安全委员会第一次会议时表示，要准确把握国家安全形势变化新特点新趋势，坚持总体国家安全观，走出一条中国特色国家安全道路。他还强调，贯彻落实总体国家安全观，必须坚持以民为本、以人为本，坚持国家安全一切为了人民、一切依靠人民，真正夯实国家安全的群众基础。①海外中国公民的安全是国家整体安全利益的有机组成部分。海外中国公民和中资企业安全保护机制创新应从总体国家安全观的高度理解，更加注重系统性、整体性和协同性。

四、对海外中国公民和中资企业安全保护的外交投入不够

在海外中国公民和中资企业安全保护需求增加、保护任务日益艰巨的同时，相关外交投入却未能匹配。中国外交部领事司负责人在接受媒体采访时曾表示，中国每位领事官员每年服务超过 20 万海外公民，是美国的 40 倍。②

一旦发生大规模事件，外交部领事保护中心人手紧张时，领事司会从其他处室临时抽调人员。但即便是在 2011 年从利比亚撤离 35,000 多名公民时，中心工作人员也不超过 30 人，他们 24 小时坚守。当时在场的记者写道："看着眼前的 20 多人，很难想象，需要怎样高效才能完成如此大量的工作？"③ 中国在安全保护方面的人员投入不是在一定程度上影响了保护效果，会出现力不从心的情况。

---

① 《坚持总体国家安全观，走中国特色国家安全道路》，载《人民日报》，2014 年 4 月 16 日，第 1 版。

② 《黄屏：发动"人民战争"，构建"大领事"格局》，http://cen. ce. cn/more/2015 04/30/t20150430_5251636. shtml。

③ 任怀：《海陆空大救援幕后——探访外交部领事保护中心》，载《人民日报》，2011 年 3 月 4 日，第 18 版。

第三节　21世纪海外中国公民和中资企业安全保护机制之参与多元化和协调网络化

进入21世纪以后，越来越多的行为体参与到海外中国公民和中资企业安全保护中来。外交部关于安全保护参与方的提法也充分说明了这一点。从2006年的"三位一体"（中央、地方和驻外使领馆）[①] 到2011年的"四位一体"（中央、地方、驻外使领馆和企业），[②] 到2012年的"五位一体"（中央、地方、驻外使领馆、企业和公民个人），[③] 再到2015年提出"大领事"工作格局。[④]

概括起来，海外中国公民和中资企业安全保护的参与方在不断延伸和扩展。在官方层面，中国驻外领事机构数量增加，除外交部、商务部、教育部、公安部等部门外，军方、警方的参与逐渐常态化；在非官方层面，企业和社会组织的参与也逐渐活跃起来，出现了"政府、企业和社会组织"共同参与的局面。随着海外中国公民和中资企业安全保护工作参与方不断增加，各方之间的统筹协调显得尤为重要。外交部、各级地方外办和中国驻外使领馆在其中发挥了枢纽作用，以它们为中心而建立的各种统筹协调机制将各参与方联结起来，构建了一张从中央到地方、从国内到国外的保护网络。

---

① 中华人民共和国外交部政策研究司编：《中国外交2007年版》，北京：世界知识出版社，2007年版，第48页。

② 中华人民共和国外交部政策规划司编：《中国外交2012年版》，北京：世界知识出版社，2012年版，第52页。

③ 廖先旺、彭敏：《奋发进取，成果丰硕》，载《人民日报》，2012年10月10日，第6版。

④ 2015年4月，时任领事司司长黄屏接受媒体采访，谈到怎样才能为走出去的1亿多人次中国公民提供良好的领事服务时，他表示，领事司正在积极构建"大领事"工作格局，"简单一句话，就是调动一切可以调动的资源和力量，用人民战争的这种办法来打赢海外安全战役"。黄屏强调，"大领事"工作格局的构建需要每一位公民的参与。对地方、企业来说要管好自己的人，把好自己的门。对学校来说，每个学校要像教数理化一样教授学生安全保护常识，社区要时常举办一些安全知识普及讲座，力争让我们每一位到海外的公民，在出发之前都能够有安全风险防范意识。《黄屏：发动"人民战争"，构建"大领事"格局》，http://cen.ce.cn/more/201504/30/t20150430_5251636.shtml。

一、部际联席会议和领事保护中心

（一）"境外中国公民和机构安全保护工作部际联席会议"机制

2004 年 7 月，阿富汗昆都士惨案发生后不久，主管公安和外交工作的两位国务委员主持召开了加强境外机构和人员安全保护工作的会议。2004 年 11 月，由外交部牵头、国务院 26 个有关部门参加的"境外中国公民和机构安全保护工作部际联席会议"机制（简称"部际联席会议"）正式建立。①

该部际联席会议不定期召开。2007 年 8 月，境外中国公民和机构安全保护工作部际联席会议在北京举行，各成员单位、有关省、市政府和中央企业的代表出席会议。② 会议首先对部际联席会议建立两年多来的工作情况进行回顾，并分析了当时境外中国公民和机构安全保护工作面临的新形势、新课题和新挑战，明确了下一阶段加强境外中国公民和机构安全保护工作的主要任务。③ 2011 年 5 月，部际联席会议在福州召开。据介绍，自 2004 年部际联席会议机制建立以来，已基本建立了中央、地方、驻外使领馆和企业"四位一体"的境外安全保护工作联动机制，实施了海外风险定期评估制度，境外中国公民和机构安全保护工作取得突破性进展。④

"境外中国公民和机构安全保护工作部际联席会议"机制在海外中国公民和中资企业安全保护工作应急处置中发挥了重要作用。例如，在 2015 年 4 月 25 日尼泊尔发生的里氏 8.1 级地震中，有四名中国公

---

①　中国领事工作编写组：《中国领事工作》（上册），北京：世界知识出版社，2014 年版，第 333 页。

②　《境外中国公民和机构安全保护工作联席会议召开》，http://www.gov.cn/gzdt/2007-08/31/content_733332.htm。

③　董力：《境外中国公民和机构安全保护工作　部际联席会议全体会议在京举行》，载《人民日报》，2007 年 9 月 1 日，第 3 版。

④　江宝章：《我国已基本建立"四位一体"的境外安保工作联动机制》，载《人民日报》，2011 年 5 月 27 日，第 2 版。

民遇难，众多中国游客和中资企业员工滞留当地。[①] 外交部部长王毅在20小时内通过"联席会议"机制召开有关部门部际协调会，有关各方全力开展救助工作。在短短一周时间内协调民航加强运力，调派52架次飞机安全接回滞留加德满都机场的5686名中国公民，及时对滞留当地的中资企业员工、登山队员、游客及边民提供协助。[②]

在部际联席会议机制框架下建立专项协调机制。如2012年，为统筹处理周边涉外渔业事件，建立"涉外渔业纠纷处置责任机制"；为解决境外中国公民和企业不文明、不守法行为的突出问题，建立"境外中国公民和企业文明守法教育部际协调会机制"。2013年，针对在非洲的中国个体从业人员违规经营导致自身权益受损日趋严重的问题，建立中国在非洲个体从业人员问题部际协调会机制，同时针对中国公民在非洲非法采金问题，建立"中国公民在非洲非法采金问题部际协调会机制"。

（二）领事保护中心

2005年11月，外交部决定将领事司亚非领事处和欧美大领事处的领事保护工作剥离出来，增设领事保护处。2006年5月，领事保护处正式成立。2007年8月，领事保护处升格为领事保护中心。其主要职责是：会同有关单位，指导中国驻外使领馆、地方外办和企业处理在国外发生的涉及中国公民和机构的安全保护案件；协调有关部门开展海外公民救助工作；研究制定安全保护政策和法律法规；制定安全保护应急处置、预警机制和预案；向公众宣传正确、必要的安全保护观念和方法；跟踪了解各国安全形势，通过网络等多种方式和渠道向社会公众提供国外旅行提醒等。

---

① 《外交部：已有4名在尼中国公民在地震中遇难》，https://world.huanqiu.com/article/9CaKrnJKnYq。
② 邱凌：《认识境外中国公民和机构安全保护工作部际联席会议机制》，载《中国应急管理》，2015年第11期，第88页。

二、地方政府在海外中国公民和中资企业安全保护协调机制中的作用

地方政府是海外中国公民和中资企业安全保护工作的重要参与方。各地方政府纷纷设立专门机构，将协助中央政府处理涉及本地区企业和居民的海外安全保护事务列入职责范围，并按照"属地管理"和"属人管理"相结合的原则，即企业按注册地点、居民按户籍归属来划分协助保护的责任。①

第一，地方政府层面的相关机制建设。迄今，中国地方政府在海外中国公民和中资企业安全保护机制建设方面已取得相当大的进展，总体而言可以概括为以下几个方面：地方政府将协助中央政府处理相关保护事务列入职责范围，并由专门机构负责；因保护工作涉及多方，地方政府建立了不同部门之间的协调机制；为更好地应对突发事件，制订了应急预案；通过和基层及海外侨社合作的方式拓展保护渠道；针对重点关注的境外公民群体建立专门保护机制；部分地方政府的相关保护经费也有所保障。

一是机构设置。目前，所有省级地方政府外办和某些省级以下地方政府外办都将协助中央政府处理涉及本地区企业和居民②的海外安全保护事务列入职责范围，并由专门机构负责。笔者查阅了全部 34 个省级行政区（包括 23 个省、5 个自治区、4 个直辖市和 2 个特别行政区）③中除台湾地区、香港和澳门特别行政区④之外 31 个省级行政区

---

①　夏莉萍：《中国地方政府参与领事保护探析》，载《外交评论》，2017 年第 4 期，第59—84 页。

②　地方政府按照"属地管理"和"属人管理"相结合的原则，即企业按注册地点、居民按户籍归属来划分协助保护的责任。

③　《中华人民共和国行政区划》，http://www.gov.cn/guoqing/2005-09/13/content_5043917.htm。

④　香港和澳门特别行政区负责海外香港居民和澳门居民领事保护事务的机构分别是香港特区政府入境事务管理处协助在外香港居民小组和澳门特区政府旅游危机处理办公室。因这两地情况和内地有很大不同，台湾地区的情况更为特殊，因此，本文中的地方政府不包括港澳台。

的外事办公室机构设置情况，在表 10 中列出了其中负责协助处理海外安全保护事务的机构名称。有些省份外办的一个处室有两个名称，如山东省外办涉外管理处，又称领事保护处，实际上只有一个处室的人员编制，即所谓的"两块牌子、一套人马"。① 此外，一些省级以下城市外办也设立了相应机构，如温州市外办领事管理处（挂温州市领事保护协调中心牌子，具体职责见图 2）、成都市外办领事涉外处、深圳市外办涉外管理处、宁波市外办涉外管理处和佛山市外事侨务局涉外工作科等。② 由此可见，海外中国公民和中资企业安全保护事务已成为地方政府外事工作不可或缺的组成部分。

表 10 全国省级地方政府负责海外中国公民和中资企业安全

保护事务的机构设置情况③

省、自治区、直辖市、特别行政区	机构名称
北京、辽宁	领事保护处
广东、天津、上海、福建	涉外安全处
青海、重庆、河北、山西、江西、宁夏、湖南、山东、吉林	涉外管理处（山东又称领事保护处、吉林又称领事一处）
黑龙江、江苏、浙江、湖北、贵州、云南、陕西、广西、新疆	领事处（贵州又称涉外安全事务处）

———————————

① 2016 年 12 月 10 日笔者对山东省外办官员的电话访谈。

② 分别见《内设机构》，http://fao. wenzhou. gov. cn/art/2020/8/21/art_1229232897_44178. html；《机构设置》，http://cdfao. chengdu. gov. cn/cdwqb/c107701/2018－10/11/content_0bba21b7db6a4f63b99117978f95fff7. shtml；《涉外安全处（领事处）》，http://fao. sz. gov. cn/xxgk/jgzn/jgld/；《内设机构》，http://fao. ningbo. gov. cn/art/2020/7/1/art_1229260607_54693. html；《市委外办（市外事局）内设科室和直属机构》，http://foshan. gov. cn/fswsj/gkmlpt/content/4/4438/post_4438268. html#1607。

③ 资料来自各地方政府外办机构设置部分。甘肃省外办出国（境）管理处的相关职责说明写有"配合有关部门处理出国（境）人员违反外事法规的重大案件"，并未明确包括领事保护的内容。见甘肃省外办网站，http://www. gsfao. gov. cn/jgou/zhize/2014/19/KI57. html。2017 年 2 月 3 日，笔者通过甘肃省外办官员的电话访谈了解到，协助中央政府处理涉及甘肃省居民领事保护的工作由出国（境）管理处负责。

续表

省、自治区、直辖市、特别行政区	机构名称
河南	涉外管理与新闻处
内蒙古	礼宾处（涉澳处）
甘肃	出国（境）管理处
四川	国际处
海南	涉外安全事务处
安徽	涉外领事处
西藏	领事与出国处

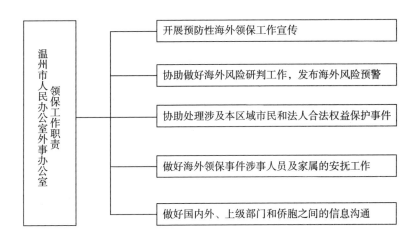

图2　温州市外办领事保护工作职责①

二是联席会议机制。海外中国公民和中资企业安全保护工作涉及方方面面。在中央政府层面，仅靠外交部一个部门无法胜任，需要多部门的协调与配合。地方政府层面也是如此。

① 《市外办面对面给市民送上"基层领事保护知识套餐"》，http://fao.wenzhou.gov. cn/art/2020/8/18/art_1340359_54559523.html。

2004 年 11 月，"境外中国公民和机构安全保护工作部际联席会议"机制建立并召开首次会议。① 各地方政府按照《国务院办公厅关于加强境外中国公民和机构安全保护工作的意见》（国办发〔2004〕74 号）及《国务院办公厅关于印发国家涉外突发事件应急预案的函》（国办函〔2005〕59 号）的要求也陆续建立了相应机制。

2005 年，广东省建立了由 30 个单位组成的"广东省境外人员和机构安全保护工作联席会议制度"，同时制定了"广东省在境外人员和机构安全保护工作预案"。后来为提高效率，缩小了机制覆盖的范围，仅包括教育、公安、安全、民政、交通、商务、国资委、海洋渔业、侨务、新闻办等 15 个部门。参加联席会议的部门代表必须是司局级领导，联络员为处级干部，落实到人。② 同年，陕西省建立由省外（侨）办牵头，省级有关部门组成的"境外陕西省公民和机构安全保护工作机制"。③ 2011 年，四川省建立了"省级部门海外安全保护协调机制"。④ 2012 年，天津市建立"境外天津市公民和企业机构安全保护工作联席会议"机制。⑤ 2013 年，北京市境外人员和机构安全保护工作联席会议机制建立，有 37 个部门参与。⑥ 此外，临时根据境外安全保护事件的性质、级别和应急处置需要，由北京市境外领保联席会议办公室另行确定其他相关部门参与。各成员单位确定一位负责同志（局级）任市联席会议成员，并确定本单位主管或牵头部门一名负责人

---

① 《境外中国公民和机构安全保护工作部际联席会成立》，http://news.xinhuanet.com/newscenter/2004-11/04/content_2177836.htm。

② 2015 年 2 月 28 日笔者对广东省外办官员的访谈。

③ 《陕西省人民政府办公厅关于加强境外我省公民和机构安全保护工作的意见》，http://govinfo.nlc.gov.cn/shanxsfz/xxgk/sxirmzf/201104/t20110412 _ 554194.shtml? classid = 467。

④ 王峥：《四川省完善公民海外安全保护工作的对策分析》，西南财经大学硕士论文，2012 年，第 18—19 页。

⑤ 《境外天津市公民和企业机构安全保护工作会议召开》，http://politics.people.com.cn/n/2012/1220/c70731-19960133.html。

⑥ 《北京率先成立领事保护专门机构》，http://news.xinhuanet.com/local/2013-12/14/c_118557866.htm。

（处级）作为联络员，负责日常工作。①2016年，江苏省成立境外机构和人员领事保护联席会议机制，涉及商务、公安、教育、科技、劳务派遣等部门。②

省级以下尤其是一些对外经济联系密切的地区也成立了相应机制。2005年，深圳市建立"市境外人员和机构安全保护工作联席会议机制"，包括外办、公安局、文体旅游局等31家单位。③2008年和2011年，宁波市和大连市也建立了此类联席会议机制。④温州市外办根据涉外工作需要，不定期召开涉外管理联席会议，召集市公安、出入境、商务等涉外部门共同参加，会议主要职能是协调解决本市涉外管理事项和海外领保存在的问题，各涉外成员单位就温籍公民利益保护和驻外机构服务联合提出前瞻性建议和意见，充分发挥涉外管理联席会议机制的优势和作用，形成统一部署，相互协作，畅通信息，统筹协调，在处置重大涉外突发事件中提供有力的组织保障。⑤

有的地方政府还就境外企业安全保护建立了专门的联席会议机制。如2013年，贵州省建立了由省商务厅牵头，包括国资委、财政厅、外事办、发改委、出入境检验检疫局、外汇管理局等16家省直单位组成的"走出去"工作部门协调机制，并建立了"境外风险安全工作联席会议制度"。⑥2015年，山东省政府办公厅发布《建立"走出去"企业境外风险防范工作机制的意见》，规定建立"走出去"企业境外风险

---

① 2015年7月笔者对北京市外办官员的访谈。

② 2017年2月20日笔者对江苏省外办官员的访谈。

③ 2016年12月9日笔者对深圳市外办官员的访谈。

④ 《宁波加强预防性海外领事保护工作》，http://news.cnnb.com.cn/system/2012/12/14/007562884.shtml；《大连建立境外公民和机构安全保护工作联席会议机制》，http://news.sina.com.cn/c/2011-12-21/131123669720.shtml。

⑤ 《关于市政协十一届四次会议第359号提案的答复函》，http://fao.wenzhou.gov.cn/art/2020/7/20/art_1229208631_3741676.html。

⑥ 孙登峰：《贵州省强化措施保万全》，载《国际商报》，2013年3月28日，第B02版。

防范联席会议制度。①同年，海南省外办与省重点涉外交通企业和对外投资企业举行了"海南省境外领事保护政企应急协作机制"签约仪式。该合作机制由海南省外事侨务办公室牵头，机制成员每年定期召开会议，就机制建设的年度计划、重大事项、境外风险评估等进行交流会商。②

三是应急预案。机构设置和部门间协调机制还不足以应对海外中国公民和中资企业安全保护工作中的紧急情况，为了有效应对突发事件，地方政府还制订了"涉外突发事件应急预案"，其中包含了与海外中国公民和中资企业安全突发事件处置有关的内容，如应急处置的职责划分原则和下属各级政府部门的具体职责。2005年，陕西省政府办公厅发文要求各级政府、各有关部门建立相应的应急机制，应对境外涉及陕西省公民和机构的突发事件，完善应急处置预案。当发生重大境外安全事件时，"有派出单位的应依照'谁派出、谁负责'的原则，由派出单位负责处理善后等有关事宜；无派出单位的应依据'属人管辖'原则，由当事人户籍所在地政府负责处理善后等有关事宜"③。

此外，《广东省涉外突发事件应急预案》对广东省各级地方政府在处理境外发生的涉及本省企业或居民突发事件方面的主要职责进行了规定。例如，视情况协调派遣慰问组、工作组及医疗队赶赴事发国家、地区；协调有关单位、有关地级以上市、省直管县（市、区）人民政府协助当事人家属赶赴事发国、地区处理善后事宜；做好接送伤亡及其他人员的交通运输准备工作；协调有关单位安排并落实有关人员回国后的接收、安置、抚恤等后续工作。④

---

① 《山东省人民政府办公厅建立"走出去"企业境外风险防范工作机制的意见》，http://www.shandong.gov.cn/art/2015/5/15/art_285_7055.html。

② 《海南建立境外领事保护政企应急协作机制》，载《光明日报》，2015年7月23日，第8版。

③ 《陕西省人民政府办公厅关于加强境外我省公民和机构安全保护工作的意见》，http://govinfo.nlc.gov.cn/shanxsfz/xxgk/sxirmzf/201104/t20110412_554194.shtml?classid=467。

④ 《广东省涉外突发事件应急预案》（2014年4月29日修订），http://www.gdemo.gov.cn/yasz/yjya/zxya/shaqlya/201405/t20140523_198520.htm。

北京市政府制订了专门的应急预案。该预案不仅包括紧急事件处置的相关内容，还涉及预防机制建设。其中规定，在北京市委外事工作领导小组和市突发事件应急委员会的统一领导下，按照"谁主管、谁负责"，"谁派出、谁负责"和"属地管理""属人管理"的原则，因公出境人员发生的境外领事保护事件由当事人派出单位及其上级主管单位根据相关预案和要求进行应急处置工作，因私出境人员发生的境外领事保护事件由当事人户籍所在地的区县政府牵头进行应急处置工作。境外设有常驻机构、累计派出人员达到一定数量的派出单位，要制定境外领事保护专项应急预案并报主管单位和市外办备案。根据市委、市政府及外交部指示或工作需要，北京市境外领保联席会议不定期召开全体或部分成员单位会议，通报情况，研究对策，协调处理相关事项；就有关重大事项及时向市委、市政府和外交部请示汇报，各成员单位遇到涉及境外人员和机构安全保护工作的重点、难点问题，如需提请联席会议解决则需向联席会议办公室及时进行通报。根据需要，各成员单位加强调研，了解情况，分析问题，提出建议，为上级主管部门决策服务，各成员单位可根据各自职责和任务自行组织调研，并将调研报告抄送联席会议办公室。联席会议成员单位之间加强日常相关信息交流，有关信息要及时提交联席会议办公室。

四是基层和海外安全保护网络。地方政府通过在街道、乡村、企业、海外侨民聚居地设立基层安全保护联络处和联络员、委托本地区企业在海外建立商务代表处等方式，拓展保护渠道。

在建立基层（社区、村落）安全保护联络处和联络员机制方面，浙江省温州市和安徽省的实践比较突出。温州是全国著名侨乡，有70余万侨胞旅居海外，分布在131个国家和地区。自2013年8月起，温州市外侨办在全国率先依托乡镇、街道及基层侨联机构，陆续在市重点侨乡、部分涉外渔业区域，设立海外领事保护联络处。① 经过七年试

---

① 《30个领事保护联络处授牌》，载《温州日报》，2014年8月24日，第1版。

点推广，逐步搭建成市、县（市、区）、乡镇（街道）、村居（社区）、外向型规模企业或国际化程度较高学校、海外侨团或企业园区六个层面的基层领保机构。截至 2020 年 7 月，该市不仅成立了全国首个地市级"领事保护协调中心"，还在乡镇（街道）设立了 180 个海外领事保护联络处，覆盖面达 97.8%。基层领事保护联络处在承担风险研判、预警预报、内外沟通、领保知识宣传及涉事人员的思想安抚等方面发挥着积极作用。①

此外，截至 2020 年 11 月，温州市在 25 个国家和地区建立 50 多个境外领事保护服务站。境外领事保护服务站能向温州市民、企业与华侨提供领事保护相关信息，第一时间提供力所能及的帮助。② 例如，随着在南美洲定居和工作的温州人越来越多，急需提供更加及时和有效的领事保护服务。巴西温州同乡联谊会和秘鲁温州工商总会在巴西、秘鲁分别是最有影响力的温州籍侨团。鹿城区决定在这两个侨团设立海外领事保护服务站。2019 年 9 月，鹿城区政协代表团出访期间，对鹿城籍侨胞在当地设立的企业开展领保宣传和安全巡查，提升他们安全防范意识和领保突发事件应急处置能力。③

温州市还建立了基层海上领事联络处。该市下辖的鹿西乡是重点渔业乡镇，渔业是主导产业，随着渔轮生产地域不断扩大，全球范围内渔业资源衰退趋势加剧和国际化程度不断提高，渔业发展面临的国际和周边环境更趋复杂。为维护渔区稳定，保护渔民利益，鹿西乡于 2013 年 10 月成立了全国首个基层海上领事联络处，通过北斗系统进行管控，结合党员带头负责的海上渔事网格联络制度，积极探索基层

---

① 《关于市政协十一届四次会议第 359 号提案的答复函》，http://fao. wenzhou. gov. cn/art/2020/7/20/art_1229208631_3741676. html。

② 《市外办心系境外中国公民　捐赠 3060 盒中成药连花清瘟助抗疫》，http://fao. wenzhou. gov. cn/art/2020/11/26/art_1340418_58918941. html。

③ 《鹿城在巴西和秘鲁分别设立海外领事保护服务站》，http://fao. wenzhou. gov. cn/art/2019/9/4/art_1340418_37707338. html。

的海上领事保护工作。①

以上基层领事保护联络机构在安全保护事件处置中发挥了重要作用，具体可参见图3。

2015年12月，外交部领事司、安徽省人民政府外事办、省公安厅、省国家安全厅、省商务厅和黄山市政府共同主办了"安徽省海外

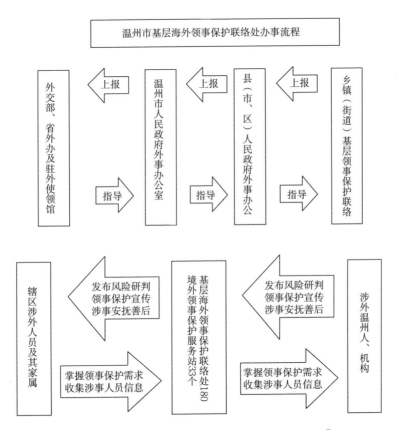

图3　温州市基层海外领事保护联络处办事流程②

---

① 《温州外侨办副主任赴洞头开展海上领事保护调研》，http://fao. wenzhou. gov. cn/art/2018/1/19/art_1340418_15274236. html。

② 《市外办面对面给市民送上"基层领事保护知识套餐"》，http://fao. wenzhou. gov. cn/art/2020/8/18/art_1340359_ 54559523. html。

领事保护进基层系列主题活动"启动仪式,为首批海外安全保护基层联络组织授牌。首批共有三家,分别是歙县海外领事保护联络处、歙县棠樾村海外领事保护联络点、合肥长临河镇海外领事保护联络点。① 2016 年 8 月,安徽省人大代表团访问柬埔寨安徽商会,看望安徽侨胞,并为该会设立"安徽海外侨胞联络站"授牌。②同年 10 月,外交部领事司、安徽省外办、省公安厅、省安全厅、省商务厅、省国资委、芜湖市人民政府共同举办了安徽省"海外领事保护进企业"活动启动仪式。海螺集团、安徽建工集团、安徽外经建设集团等八家企业被授予"海外领事保护基层联络处"标牌。③ 2020 年 11 月,安徽省外办举行了海外领事保护进基层系列主题活动之"海外领保进开发区"宣传活动,现场共授予合肥经开区管委会等八家开发区为"海外领事保护基层联络处"。④

云南省是边境省份,其企业大多在东盟各国开展业务。云南省商务厅、财政厅和外办一起,依托国外运营的云南省企业在东盟各国设立商务代表处,代表处在驻外使馆经参处的指导下开展工作,包括协助驻外使领馆和云南省政府处理涉及云南省居民和企业的保护事务。⑤

五是重点海外公民群体保护机制。地方政府关注的是海外本地区居民和企业的安全。比如,对于沿海渔业地区和留学生输出众多的省市,渔民和留学生分别成为这些地方政府保护工作的重点关注对象,为此,地方政府通过政企合作或政府与海外社团合作的方式建立起专门的保护机制。

---

① 汪鼎、凌利兵:《安徽省海外领事保护进基层系列活动在歙举行》,载《黄山日报》,2015 年 12 月 5 日,第 1 版。

② 《2016 年下半年安徽外事侨务港澳工作大事记》,http://www. ahfao. gov. cn/WSB Newsxl. aspx? Id = 16464。

③ 《安徽省"海外领事保护进企业"活动启动仪式在海螺集团举行》,http://ah. people. com. cn/n2/2016/1102/c227767−29243612. html。

④ 《海外领事保护进开发区宣传活动在合肥举办》,http://ahfao. ah. gov. cn/public/21741/120268701. html。

⑤ 2017 年 5 月 24 日笔者对云南省外办和云南省商务厅官员的访谈。

远洋渔业是宁波市战略支柱产业之一。[①]针对远洋渔业安全事件不断发生的情况，2014年，宁波市政府制订了《市远洋渔业捕捞企业预防性海外领事保护示范创建工作方案》，成立了专门领导小组，由市海洋与渔业局局长和市外办主任任组长，并确定了首家示范企业。方案规定企业建立由法人、各部门负责人及船长参加的海外安全风险防范工作领导小组；企业总部成立应急指挥中心，企业法人亲自挂帅，分管负责人具体执行，并明确统筹协调部门，及时有效处置涉外突发安全事件。将涉外风险防范责任纳入企业安全责任考核体系。建立健全安全分析会议制度，定期分析涉外安全风险，制定落实防控措施；海外项目部每月至少召开一次分析例会。有效应对涉外安全风险，制订完善涉外渔船突发事件应急处置预案。完善海外安全培训制度和海外风险评估和应急处置制度。[②]2016年11月，宁波市海洋与渔业局会同市外办先后对宁波三家远洋渔业企业的预防性涉外领事保护示范创建工作进行了验收，认为他们达到了创建标准。[③]

对于广东省佛山市南海区政府来说，海外留学生，尤其是低龄留学生的安全保护是其工作重心之一。为此，2012年，在世界南海联谊总会支持下，南海区外事侨务局依托海外侨团创立了"南海海外留学生联盟"。[④]该联盟为半官方、非营利的留学生组织，为留学生群体提供侨情信息，宣传领事保护知识。联盟在加拿大、美国、英国、法国、新加坡、澳大利亚、中国香港、澳门和佛山市南海区等地成立了九个工作站，南海区政府每年拨给每个工作站一定金额的活动费。每个工作站都由侨领担任总干事（义工），负责组织留学生定期聚会，让学生

①　《宁波市人民政府关于加快远洋渔业发展的实施意见（甬政发〔2016〕27号）》，http://gtog. ningbo. gov. cn/art/2016/3/21/art_530_314190. html。

②　2015年8月笔者对宁波市外办官员的电话访谈。另可参见余建文：《宁波：预防性海外领事保护"护航"远洋渔业》，http://zj. people. com. cn/n2/2016/0421/c186930 - 28193 119. htm。

③　《浙江宁波市远洋渔业预防性海外领事保护示范创建工作通过验收》，http:// www. shuichan. cc/news_view-303764. html。

④　2015年2月26日笔者对广东省佛山市外事侨务局官员的访谈。

们之间加强相互了解，帮助新生尽快适应当地生活，提供咨询并切实帮他们解决一些问题。联盟还建有专门网站和微信平台，不定期地发布当地安全信息。南海区外事侨务局每年请总干事们回国交流汇报，并审查开支情况，评估工作效果。① 至 2017 年，联盟工作站数量达到十个，注册会员达 1600 人。② 2020 年，新冠肺炎疫情大流行期间，新加坡的联盟总干事自己驾车给在新加坡的南海区籍留学生送口罩。③

六是海外中国公民和中资企业安全保护工作经费保障。资金是各项工作得以开展的基本保证。一些省份明确规定了保护经费的来源，如四川省海外安全保护工作专项经费自 2012 年财政年度起列入四川省财政常年预算；④《广东省涉外突发事件应急预案》规定，各级财政部门按照财政分级负担的原则，为涉外突发事件（含境外发生的涉及广东省居民和机构的安全事件）应对工作提供资金保障。⑤

第二，地方政府协助或牵头处理海外中国公民和中资企业安全保护紧急事件。笔者对地方政府参与海外中国公民和中资企业安全保护紧急事件处理的情况进行了分类，从中可以看出，地方外办在处置应急事件方面不仅仅扮演协助中央政府有关部门的角色，而是能够发挥更为积极主动甚至是不可替代的关键作用。

一是协助保护案件当事人及其家属处理国内有关事宜。海外中国公民和中资企业安全保护的具体事务常常涉及国内国外两方面，地方政府协助外交部和驻外使领馆处理相关国内事务。比如，在 2011 年利比亚大撤离中，各地商务部门启动应急机制，帮助核实本省企业派驻

① 2015 年 2 月 27 日笔者对广东省佛山市南海区外事侨务局官员的访谈。

② 中共佛山市南海区委统战部、佛山市南海区归国华侨联合会：《十年不忘初心 一路相伴有你——南海区倾力构筑服务留学生平台》，载《南海乡音》，2020 年第 6 期，第 24 页。

③ 同②，第 19 页。

④ 王峥：《四川省完善公民海外安全保护工作的对策分析》，西南财经大学硕士论文，2012 年，第 18—19 页。

⑤ 《广东省涉外突发事件应急预案》（2014 年 4 月 29 日修订），http://yjgl.sz.gov.cn/zwgk/xxgkml/qt/yiya/content/post_3653885.html。

利比亚的人员、企业数量、项目所在地和安全情况，并和其他部门一起协调安排已撤离回国的人员。①2013 年年底，意大利普拉托温州籍服装加工厂发生火灾，造成人员伤亡。事件发生后，温州市基层领事保护联络处承担了很多具体工作，如确认死亡人员信息，慰问受害人家属，协助办理善后事宜等。②在 2015 年 8 月泰国曼谷爆炸案中，有来自广东省的居民受伤，需向其在国内的公司和学校请假，中国驻泰国使馆立即联系广东省外办办理。③有一位上海市民在此次爆炸事件中遇难，上海市外办就遗体处理和相关赔偿事宜在遇难者家属和中国驻泰国使馆之间协调达半年之久。④ 在 2017 年的赞比亚 31 名中国公民（其中 1 人为浙江乐清籍）被关押事件和浙江省温州市城东街道云岭村村民在越南交通肇事案中，温州市基层领事保护联络处配合外侨部门妥善解决领事保护事件，起到了紧急情况快速掌握、快速援助的作用。⑤

二是参与工作组赴境外或派驻国外的代表处进行应急处置。在境外发生涉及本地区居民或企业的安全事件后，地方政府奉命派员参加联合工作组或者直接派员赴事发地点进行应急处置。例如，在 2013 年 5 月至 6 月发生的加纳政府打击非法采金人员的行动中，因在加纳采金的中国公民绝大部分来自广西上林县，该县向贤镇派出所所长参加了中国驻加纳使馆第一时间派到采金矿区的工作组。⑥2016 年 1 月至 3 月，在老挝连续发生了两起中国同胞遭枪击事件。外交部派出了由领事司副司长兼领保中心主任率领的工作组前去老挝，因老挝临近云南，

---

① 夏莉萍：《从利比亚事件透析中国领事保护机制建设》，载《西亚非洲》，2011 年第 9 期。

② 《温州瓯海两街道海外领事保护联络处揭牌》，http://www.chinanews.com/qxcz/2013/12-12/5609476.shtml。

③ 时云：《为民服务，永无止境——亲历"8·17"曼谷爆炸案》，载《祖国在你身后——中国领事保护案件实录》，南京：江苏人民出版社，2016 年版，第 113—114 页。

④ 2015 年 7 月笔者对上海市外办官员的访谈。

⑤ 《乐清打造基层海外领事保护立体网　维护侨胞权益》，http://fao.wenzhou.gov.cn/art/2017/9/12/art_1340418_10692745.html。

⑥ 《外交官在行动——我亲历的中国公民海外救助》，南京：江苏人民出版社，2015 年版，第 75 页。

工作组中包括云南省外办领事处处长和交通厅负责人。重伤员被送回国内治疗，入境和送医工作由云南省外办负责协调。① 2018 年 3 月，马来西亚附近海域发生挖沙船倾覆事故，包括中国籍船员在内的 18 名船员下落不明。在使馆得知消息后三小时后，使馆领事部工作人员接到中国交通运输部国际合作司电话，交通部已指示广州救捞局紧急派出一支由七名潜水员组成的救援队赶赴马来西亚救人。使馆工作人员表示，印象中这是中国政府第一次为救助海外中国公民直接派出的专业潜水救援队。②

地方政府派驻国外的代表协助海外中国公民和中资企业安全保护应急处置。例如，2017 年 1 月，黑龙江省同江市驻俄罗斯联邦犹太自治州首府比罗比詹市代表协助中国驻哈巴罗夫斯克总领馆处理一起涉及中国公民的车祸。③

三是协助海外撤离行动。地方政府利用地缘临近优势，协助中央政府有关部门实施海外撤离行动。例如，2000 年所罗门撤离，广东省外办负责派船只去所罗门帮助当地中国公民撤离到巴布亚新几内亚。2006 年所罗门、东帝汶、汤加撤侨时，外交部工作组均从广州出发，由广州市外办安排飞机，购买后勤物资，安置从东帝汶撤回的侨胞。④ 2010 年 3 月，吉尔吉斯斯坦发生骚乱。6 月 10 日，暴力冲突发展到奥什后，中国领导人迅速作出决定将中国公民从南吉尔吉斯斯坦撤离。⑤ 6 月 13 日，由中国外交部牵头的两个工作组被派往吉尔吉斯

---

① 王鹏：《卡西县的枪声——老挝"3·23"枪击案处置纪实》，载《祖国在你身后——中国领事保护案件实录》，南京：江苏人民出版社，2016 年版，第 126 页。

② 荣强：《又听到敲击声了——马来西亚麻坡帆船事件搜救工作纪实》，载《一枝一叶总关情——中国外交官领事保护与协助手记》，南京：江苏人民出版社，2019 年版，第 24 页。

③ 李菁：《领保工作的那些事——驻哈巴罗夫斯克总领事馆领保工作纪实》，载《一枝一叶总关情——中国外交官领事保护与协助手记》，南京：江苏人民出版社，2019 年版，第 227 页。

④ 2015 年 2 月 28 日笔者对广东省外办官员的访谈。

⑤ 奥利弗·布罗伊纳、赵晨：《保护在吉尔吉斯斯坦的中国公民——2010 年撤离行动》，载《国际政治研究》，2013 年第 2 期，第 31 页。

斯坦和新疆乌鲁木齐，为撤侨提供现场协助。[①] 2014 年 5 月，越南发生大规模暴力活动，包括中国在内的多国企业遭不法分子打砸抢烧，四名中国公民被害，300 多人受伤。中国政府组织包机和轮船接回在越中方人员。根据交通运输部要求，海南省先后派出四艘客轮赴越。3500 多名在越施工的中企人员乘坐客轮抵达海南省海口市后，由海南省政府安排人员疏散撤离海南，回到各自家乡。[②] 2019 年 8 月 19 日，一辆中国旅行团乘坐的大巴在老挝琅勃拉邦省发生倾覆，造成中方 13 人死亡、31 人受伤。在善后处理过程中，云南、江苏地方政府及海关、边检、卫生防疫等部门通力合作，共同接力运送伤员。

与上文相比，以下三个方面的情况则体现出地方政府在安全保护中所扮演的更为主动也更为重要的角色。

一是地方政府成为公民在境外遇险后其国内家属或朋友的第一求助对象。尽管公民可以通过多种渠道获知中国驻外使领馆的领事保护值班电话，[③]而且 2014 年 9 月，外交部全球领事保护与服务应急呼叫中心"12308"热线正式开通，但是当他们在境外遇险后，其在国内的家人和朋友的第一求助对象却是家乡的"父母官"。例如，2013 年，江苏无锡市某企业外派工程师在利比亚被扣，其家属向无锡市外办求助，外办立即与中国驻利使领馆联系，使馆欲派人与绑架者谈判，但遭拒绝。后来无锡市外办官员建议当事人家属去浙江义乌寻找是否有来自利比亚的商人愿意帮忙，家属果然找到了一位利比亚商人。该商人很热心，专门回国处理，帮助家属与绑架者牵线搭桥，进行谈判，

---

① 《5 日 5 夜——中国政府吉尔吉斯斯坦撤侨行动纪实》，http://www.gov.cn/jrzg/2010-06/17/content_1628954.htm。

② 王胜：《惊心动魄的 35 小时——亲历撤回在越施工中企员工始末》，载《祖国在你身后——中国领事保护案件实录》，南京：江苏人民出版社，2016 年版，第 27 页。

③ 在外交部领事服务网上可以查到中国所有驻外使领馆的领事保护值班电话，网址为 http://cs.mfa.gov.cn/zggmzhw/lsbh/yjdh/。自 2011 年 9 月 25 日起，中国外交部领事保护中心与中国联通、移动、电信合作新建海外安全风险预警平台，通过手机短信向赴 181 个国家和地区的中国公民发送海外安全风险国别提醒。参见《外交部领事司四大公众服务平台之一——安全提醒短信》，http://sydney.chineseconsulate.org/chn/lsbhyxz/t1234178.htm。

最终促成被绑架者获释。① 2015 年年初，济南市某居民随团前往泰国芭堤雅旅游。因夜晚在酒店游泳池跳水，未注意泳池水位过浅，导致脊椎严重受伤。事故发生后，该游客家属拨打济南市市民服务热线"12345"求助。济南市外办迅速帮助家属办好出国证件，考虑到芭堤雅当地医疗水平有限，市外办又与中国驻泰国领馆取得联系，请领馆协助转院治疗。②同年 4 月，尼泊尔发生里氏 8.1 级大地震。北京市外办领事保护处接到北京市某高校教师的求助电话，称有八名学生在尼失去联系。领保处立即联系外交部领事司和中国驻尼使馆，最终找到了这八名学生。③

二是牵头组织工作组赴国外进行应急处置。在国外发生涉及本地区居民或企业安全的紧急事件后，地方政府牵头组成工作组赴事发地点进行处置。例如，2012 年 3 月，刚果（布）首都布拉柴维尔一弹药库发生爆炸，造成六名中国员工不幸遇难，数十人受伤。④ 因北京市建工集团是北京市所属企业，由北京市政牵头、外交部等部门参加的联合工作组立即赴刚果（布）开展工作。⑤ 2013 年 6 月，在越南发生一起涉及中国工人的劳务纠纷。一家没有工程承包资质的云南省企业在越南北部从事水电开发项目并从国内招募了 200 多名工人，后来由于资金链断裂，企业无法支付工人工资，工人扬言要炸工地、炸隧道。在此情况下，云南省商务厅牵头成立了工作组（中国驻越南使馆派员参加）三次赴越到工地了解情况，劝说工人，最后在中国驻越南使馆的协助下，安排工人回国。⑥

---

① 2015 年 12 月 9 日笔者对无锡市外办官员的访谈。

② 2016 年 10 月 26 日笔者对山东省济南市外办官员的访谈。

③ 刘嘉：《地方外事干部札记——尼泊尔"4·25"大地震救援侧记》，载《祖国在你身后——中国领事保护案件实录》，南京：江苏人民出版社，2016 年版，第 79—85 页。

④ 《刚果（布）弹药库爆炸致 200 余死上千人伤》，https://world.huanqiu.com/article/9CaKrnJusBB。

⑤ 《在刚果（布）爆炸事件中受伤的中国工人返抵北京》，http://news.xinhuanet.com/mil/2012-03/11/c_122818603.htm。

⑥ 2017 年 5 月 24 日笔者对云南省商务厅官员的访谈。

三是在解决安全保护难题中发挥不可替代的关键作用。一些边界省份由于地理位置原因，对邻国的情况更熟悉，与邻国联系也更为方便，处理在这些邻国发生的涉及海外中国公民和中资企业安全的保护案件，地方政府往往能发挥不可替代的关键作用。例如，2014 年 8 月，两位中国公民前往缅甸旅游，到达克钦邦某县时，其中一位突然身亡。由于事发地点位于缅甸少数民族地方武装（简称"民地武"）控制之下，且资源缺乏，无法进行尸检，而云南省因靠近缅甸，在长期工作中，地方外办与缅甸地方势力建立了良好的关系。云南省德宏州陇川县政府外办接到有关方面求助后，出面与缅甸"民地武"协商，对方同意将遗体送中国国内检查并垫付两万元尸检费用。尸检排除他杀可能后，由于赔偿问题达不成协议，另一位中国公民被关押在克钦邦监狱达一年半之久。后经云南省外办协调，最终将该中国公民释放。① 2015 年，来自山西省和河南省的 40 余人非法出境，在缅甸非法经商，被缅方查处，这一事件被领保中心转到云南省德宏州外事办处理。②笔者在访谈中也了解到，不少情况下，涉及海外中国公民和中资企业安全保护的难题是由当事人所属的地方政府出资或派员前往事发地，以将当事人带回国的方式解决的。

第三，地方政府开展安全保护宣传和海外安全教育培训。在海外中国公民和中资企业安全保护方面，预防与处置并重，以预防为主。为此，各级地方政府积极开展海外安全保护宣传和海外安全教育培训。

一是通过各种渠道开展海外安全风险和安全保护宣传活动。在宣传活动中，各地方政府一般会邀请外交部领事司领导做专题报告，通过主要报纸、电台等媒体平台宣传海外安全风险和安全保护知识，并制作分发宣传折页，在部分社区和购物休闲场所张贴宣传海报，有的还会播放与领事保护相关的情景剧或微电影。为了提升市民参与活动的积极性，地方外办还会散发礼品，如印有领事保护宣传知识的扇子、

---

① 2016 年 9 月 23 日笔者对云南省德宏州外办官员的访谈。

② 同①。

T恤、笔等小礼物，或邀请著名主持人来主持领事保护知识的互动环节。

在日常工作中，地方外办也重视利用各种渠道宣传，提升公民的海外安全意识。其方式林林总总、丰富多样：利用当地主要报纸刊登有关信息；在出入境办理接待大厅、旅游集散中心、机场、火车站、口岸、公交站点等地摆放文明旅游提示卡、张贴出境文明游宣传海报，通过电子显示屏播放文明旅游宣传片和公益广告，告知获取海外安全风险预警和海外旅行知识的网站及微信公众号平台，提示在遭遇海外安全风险时寻求帮助的全球联系方式等重要信息；联合广电部门，利用移动频道覆盖公交、地铁、商务楼宇，不间断播放宣传片；通过当地电台宣传安全保护；利用微信公众平台发布海外安全信息，如广东省外办的"平安走四方"、深圳市外办的"深圳外事"等；在企业、学校和一些重要公共场所巡回举办图片展，以丰富的案例、数据、图表分析海外安全保护的形式和海外风险的成因，阐述海外安全保护知识要点；利用国际旅游展览摊位进行宣传等等。① 上海市外办还牵头市精神文明办、市旅游局、市教委等多家单位共同参与设计制作了"海外行提示"手机应用（APP）。该手机应用整合了海外领事保护业务、境外安全风险防范知识、境外文明礼仪、银联卡使用须知及全球领事保护热线和领事服务微信公众账号推介等相关内容，比较全面地介绍了出行海外时的注意事项及偶遇突发状况时应对处置的要点。②

举办与海外中国公民和中资企业安全保护有关的竞赛活动。例如，2015年9月，上海市外办、市教委、市精神文明建设委员会办公室、市旅游局共同主办了"做一个可爱的旅行者"暨上海市首届中学生境外安全文明行英语大赛，旨在为全市中学生创建一个普及境外文明行

---

① 以上信息来自2015—2016年笔者对广东省外办、广州市外办、佛山市外办、佛山市南海区外办、深圳市外办、北京市外办、上海市外办、江苏省外办、无锡市外办、济南市外办、云南省外办等地方外办官员的访谈。

② 《"海外行提示"APP精彩上线》，http://www.shfao.gov.cn/wsb/node466/node467/node469/u1ai25760.html。

为、境外历史文化和民俗风情，以及境外安全知识的传播平台。市民可以通过网上投票参与评选。①在 2016 年举行的同类活动中，逾 4000 万人次通过网络投票参与了活动。②2017 年至 2020 年，北京市外办与外交部领事司、首都精神文明办公室、共青团北京市委员会、首都曲艺家协会、北京市文化旅游局等单位合作举办了三届"祖国在你身后"情景剧大赛。参赛选手均为各高校在校大学生。③

地方外办以政府购买服务的形式委托企业或与企业合作，开展宣传活动。2016 年 6 月，北京市外办通过购买服务形式委托北京某企业开展领事保护宣传公益活动，通过互联网和新媒体手段，采用线上线下相结合的方式，以"领事保护进万家"为主题设计制作领事保护宣传片、宣传册等宣传材料，开展一系列领事保护宣传活动，全面普及领事保护知识，提高市民境外安全风险防范意识。④在活动中，市民可通过互联网参与领事保护知识网上答题和领事保护新媒体创意大赛，有机会赢取现金奖励。⑤ 2020 年 8 月，北京市人民政府外事办公室、西城区人民政府、中信银行北京分行共同主办的北京市预防性领事保护新渠道举行启动仪式，宣布在中信银行北京分行全市 74 家网点设置"领事保护宣传专区"。⑥

二是进行海外安全教育培训。地方政府十分重视海外安全教育培训工作。2015 年 7 月，笔者去上海市外办进行调研时，他们表示，上

---

① 《做一个可爱的旅行者——2015 年上海市中学生境外安全文明行英语大赛拉开序幕》，http://www.shfao.gov.cn/wsb/node466/node620/u1ai23578.html。

② 《2016 年上海市中学生海外文明安全行》，http://www.shfao.gov.cn/wsb/node466/node467/node468/u1ai26116.html。

③ 《"祖国在你身后"情景剧大赛决赛成功举办》，http://www.xinhuanet.com/world/2017-12/22/c_129773008.htm；《第二届"祖国在你身后"情景剧大赛拉开序幕》，http://cs.mfa.gov.cn/gyls/lsgz/lqbb/t1555172.shtml。

④ 《海淀区举行领事保护宣传活动进校园、进社区座谈会》，http://wsb.bjhd.gov.cn/dwjw/dw_wsbh/201609/t20160920_1297747.htm。

⑤ 《2016 北京"领事保护进万家"启动，线上线下普及领事保护知识》，http://bj.people.com.cn/n2/2016/0722/c349239-28714436.html。

⑥ 《北京市预防性领事保护新渠道启动》，http://wb.beijing.gov.cn/home/index/wsjx/202008/t20200828_1992771.html。

海市外办领事保护工作重点是开展预防性领事保护工作，建章立制，搞好宣传教育，不培训不派出。海外安全教育培训机制由市外办、文明办、商务委、教委和旅游局等五部门参加。在旅游方面，对旅行社领队进行培训，若是旅行社组团出境后遇到安全问题，有关部门可以查到旅行社是否进行了培训，若未培训，该旅行社就会受到处罚。①云南省商务厅要求企业对即将外派出国工作的人员加强培训，要通过考试后才能外派，培训内容包括目的地国家的法律法规、风俗习惯、当地情况、安全要求及合同条款等。②宁波市外办将加强领事保护等涉外知识的宣传推广列入责任清单。③

海外安全教育培训的形式多种多样。例如，深圳市外办分别组织开展海外安全教育培训，邀请外交部领事司和省外办领导举办讲座。参加培训的除了"联席会议"31家成员单位的工作人员以外，还有经贸、对外投资、旅游、留学等重点领域的相关重点企业、行业协会代表以及各区外办负责人。④北京市外办与市国资委联合举办北京市市属国有企业境外突发事件应对专题培训班。⑤2015年11月，北京市外办组织了首期境外安全应急专题培训暨演练，市政府外办机关、直属单位和区县外办约100人参加了培训。培训专门根据涉外工作的实际需求，设置了境外安全风险识别与应对课程，涉及恐怖袭击、刑事犯罪、监视与反监视、风险规避、日常社会风险防范，以及住所安全、交通安全和个人防护技能等内容，采取理论知识介绍、突发情景模拟、专家总结讲评的形式，全程贯穿实战演练。⑥地方政府还与企业合作，或

---

① 2015年7月笔者对上海市外办涉外安全处官员的访谈。

② 2017年5月24日笔者对云南省商务厅官员的访谈。

③ 《宁波市外办2020年普法责任制清单》，http://fao. ningbo. gov. cn/art/2020/4/15/art_1229149477_49743975. html。

④ 2016年12月9日笔者对深圳市外办官员的访谈。

⑤ 《市政府外办与市国资委联合举办市属国有企业境外突发事件应对专题培训》，http://www. bjyj. gov. cn/zhb/swtfsjyjzhb/gzdt/t1193892. html。

⑥ 《市政府外办组织首期境外安全应急培训暨演练》，http://www. bjyj. gov. cn/yjzt/2015zt/lsbh/gzdt/t1208898. html。

者以政府购买服务的形式开展培训。2015 年，上海市外办委托网络公司搭建安全培训网络平台。①2016 年，北京市外办通过政府购买服务的形式委托培训公司进行相关的培训工作。截至 2020 年年初，北京市外办共推出了近 60 门境外安全教育网络课程，其中包括《欧美国家安全风险分析与应对》等课程。

海外安全教育培训的对象并不限于政府和企业工作人员，还包括学生。例如，深圳市外办组织专家编写海外安全培训教材《鹏程国际礼仪小达人系列丛书》，并已在部分学校试点推广。② 2019 年 6 月，外交部领事保护中心分别为北京市朝阳区实验小学、吉林省长春市东北师范大学附属中学讲授"领事保护公开课"，此为外交部领事保护中心首次将小学生作为预防宣传对象，海外安全教育培训的地域范围首次延伸至首都以外。活动期间，同学们通过海外旅游安全动画片、领事保护知识图片展、《安全须知》相声表演等趣味性宣传方式了解领事保护知识，"'领事之声'微博全程直播，电视台和广播电台也进行了报道"③。

地方外办也开展了类似活动。例如，2020 年 10 月 16 日，浙江省金华市外办、市教育局主办了 2020 "领保进校园"安全宣传活动。主办方邀请了省外办领导给 300 多名学生和家长讲授"领事保护公开课"。此次活动面向中小学生，通过宣传展板、现场讲座、交流互动、发放《中国领事保护和协助指南》宣传手册等多种方式，宣传介绍出境安全注意事项、文明出行常识以及如何使用外交部全球领保应急呼叫中心热线等内容。④

---

① 2015 年 7 月笔者对上海市外办涉外安全处官员的访谈。

② 2016 年 12 月 9 日笔者对深圳市外办官员的访谈。

③ 活动报道分别见《"领保进校园"活动首次登陆小学校园》，http://cs. mfa. gov. cn/gyls/lsgz/lqbb/t1671178. shtml；《"领保进校园"走进东北师范大学附属中学》，http://cs. mfa. gov. cn/gyls/lsgz/lqbb/t1672329. shtml。

④ 《金华举办 2020 "领保进校园"安全宣传活动》，https://www. sohu. com/a/4254 12292_197634。

三、海外中国公民和中资企业安全保护协调机制的横向拓展

（一）增设驻外领事机构

从党的十八大召开至 2020 年年底，中国在国外新增领事机构 23 个（包括 18 个总领事馆和 3 个领事办公室），升格领事机构 2 个（分别从领事馆和领事办公室升为总领事馆）。①新增领事机构占所有中国驻外领事机构总数（除未开馆和暂时闭馆的领事机构外，共 96 个）约 23.9%，这意味着在现有每 5 个中国驻外领事机构中，就有 1 个是党的十八大以后设立的。具体情况见表 11。

表 11　十八大以来中国在外国增设领事机构情况

序号	国名	驻地	协议日期	开馆日期	备注
			总领事馆		
1	澳大利亚	阿德莱德	2015.01	2016.01	
2	玻利维亚	圣克鲁斯	2013.12	2013.12	1992 年设总领事馆；2002 年降为领事馆；2013 年 12 月升格为总领事馆
3	巴西	累西腓	2013.11	2016.02	
4	赤道几内亚	巴塔	2013.05	2014.06	
5	德国	杜塞尔多夫	2014.03	2015.12	
6	印度尼西亚	登巴萨	2013.09	2014.12	

---

① 《中国在外设立领事机构一览表》，载中华人民共和国外交部政策规划司主编：《中国外交 2021 年版》，北京：世界知识出版社，2021 年版，第 314—325 页；《王毅会见柬埔寨副首相兼外交大臣布拉索昆》，https://www.mfa.gov.cn/web/wjbzhd/202106/t20210608_9137479.shtml。

续表

序号	国名	驻地	协议日期	开馆日期	备注
7	伊拉克	埃尔比勒	2014.05	2014.12	
8	吉尔吉斯斯坦	奥什市	2011.09	2013.05	2019 年 8 月暂时闭馆
9	老挝	琅勃拉邦	2012.08	2013.12	
10	马来西亚	哥打基纳巴卢	2014.05	2015.04	
11	马来西亚	槟城	2014.05	2015.12	
12	蒙古	扎门乌德	2012.12	2014.07	
13	荷兰	威廉斯塔德	2013.06	2014.09	
14	巴基斯坦	拉合尔	2014.07	2015.09	
15	菲律宾	达沃	1996.11	2018.10	1996 年 11 月达成设立总领事馆协议，2018 年 10 月开馆
16	俄罗斯	符拉迪沃斯托克	2015.09	2017.04	1993 年达成设领协议；2005 年设立领事办公室，2015 年 9 月升格为总领事馆
17	俄罗斯	喀山	2015.09	2018.08	
18	土耳其	伊兹密尔	2014.01	2015.09	2019 年 2 月暂时闭馆
19	英国	贝尔法斯特	2014.02	2015.06	
20	越南	岘港	2016.06	2017.10	

领事办公室

序号	国名	驻地	所属馆	开馆日期
1	柬埔寨	暹粒	驻柬埔寨使馆	2017
2	泰国	普吉	驻宋卡总领馆	2014
3	菲律宾	西哈努克	驻柬埔寨使馆	2021

（二）中国驻外使领馆建立与所在国相关政府部门之间的沟通协调机制

为提高保护工作效率，做到关键时刻"找得到人、说得上话、办得成事"，中国驻外使领馆与所在国相关政府部门建立了关于海外中国公民和中资企业安全保护的沟通协调机制，甚至推动当地政府部门设置专门保护中国公民的机构。

例如，自 2015 年起，驻刚果（金）使馆与刚外交部建立了有关在刚中国公民和企业安全的联席会议机制。①自 2016 年起，中国驻津巴布韦使馆与津内政部共同搭建警民年度交流机制，目的是架设旅津华侨华人与津相关执法部门的互动交流平台，为旅津华侨华人营造更为有利的生存发展环境。②2016 年，中国驻巴基斯坦拉合尔总领馆与旁遮普省政府安防联络机制成立，双方定期召开工作组会议，就保护该省中资机构和人员安全所遇到的实际问题进行沟通协商。③在总领馆的推动下，旁遮普省内政部专门成立了中国人安全工作办公室，省安全内阁每周召开例会研究部署中国人的安保工作。④2017 年，驻哥斯达黎加使馆与哥公安部合作，建立由使馆、哥公安部、使馆领事保护联络员和志愿者共同组成的"中哥警侨联络体系"。⑤中国驻外警务联络官与当地警方建立了联系机制，及时就海外中国公民权益受侵害事件进行交涉。2016 年 8 月，中国驻阿根廷使馆警务联络组会见阿根廷安全部有

① 中华人民共和国外交部：《驻刚果（金）使馆与刚有关部门举行安全联席会议》，http://www.fmprc.gov.cn/web/zwbd_673032/gzhd_673042/t1308593.shtml；《驻刚果（金）使馆与刚外交部举行安全联席会议》，http://cd.chineseembassy.org/chn/xwdt/t1472123.htm。

② 《中津 2017 年度警民联谊会成功举行》，http://cs.mfa.gov.cn/gyls/lsgz/lqbb/t1467803.shtml。

③ 《驻拉合尔总领事龙定斌同旁遮普省内政部常秘共同主持安防联络机制高级工作组会议》，http://cs.mfa.gov.cn/gyls/lsgz/lqbb/t1477395.shtml。

④ 《驻拉合尔总领馆举行领区中资机构安全工作座谈会》，http://cs.mfa.gov.cn/gyls/lsgz/lqbb/t1481574.shtml。

⑤ 《中国驻哥斯达黎加使馆同哥公安部共同建立"中哥警侨联络体系"并举办治安座谈会》，http://cs.mfa.gov.cn/gyls/lsgz/lqbb/t1481063.shtml。

组织犯罪侦查副国秘，并举行月度联席会议，中国警务联络组通报近期在阿华侨华人被侵害案件，并希望阿安全执法部门进一步采取措施保护旅阿华侨华人的合法权益。①

2021 年 8 月，驻约旦使馆举办 2021 年度领事保护"三方机制"线上座谈会。约旦外交与侨务部领事司司长，卫生部传染病局、内政部安全事务局、劳工部法律事务局、公安总局、预防安全局、居留与边境局和海关等部门参会代表参加。中资企业、教师、留学生和华侨代表反映了在约工作、学习和生活中面临的具体困难和问题。约方表示，重视中国企业和公民代表所提问题和建议，将跟进协调解决。② 受新冠肺炎疫情多重影响，厄瓜多尔社会治安形势趋于复杂，多次发生针对中国公民和中资企业的恶性事件，危及中方人员和中资企业的安全。驻瓜亚基尔总领事主持召开厄瓜多尔埃尔奥罗省涉中国公民治安工作联席会议。埃省警察总长、马查拉市市长、市政府总协调员、国民警察埃省司令、外交部驻马查拉协调员及埃省侨界和中资企业代表等出席。中国总领馆希望埃省相关主管部门积极支持建立涉中国公民治安问题联席工作机制，密切沟通协作，共同完善防范措施和应急处置，及时排除安全隐患，为中国公民安居乐业创造良好条件。厄方参会代表表示，将协调各方加强同总领馆、中资企业和侨团的互动与协作，采取必要措施打击犯罪，为中方人员和企业提供安全保障。与会中资企业和侨界代表针对具体问题表达安全关切。各方就此进行探讨并提出工作建议。③

（三）　建立领事保护志愿者（联络员）制度和领事保护联络中心

中国驻越南使领馆较早试行领事保护联络员制度。2012 年，中国

---

①　《海外华人黑帮还能黑多久？中外警方开始联合打击》，http://www.chinanews.com/hr/2016/09-23/8012232.shtml。

②　《驻约旦使馆举办领事保护"三方机制"线上座谈会》，http://cs.mfa.gov.cn/gyls/lsgz/lqbb/t1901111.shtml。

③　《驻瓜亚基尔总领馆在线召开埃尔奥罗省安全工作联席会议》，http://new.fmprc.gov.cn/web/wjdt_674879/zwbd_674895/t1898240.shtml。

驻胡志明市总领馆依托当地中国商会，建立了"预防性领事保护机制"。该机制包括三个子系统，即领事保护联络员网络、领事保护志愿者团队和领事保护互助基金。领保联络员、志愿者由总领馆从中国商会会员中进行招募和培训。领保联络员的工作主要是向在越中国公民普及中越两国政策法规、领保常识和动态风险预警，收集其所在地风险动态信息，供总领馆连同当月所受理领保案件情况、特点及针对性提示形成《领事保护信息通报》，逐月向领区内全体中国公民发送。领保志愿者的主要职责是为领保对象提供驾驶、翻译、向导、法律咨询等技术性协助。领保互助基金从当地中国企业中募集，由领区中国商会统一管理、运作和使用，旨在向个别领保对象提供紧急救助。[①]

经过一段时间试行，自 2015 年起，外交部正式推出领事保护联络员制度。使馆聘请海外华侨华人和中资企业代表担任领事保护联络员。联络员们密切关注驻在国政治生态、舆情和侨情的动态变化，及时就涉及中国公民安全和利益的事项与中国使领馆沟通，并协助使领馆做好突发事件处置和预防性领事保护工作。驻外使领馆则定期召开领事保护联络员座谈会和培训会，并为作出突出贡献者颁奖。[②]自 2016 年起，外交部将领事保护联络员改称为领事协助志愿者。至 2020 年 1月，志愿者总数已达近千人，在领事保护中发挥着积极作用。[③]

有些驻外使馆还成立了领事保护联络中心。例如，2016 年 7 月，莱索托领事保护联络中心成立。中国驻莱索托大使、旅莱侨团和中资机构代表等出席了成立仪式。根据中国驻莱使馆领事保护工作需要，

---

① 《创新机制 应对挑战［中国领事保护进行时（下）］》，载《人民日报》，2013 年 2 月 6 日，第 23 版。

② 参见中国领事服务网相关报道：《群众利益无小事，领事保护工作永远在路上》，http://cs.mfa.gov.cn/gyls/lsgz/lqbb/t1457889.shtml；《驻曼彻斯特总领馆举行领区领事协助志愿者和学联主席工作座谈会》，http://cs.mfa.gov.cn/gyls/lsgz/lqbb/t1709938.shtml；《驻越南使馆举行领事协助志愿者证书和领事保护指南发放仪式》，http://cs.mfa.gov.cn/gyls/lsgz/lqbb/t1689729.shtml；《2019 年第二期驻外使领馆领事协助志愿者培训班在北京、长春举办》，http://cs.mfa.gov.cn/gyls/lsgz/lqbb/t1692026.shtml。

③ 《领事工作国内媒体吹风会现场实录》，http://cs.fmprc.gov.cn/gyls/lsgz/lqbb/t1733452.shtml。

领事保护联络中心由旅莱侨团在驻莱使馆的指导下建立起协助配合工作机制，旨在协助驻莱使馆更加及时有效地开展领事保护工作。领保联络中心在莱全国各区设有领保联络员。①

中资企业和民间团体受中国驻外使领馆委托成为领事保护服务联络站或领事保护协助机构。例如，2017 年 5 月，中国驻塔吉克斯坦使馆举行了中国企业商会中资企业领事保护服务联络站成立授牌仪式。② 2017 年 7 月，中国驻墨尔本总领事馆举行领事保护协助机构委任仪式，向"澳大利亚紧急互援协会"颁发了《委任书》。该协会是一个致力于为华侨华人提供紧急救援的纯志愿者组织，在成立不到一年的时间里，已处理超过 500 起求助案件，成为在澳侨胞互帮互助的重要平台。接受总领事馆委任后，协会将在诸如被抢被盗、寻找失踪人员、交通事故等各类涉中国公民的意外事件中，应总领馆要求协助开展领保工作，并协助总领馆开展预防性领保宣传；总领馆亦将向紧急互援协会提供领保知识培训。③

（四）建立警民合作中心

2004 年 1 月，在中国驻南非使馆和驻约翰内斯堡总领馆的支持下，南非华人警民合作中心正式成立。④ 截至 2018 年 10 月，南非 9 省相继成立了 13 家华人警民合作中心。⑤ 该中心主要职能是积极发挥华人社区与南非警方等执法部门之间的桥梁作用；促进侨胞与执法人员之间的沟通和合作；配合警方打击针对华人的各类犯罪；协助维护我侨胞

---

① 《莱索托华人警民合作中心和领保联络中心举行成立仪式》，http://cs. mfa. gov. cn/gyls/lsgz/lqbb/t1378858. shtml。

② 《驻塔吉克斯坦大使岳斌出席中资企业领事保护服务联络站授牌仪式》，http://cs. mfa. gov. cn/gyls/lsgz/lqbb/t1464928. shtml。

③ 《驻墨尔本总领馆举行领事保护协助机构委任仪式》，http://cs. mfa. gov. cn/gyls/lqbb/t1481551. shtml。

④ 南非华人警民合作中心网站，http://chinesecpf. com/。

⑤ 《驻南非大使林松添为南非华人警民合作中心"点赞"》，https://www. fmprc. gov. cn/web/zwbd_673032/jghd_673046/t1612446. shtml。

的合法权益和华人社区的安全。^① 比如，警民合作中心举办一年一度的警民联谊会暨表彰大会，对在保护华人华侨生命和财产安全过程中有功的警察给予表彰和奖励;^② 同当地警务部门和社区密切协作，密切配合南非警方和"社区警察论坛"加强治安防控和打击犯罪，构建安全社区网络。^③ 2021 年 7 月，中国驻南非大使分别致电南非华人警民合作中心、夸纳省警民合作中心和新堡市警民合作中心，高度评价各警民合作中心在应对前不久发生的暴乱事件中所做的大量工作和出色表现，赞赏他们在危难时刻挺身而出、奋战一线、昼夜值守，为做好联防联保工作发挥了重要作用，有力保护了在南侨商侨胞的人身和财产安全。^④

（五）设立华助中心

"海外华侨华人互助中心"（简称"华助中心"）是 2014 年 6 月国务院侨办提出的"海外惠侨工程八项计划"的重要组成部分。华助中心的基本功能是"促进文化交流，为侨胞提供关爱帮扶等相关服务包括突发事件的处置等，为其解决实际困难"。^⑤ 2014 年 9 月，首批 18 家华助中心在北京揭牌。^⑥ 至 2017 年年底，原计划设立的 60 个华助中心全部揭牌，基本覆盖全球五大洲。^⑦ 部分华助中心分布见表 12。

---

① 南非华人警民合作中心网站，http://chinesecpf.com/。
② 《南非华人警民合作中心举办 2019 年度警民联谊会》，http://www.chinaqw.com/hqhr/2019/12-09/239180.shtml。
③ 《驻南非大使林松添为南非华人警民合作中心"点赞"》，https://www.fmprc.gov.cn/web/zwbd_673032/jghd_673046/t1612446.shtml。
④ 《陈晓东大使电话慰问南非华人警民合作中心负责人》，http://za.china-embassy.org/chn/dshd/202107/t20210717_9075937.htm。
⑤ 《裘援平："华助中心"将为侨胞解决实际困难》，http://npc.people.com.cn/n/2014/0309/c376899-24579679.html。
⑥ 《华助中心：打造海外为侨服务"升级版"》，载《人民日报（海外版）》，2015 年4 月 17 日，第 12 版。
⑦ 《解难事、做好事、办实事"华助中心"温暖华人心》，载《人民日报（海外版）》，2019 年 7 月 1 日，第 6 版。

表 12　世界各地华助中心分布①

地区	华助中心分布
北美洲（7 个）	1. 美国旧金山华助中心 2. 美国明尼苏达华助中心 3. 美国内布拉斯加华助中心 4. 美国休斯敦华助中心 5. 加拿大多伦多华助中心 6. 加拿大温哥华华助中心 7. 加拿大蒙特尔华助中心
欧洲（8 个）	1. 意大利米兰华助中心 2. 法国巴黎华助中心 3. 西班牙华助中心 4. 爱尔兰华助中心 5. 意大利罗马华助中心 6. 意大利普拉托华助中心 7. 英国伦敦华助中心 8. 瑞典华助中心
中南美洲（8 个）	1. 苏里南华助中心 2. 秘鲁华助中心 3. 巴西圣保罗华助中心 4. 特多华助中心 5. 智利华助中心 6. 巴拿马华助中心 7. 阿根廷华助中心 8. 委内瑞拉华助中心

① 表格内容根据以下资料整理：《各地华助中心》，http://chinaqw. com/hzzx/；《桂从友大使为瑞典斯德哥尔摩"华助中心"揭牌》，http://world. people. com. cn/n1/2017/1019/c1002-29597278-2. html；《哈博罗内华助中心正式成立》，http://sohu. com/a/130149548_617282。

续表

地区	华助中心分布
亚洲（14个）	1. 缅甸仰光华助中心 2. 柬埔寨华助中心 3. 哈萨克斯坦华助中心 4. 菲律宾华助中心 5. 日本东京华助中心 6. 老挝华助中心 7. 吉尔吉斯斯坦华助中心 8. 泰国清迈华助中心 9. 韩国华助中心 10. 缅甸曼德勒华助中心 11. 斯里兰卡华助中心 12. 日本名古屋华助中心 13. 泰国合艾华助中心 14. 乌兰巴托华助中心
大洋洲（6个）	1. 巴布亚新几内亚华助中心 2. 澳大利亚华助中心 3. 新西兰奥克兰华助中心 4. 澳洲布里斯班华助中心 5. 斐济华助中心 6. 墨尔本华助中心
非洲（6个）	1. 安哥拉华助中心 2. 南非约翰内斯堡华助中心 3. 南非开普敦华助中心 4. 尼日利亚华助中心 5. 坦桑尼亚华助中心 6. 博茨瓦纳华助中心
合计	共49个

华助中心依据不同国情采取差异化措施，建立华侨自助自救体系。例如，2015年9月，斯里兰卡华助中心成立。在试运行的一年中，该华助中心建立了六个救助站，为广大在斯华侨华人和中国游客提供了

大量司法、医疗和咨询服务。① 巴西圣保罗华助中心于 2015 年 3 月成立，主要实现"融入、帮扶、关爱"三大功能，并为此设立六个工作组，分别承担安全事务、生活指南编写、法律政策援助、教育、慈善公益和项目承接等具体工作；② 为侨胞提供生活指南、法律援助、葡萄牙语教学、医疗卫生等多方面的服务与帮助。③

华助中心为海外侨胞提供协助，解决难题。例如，南非华助中心（也是华人警民中心）在华人仓库遭袭击后，积极为受害华商奔走维权；④ 2017 年，巴黎枪击事件发生后，巴黎华助中心帮助受害者亲属解决生活困难；⑤ 2017 年，在 7 月万象三江国际商贸城火灾救援和 12 月的塞塔尼县校车翻车事故中，老挝华助中心急救队都在第一时间挺身而出。⑥

中国驻外使领馆对华助中心予以大力支持，华助中心协助使馆开展安全保护工作。例如，2015 年，中国驻约翰内斯堡总领事馆向南非华助中心捐赠三万美元，用于支持南非华助中心的运作与发展。⑦ 2019 年 1 月，在莫桑比克工作的侨胞遭遇严重车祸，由于该国医疗条件有限被告知无法救治。其家属向中国驻莫桑比克大使馆求助，随后，驻莫桑比克大使馆联系中国驻约翰内斯堡总领馆，驻约翰内斯堡总领馆和约翰内斯堡华助中心商议后，并与其家属一道，通过医疗专机迅速将伤者接到约翰内斯堡私立医院接受治疗。约翰内斯堡华助中心、南

---

① 《斯里兰卡华助中心举行揭牌仪式　旨在为华侨华人守望相助》，http：//news. cri. cn/20160919/67fcd8ac-3e83-e9e6-7606-9aed804ea023. html。

② 《巴西首家"华助中心"在圣保罗揭牌》，https：//world. huanqiu. com/article/9CaKrnJING0。

③ 《华助中心：打造海外为侨服务"升级版"》，载《人民日报（海外版）》，2015 年 4 月 17 日，第 12 版。

④ 《"华助中心"温暖华人心（侨界关注）》，http：//chinese. people. com. cn/n1/2019/0701/c42309-31206281. html。

⑤ 《"华助中心"：为侨服务一直在路上》，载《人民日报（海外版）》，2018 年 1 月 17 日，第 6 版。

⑥ 同④。

⑦ 南非华人警民合作中心网站，http：//chinesecpf. com/。

非华人警民合作中心大力协助，直至伤者治愈出院回到莫桑比克。①

（六）中央政府其他部门的参与

由于海外公民群体的多样性，涉及不同公民群体的具体事务隶属于不同部门管辖。除外交部之外，教育部、商务部和国资委等部门也参与到海外中国公民和中资企业安全保护中。

在预警信息发布方面，商务部、教育部、国家文化和旅游部等都发布各自的安全提醒信息。商务部发布的预警提示信息分为三类，即"境外风险""国外对华贸易救济调查""国外涉华贸易壁垒"等。"境外风险"类信息主要侧重于经贸方面。2022 年 1 月，笔者浏览该网页时，查询到几则有关境外风险的信息，每则信息后面都标注了发布时间。如"关于高度警惕 Omicron 变异毒株风险的工作提示（2021-11-29）""苏政局再度突变造成燃油价格再度上涨（2021-11-26）""关于对阿尔及利亚贸易收汇风险的提示（2021-11-05）"等。② 中国教育部教育涉外监管信息网除转载中国外交部和中国驻外使领馆发布的相关安全提醒信息外，还发布留学预警信息。③

在应急处置方面，除上文提及的部际联席会议机制外，各部委也采取了一些其他措施。例如，新冠肺炎疫情之下，为了保障海外央企员工的健康，国务院国资委推动发起设立了国内首家以中国企业海外员工健康安全为核心业务的平台——中央企业远程医疗平台。随着"一带一路"建设持续推进，中国企业特别是央企在境外的投资经营不断深入，覆盖的国家地区范围不断扩大。统计显示，截至 2020 年 7月，常驻境外的中国企业员工总数约 100 万人，其中国有企业员工约

---

① 《侨胞在约翰内斯堡遇车祸重伤　华助中心鼎力相助》，http://www.chinaqw.com/huazhu/2019/02-08/214958.shtml。

② 《预警提示》，http://www.mofcom.gov.cn/article/yjts/。

③ 《预警信息》，http://jsj.moe.gov.cn/。

40 万，分布在 180 多个国家和地区。① 对央企的相关调查问卷结果显示，我国大多央企海外业务所在的非洲、东南亚等发展中国家，医疗资源有限，虽然重大项目配有医务室或医务人员，但是整体规模较小，医疗能力不足。同时，海外员工就医面临语言不通、就医费用高昂等困难，导致重大疾病无法及时得到救治，通常情况下的急重症大多需要跨区域、跨国家进行救治，耗费巨大人力物力，也耽误了病情。此外，还存在业务分布地广泛，各国别区域投入的医疗资源无法有效整合和合理配置，在一定区域并没有形成合力和医疗资源优势。2019年，根据国务院要求，国资委组织开展的央企境外员工健康保障课题研究，提出通过成立央企远程医疗平台的形式，解决境外员工的健康保障难题。2020 年 7 月，由国务院国资委推动发起设立、国内首家以中国企业海外员工健康安全为核心业务的平台——中央企业远程医疗平台正式投入运营。该平台开发完成了员工健康监测、疫情预警、远程门诊、心理辅导、防疫培训及指导等多项服务产品，初步形成了监测、预警和诊治相结合的"三位一体"综合能力。②

（七）军方的参与逐步常态化

第一，亚丁湾护航实践日益成熟。2008 年 12 月，中国政府派海军舰艇赴亚丁湾、索马里海域实施护航，系新中国成立以来首次派军舰赴远洋执行护航任务。③ 至 2021 年年底，13 年间，中国海军累计派出39 批护航编队、131 艘次舰艇执行护航任务，共为 1460 批 7000 余艘中外船舶护航。④ 2020 年 1 月 6 日，在亚丁湾西部海域，中国海军第 33

---

① 《央企远程医疗平台成立 护航"一带一路"建设》，载《经济参考报》，2020 年 7 月3 日，第 A06 版。
② 同①。
③ 中华人民共和国外交部政策规划司编：《中国外交 2009 年版》，北京：世界知识出版社，2009 年版，第 28 页。
④ 《中国海军亚丁湾护航 13 周年》，https://mil. huanqiu. com/article/468ovJj1ZqI。

批护航编队潍坊舰以随船护卫和伴随护航相结合的方式，成功护送中国水产有限公司 8 艘渔船抵达预定海域。这是该编队首次派遣特战队员执行随船护卫任务。① 亚丁湾当地时间 2022 年 1 月 4 日，经过 3 天 4 夜的护送，中国海军第 39 批护航编队护送 8 艘中国籍渔船抵达曼德海峡南口安全海域。这些渔船均属中国水产有限公司，船上共有 86 名中国籍船员。护航途中，编队加强无预警条件下反海盗、特战分队精确打击等课目训练，综合运用雷达、红外、夜间探照灯扫海等手段加强观察警戒，在重点海区、重要时段派出直升机进行空中巡逻，以提高侦察预警能力，确保被护船舶安全。②

第二，相关制度和机构设置更为完备。自党的十八大以后，关于中国军方参与海外利益保护的法律法规更为完备，中国军方将海外利益维护明确列为任务之一，多次参与领事保护应急事件处置，准备也更为充分，并有了相应的机构设置。

2013 年发布的《国防白皮书》提出，人民解放军的任务不仅包括捍卫国家主权、安全、领土完整，而且也是维护海外利益的坚强后盾，"开展海上护航、撤离海外公民、应急救援等海外行动，成为人民解放军维护国家利益和履行国际义务的重要方式"。③ 2015 年 7 月 1 日，《中华人民共和国国家安全法》正式公布施行。该法明确规定："国家加强武装力量革命化、现代化、正规化建设，建设与保卫国家安全和发展利益需要相适应的武装力量；开展国际军事安全合作，实施联合国维和、国际救援、海上护航和维护国家海外利益的军事行动，维护国家主权、安全、领土完整、发展利益和世界和平。"这是中国首次在国家法律中明确规定"实施联合国维和、国际救援、海上护航和维护

---

① 《海军第 33 批护航编队为我 8 艘渔船实施随船护卫》，http://www.mod.gov.cn/action/2020-01/08/content_4858219.htm。

② 《新年"首"护，战舰伴您远航——海军第 39 批护航编队为中国远洋渔船延伸护航纪实》，载《解放军报》，2022 年 1 月 6 日，第 4 版。

③ 《国防白皮书：中国武装力量的多样化运用（全文）》，http://www.chinanews.com/mil/2013/04-16/4734053_4.shtml。

国家海外利益的军事行动"，这既是对我国近些年来参加国际多边、双边机制内一系列海外军事行动实践经验的总结，也为我军积极实施"走出去"战略，更好地担负起维护世界和平、维护国家海外利益的使命任务，提供了重要的法律依据。①

2011 年 3 月，赴利比亚执行首次撤侨行动的是执行护航任务的舰艇。2014 年 3 月马航 MH370 事件后，海军第十七批护航舰队提前出发在澳大利亚圣诞岛以南海域参与搜寻马航失联客机任务。在 2015 年 3—4 月的也门亚丁湾撤侨中，中国海军作战舰艇首次停靠外国港口直接执行撤离中国公民的任务，这也是中国海军首次撤离外国公民。② 中国军方曾表示，在沙特轰炸前的数日，海军已完成一份从也门撤离人员的详细方案。③

此外，2016 年 3 月，在南京举行了代号为"联合撤侨 2016"的中英联合撤侨室内推演。这是中国首次与外国进行这类演练，④ 在这次活动中，中央军委联合参谋部作战局海外行动处首次对外公开。该处负责指导、协调中国军队在海外开展的行动。⑤ 2017 年，吉布提后勤保障基地投入使用，有利于更好地执行撤侨护侨、应急救援等海外任务。⑥

中外军事交流也包括了与保护海外中国公民和中资企业安全相关的内容。例如，2022 年 1 月，中俄海军在阿拉伯海北部海域举行反海盗联合演习，主要演练了联合机动、解救被劫持船舶、使用直升机转

---

① 《新国家安全法为解放军"走出去"提供法律依据》，载《解放军报》，2015 年 7 月 15 日，第 4 版。

② 《专家解答海军撤侨三大疑问》，载《环球时报》，2015 年 4 月 2 日。

③ 《也门撤离海军早有方案　外媒：中国海军日益扩大》，http://news.xinhuanet.com/mil/2015-04/01/c_127644181.htm。

④ 《中英两国在南京举行首次联合撤侨室内推演》，http://news.xinhuanet.com/2016-03/23/c_1118422024.htm。

⑤ 《解放军"海外行动处"首次公开或为军改新设》，http://military.china.com/important/11132797/20160325/22304058.html。

⑥ 《中国人民解放军驻吉布提保障基地成立》，http://www.mod.gov.cn/shouye/2017-07/11/content_4785239.htm。

运伤员等科目，为双方共同遂行反海盗任务积累了有益经验，提升了两军共同应对海上威胁、维护海上战略通道安全的能力与水平。①

第三，中国维和部队的独特作用。在一些局势危险的国家，中国派驻当地的维和部队也发挥了独特作用。例如，2012 年，在东帝汶，很多中国新侨民在向当地警方报案后，也特别愿意向中国使馆和中国维和警队求助。中国维和警队则会按照联合国规定的程序，在当地警方办案时予以监督，以确保办案公正，中国侨民的权益不受到侵害。② 2014 年年初，南苏丹局势动荡，为帮助中资机构和中方人员撤离战乱地区，中国维和部队成立了南苏丹中国同胞安置小组，与中国驻南苏丹大使馆、当地政府以及中资企业建立联系，对部队驻地周边地区 31 名中国人的联系方式、住址和安全状况登记造册，提供便利条件和保护。10 多名中国公民在维和部队保障下顺利撤离回国。③ 2015 年，中国维和步兵营进驻南苏丹后，曾调研中国在南人员的居住位置，并在安排朱巴巡逻线时有所侧重，给予特别关注，在一定程度上对各类不法分子起到了震慑作用。④ 2019 年 12 月，在南苏丹，一名中国公司员工突发胃出血，当地医院条件有限，无法救治。危急之下，中国驻南苏丹大使馆、联合国南苏丹特派团中国参谋军官迅速行动，紧急协调联系联合国二级医院接收救治，为抢救同胞生命争取了宝贵的时间。在患者得到初步妥善救治后，还协调有关部门，让患者乘坐医疗包机前往肯尼亚做进一步治疗。⑤

第四，中国外派军方医疗队助力保护海外同胞健康安全。2020 年

---

① 《中俄海军举行反海盗联合演习》，http://www.mod.gov.cn/topnews/2022-01/25/content_4903486.htm。

② 《中国"新侨"勇闯东帝汶》，载《参考消息》，2012 年 8 月 2 日，第 11 版。

③ 《中国维和部队积极应对南苏丹紧张局势履行维和义务》，http://www.gov.cn/jrzg/2014-01/03/content_2559512.htm。

④ 梁洪求：《从两次南苏丹冲突看我国海外安全保障需求及建设重点》，载《海外利益保障高端论坛论文集》，北京：兵器工业出版社，2019 年版，第 57 页。

⑤ 《同胞病情危重待援 中国军人紧急施救》，载《解放军报》，2019 年 12 月 28 日，第 4 版。

5 月 8 日，中国人民解放军赴巴基斯坦抗疫医疗专家组在中国驻巴大使馆与在巴华侨华人、中资企业和留学生代表举行视频见面会，并于当天开通一条咨询热线，帮助在巴同胞抗击新冠肺炎疫情。在视频会上，专家组详细介绍了个体预防、单位预防以及疫情期间健康管理的相关知识，并建议在巴同胞采取保持安全距离、勤洗手、戴口罩、多通风、常消毒等预防措施。专家组在视频会上还就项目现场防控、治疗药物、新冠疫苗、新冠后遗症等回答了在巴华侨华人、中资企业和留学生代表的提问。①

（八）开展多样化的国际执法合作

2019 年 5 月，中国公安部国际合作局负责人在接受记者采访时表示，"侵害国家利益和涉我犯罪活动蔓延到哪里，国际合作和专项打击的触角就延伸到哪里。"② 随着中国警方国际合作程度的深化，中国警方在领事保护中的重要作用日益突出。

第一，派遣警务联络官，保护海外中国公民和机构安全。1998 年 5 月，中国公安部首次向中国驻美国使馆派驻警务联络官（时称"缉毒联络官"），这是新中国历史上第一位驻外警务联络官。③ 2004 年，公安部在国际合作局设立警务联络官工作处。④据目前可查阅到的公开数据，自 1998 年首次向我驻美使馆派出警务联络官至 2016 年 2 月初，公安部在驻美国、加拿大、泰国、马来西亚、德国、英国等共计 31 个国家、36 个驻外使领馆派驻了 62 名警务联络官。⑤ 警务联络官工作是

① 《中国人民解放军赴巴基斯坦抗疫专家组向在巴同胞开通新冠咨询热线》，http://www.mod.gov.cn/action/2020-05/09/content_4864895.htm
② 张洋：《筑牢平安中国的铜墙铁壁（在习近平新时代中国特色社会主义思想指引下——新时代新作为新篇章）——党的十八大以来全国公安工作综述》，载《人民日报》，2019 年 5 月 7 日，第 1 版。
③ 《中国公安部已向 19 个国家派驻 30 名警务联络官》，https://china.huanqiu.com/article/9CaKrnJlfL6。
④ 《中国外派警务联络官十年工作回顾》，http://www.mps.gov.cn/n16/n1237/n1342/n803715/1742293.html。
⑤ 《"驻外警务联络官"在行动》，载《人民日报》，2016 年 2 月 3 日，第 19 版。

开展国际执法合作的重要渠道，是公安机关国际合作工作的重要组成部分，在维护国家安全、打击跨国犯罪、保护我机构和公民海外权益等方面作出了重要贡献。① 他们在保护海外中国公民和中资企业安全方面所发挥的作用主要体现在以下几方面。

一是提供有价值的安全信息。"9·11"事件以后，恐怖主义在全球恣意蔓延。驻外警务联络机构及时应对非传统安全因素威胁的发展变化，积极推动深化国际反恐合作，为国内提供了大量有价值的反恐情报信息，成功化解了多起"东突"恐怖势力袭击中国驻外使馆和中资机构的图谋。②

二是协助驻在国警方侦破涉及海外中国公民的犯罪案件。2004 年在南非发生了 50 多起中国公民被抢、18 名中国公民被害案。外交部领事司司长罗田广作为中国外交部部长特别代表出访南非，就旅南中国公民安全保障开展工作，向南非方面表达加强两国警务合作的强烈愿望。最终南非方面同意中方警官小组访南。③ 2005 年 6 月，两名中国警务联络官抵达南非赴任，具体协助南非警方处理针对华人的犯罪行为。④ 从 2008 年至 2012 年，中国驻外警务联络官共协助侦破和处理在外中国公民受侵害案件近 2000 起。⑤ 以阿根廷为例，中国警务联络官推动当地执法部门建章立制并成立专班，仅 2016 年一年，先后处置侨胞反映蓄意杀人、绑架、敲诈勒索等报警 184 起。⑥ 海外华侨华人的治

---

① 《赵克志在会见参加全国公安机关国际合作工作座谈会的我驻外警务联络官时勉励大家 增强"四个意识"锐意开拓进取 为推进国际执法合作和中国特色大国外交作出更大贡献 傅政华出席座谈会并讲话 》，https://www.mps.gov.cn/n2254314/n2254315/n2254317/n4180350/n4180360/c6005331/content.html。

② 《中国外派警务联络官十年工作回顾》，http://www.mps.gov.cn/n16/n1237/n1342/n803715/1742293.html。

③ 中华人民共和国外交部政策研究司编：《中国外交 2005 年版》，北京：世界知识出版社，2005 年版，第 365—366 页。

④ 《公安部特派 2 名警察赴南非处理针对华人犯罪》，载《法制晚报》，2005 年 6 月 16 日。

⑤ 《为了海外中国公民的安全》，载《人民日报》，2013 年 1 月 9 日，第 19 版。

⑥ 《"驻外警务联络官"在行动》，载《人民日报》，2016 年 2 月 3 日，第 19 版。

安状况得到了大幅改善。

三是敦促驻在国警方改进对驻在国华侨华人聚居区的安全保护。例如，中国驻俄罗斯使馆警务联络官了解到，在华侨华人较多的俄罗斯大市场发生的涉华案件高于其他地区，如果当地警方能够对这些区域加强管理，涉华案件发生率就能大大降低。在中国驻俄罗斯使馆警务联络官的大力推动下，当地警方多次深入这些区域，了解海外华人需求，提升了他们的安全感。①

四是帮助海外华侨华人提升安全意识和风险防范能力。警务联络官通过组织华侨华人召开治安座谈会、发布安全预警等方式，积极宣传预防犯罪策略，提高海外华人的安全风险意识和应对突发事件能力。②

五是在处理涉及海外中国公民安全的突发事件中发挥独特的重要作用。例如，2010 年 6 月 10 日，吉尔吉斯斯坦南部发生动乱，数百人死亡。中国驻吉尔吉斯斯坦使馆果断决定撤侨。警务联络官主动请缨担任使馆撤侨组组长，成功护送 1299 名同胞至机场，安全撤回国内。③ 2018 年 7 月 5 日，泰国普吉岛发生涉我国游客特大沉船事故，中国驻泰国使馆警务联络官得知消息后，连夜上报情况，并致电时任泰国旅游警察局局长，然后赶往普吉，参与搜救及善后工作。在事故处理期间，按照使馆统一部署，驻泰国使馆警务联络官多方协调泰国南部第八警区、普吉府警察局、普吉府旅游警察局、警察总署 DNA 鉴别中心等部门，泰方先后派出 1000 余名警力，50 余辆警车，4 艘搜救船，开展失联游客搜救、事故调查、遗体鉴别等多项工作，连续工作10 余天，最终顺利完成搜救工作。④

第二，应邀派工作组赴国外打击海外中国人侵犯中国人的犯罪活

---

① 《为了海外中国公民的安全》，载《人民日报》，2013 年 1 月 9 日，第 19 版。

② 同①。

③ 同①。

④ 《警务联络官："一个逃犯不放过　一个同胞不落下"》，https://www.gzdaily.cn/amucsite/web/index. html#/detail/1696275。

动。例如，2010 年，由来自四川、广西和福建等省（区）的警察组成的小组在刚果（金）破获一起组织中国南方省份的妇女卖淫案件，犯罪嫌疑人在金沙萨被抓获。① 根据中国政府与安哥拉政府 2012 年 4 月签署的警务合作协议，同年 7 月 19 日至 8 月 25 日，公安部派出专案工作组赴安哥拉开展打击侵害在安中国公民权益犯罪专项行动。② 当时公安部相关负责人表示，针对现代犯罪活动无国界的特点，公安部将积极开展双边多边警务合作，使国际警务合作成为常态化工作。在外务工的中国公民，遇到不法侵害时一定要及时向所在国警方报警并向中国使领馆报告，也可向国内公安机关报警。中国公安机关将通过国际刑警等渠道会同所在国警方，共同打击境外侵害中国人合法权益的违法犯罪活动。③ 2016 年 6 月，中国特派警员和阿根廷联邦警察夜袭 21 处地点，合力捣毁阿最大的华人黑帮组织，并逮捕 40 名犯罪嫌疑人。④ 2019 年，中国警方多次赴菲律宾、柬埔寨、老挝等东南亚国家开展国际警务执法合作，先后 11 次将 1336 名电信网络诈骗犯罪嫌疑人押解回国。⑤

第三，打击涉及海外中国公民的跨境犯罪活动。一是打击跨境赌博。近年来，跨境赌博犯罪活动危害日益突出。从 2019 年 7 月开始，公安部部署各地公安机关持续开展为期三年的打击整治跨境网络赌博犯罪的"断链"行动，铲除跨境网络赌博犯罪在中国境内的生存土壤，推动完善监管措施。公安部会同人民银行建立了常态化通报、查处机

① Jonas Parello-Plesner and Mathieu Duchâtel, *China's Strong Arm: Protecting Citizens and Assets Abroad*, London: Routledge, 2015, p. 49.

② 《孟建柱在公安部侦破侵害在安哥拉中国公民权益犯罪专案座谈会上强调继续加大国际警务执法合作力度 坚决打击侵害海外中国公民权益犯罪活动》，http://www.gov.cn/lahd/2012-08/28/content_2212583.htm。

③ 《刘安成谈"5·11"专案 国际警务合作又一座里程碑》，http://www.gov.cn/gzdt/2012-08/26/content_2210993.htm。

④ 《海外华人黑帮还能黑多久？中外警方开始联合打击》，http://www.chinanews.com/hr/2016/09-23/8012232.shtml。

⑤ 《中蒙两国严厉打击跨国电信网络诈骗犯罪》，http://www.gov.cn/xinwen/2019-11/09/content_5450381.htm。

制，及时通报并严肃查处了一批非法支付机构，继续打击为网络赌博提供支付结算的违法行为。严格执行参赌及从业人员和境外旅游目的地两个"黑名单"制度，加强打击治理跨境赌博犯罪国际执法合作。①

2019年7月至2020年1月，共处置境外涉赌网址4.2万余条，阻断境内网民尝试访问涉赌有害信息1067亿次；会同移民管理部门查缉劝阻拟出境参赌人员1257人、抓获出境参赌人员267人，将从境外抓获的395名涉赌人员列为不准出境人员。②2020年，全国公安机关共破获各类跨境赌博案件3500余起，抓获犯罪嫌疑人7.5万余名，打掉涉赌平台、赌博推广平台、非法技术团队等千余个，并查扣冻结一大批涉案资金。③

2021年，中国警方通过与多国开展国际执法合作，加大了对跨境赌博的打击力度。截至10月底，全国公安机关共侦办各类跨境赌博案件3万余起，抓获犯罪嫌疑人16万余名，打掉涉赌平台5100余个、非法技术团队2000余个、赌博推广平台2800余个，打掉非法支付平台和地下钱庄3900余个，处罚教育了一大批参赌人员，成功打掉境外多个特大赌博集团在中国境内的招赌吸赌网络和非法资金通道，有效遏制了跨境赌博猖獗势头。④

此外，中方曾寄希望于有关国家修改法律，禁止赌博，但对方回应并不积极。中国政府决定采取注销护照的方式迫使对方国家驱逐护照失效的中国公民。从2020年年初开始，中方注销涉嫌在菲律宾赌博的中国公民的护照。这些中国公民护照被注销后，被菲律宾驱逐

---

① 《赵克志强调持续深化打击治理工作　坚决遏制跨境赌博犯罪乱象》，载《人民日报》，2020年10月23日，第4版。

② 《断链"行动去年破获案件七千二百余起　斩断跨境网络赌博利益链》，载《人民日报》，2020年1月17日，第11版。

③ 《重拳出击，遏制跨境赌博乱象（建设更高水平的平安中国）》，载《人民日报》，2021年1月13日，第11版。

④ 《打击跨境赌博取得重大突破》，http://ru.china-embassy.org/chn/lsfws/lsdt/202111/t20211126_10454113.htm。

出境。①

二是打击跨境网络电信诈骗。近年来，针对海外中国公民的网络电信诈骗犯罪活动猖獗。中国警方积极开展国际警务合作，坚决打击此类跨境犯罪活动。2019 年 11 月，根据中蒙两国就联合打击跨境电信网络诈骗犯罪达成的共识，蒙古国执法部门查获了一批涉嫌电信网络诈骗的中国籍嫌犯，759 人被遣返回国。这是 2019 年中国公安机关开展国际警务执法合作查获电信网络诈骗犯罪嫌疑人数量最多的一次。②

第四，开展"中外执法年"活动。通过"执法年"活动，对影响两国民众安全的突出的违法行为进行整治，分享"平安城市"建设经验，并建立相关执法合作机制。以中国和柬埔寨为例，2019 年 1 月，中柬两国元首将 2019 年确定为"中柬执法合作年"，旨在维护两国社会稳定与安全，开展"平安城市"建设，共同提高维护国家安全和打击犯罪的执法能力。③ 同年 3 月 29 日，在北京举行了"中柬执法合作年"启动仪式。截至 2019 年 8 月 30 日，双方已联合在柬抓获中国籍犯罪嫌疑人近千人。④ 柬埔寨首相洪森签署政府令，宣布全面禁止网络赌博，网络赌博公司和大量从事网赌人员纷纷逃离。应中国公安部邀请，柬埔寨警察总监于 2019 年 9 月来华访问。双方在严打电信诈骗、涉黑涉恶等跨国犯罪方面达成共识，并签署了《中华人民共和国公安部和柬埔寨王国内政部关于成立执法合作协调办公室的谅解备忘录》。⑤ 2019 年 10 月 17 日，中国驻柬埔寨使馆发布信息称，在中柬两

---

① 《中国打击菲律宾赌博业》，https://www.sohu.com/a/376494495_626761。
② 《中蒙两国严厉打击跨国电信网络诈骗犯罪》，http://www.gov.cn/xinwen/2019-11/09/content_5450381.htm。
③ 《中柬执法合作年启动仪式在京举行》，载《人民日报》，2019 年 3 月 30 日，第 3 版。
④ 《中柬两国警方联手抓获犯罪嫌疑人近千人》，http://www.chinaqw.com/hqhr/2019/09-20/232161.shtml。
⑤ 《中柬执法合作年取得阶段性成果 两国警方联手捣毁多个犯罪窝点 抓获犯罪嫌疑人近千人》，载《法制日报》，2019 年 9 月 21 日，第 2 版。

国警方的紧密配合下，柬警方缉捕并遣返涉黄、赌、毒、黑等中国籍犯罪嫌疑人 1000 余名，并成立了中柬执法合作办公室。①

第五，中外警察联合执法巡逻，保障海外中国公民安全。一是派遣中国警察到海外参加联合巡逻，协助当地警方保障中国游客安全。2014 年 6 月，中国和意大利商定两国警方在旅游旺季开展联合警务巡逻。② 根据《中华人民共和国政府与意大利共和国政府关于打击犯罪的合作协议》《中华人民共和国公安部和意大利共和国内政部关于开展警务联合巡逻的谅解备忘录》，2016 年 5 月 2 日，首次中意警务联巡正式启动，四名中方警员与意方警员在罗马、米兰开展为期两周的联巡。这是中国警方首次与外国警方开展此类合作。③ 2019 年 11 月，赴意警务联巡警队第四次前往意大利多个城市开展中意警务联巡工作。在三周的联巡工作中，中意警员混合编组，在热点景区和华人聚居区积极提供安全咨询和现场帮助。联巡期间，意警方专门设立中文报警热线电话，由中国警员协助接（处）警，高效配合意方跟进处置各类报警求助 35 起，走访华人社区开展安全宣传 12 次，为华人学生、留学生开展专题讲座两次。联巡警队还走进多个中资企业，协调搭建警企安全联络桥梁。④

2017 年 9 月，中国公安部与克罗地亚内务部签署《中华人民共和国公安部和克罗地亚内务部关于旅游季联合警务巡逻谅解备忘录》。2018 年 7 月，首次中克警务联巡在克罗地亚举行，六名中国民警与克方警察在三个指定地区联巡一个月，协助克警方处理与中国游客安全有关的问题。2019 年 7 月，来自江苏省扬州市公安局的八名民警代表

① 《中柬执法合作年成效显著》，http://kh.china-embassy.org/chn/zgjx/t1708657.htm。
② 《中国意大利两国警方在意开展警务联合巡逻》，http://www.xinhuanet.com/2017-06/06/c_1121091040.htm。
③ 《中国警察首次巡逻罗马和米兰》，载《人民日报（海外版）》，2016 年 5 月 3 日，第 4 版。
④ 《2019 年中意警务联合巡逻圆满结束》，载《人民公安报》，2019 年 11 月 28 日，第 1 版。

中国公安机关第二次前往克罗地亚，与克警方在四个指定地区开展为期一个月的警务联巡。① 此次中克联巡期间，开通中文报警热线，接受中国游客及华侨华人遇人身和财产安全受到侵害时的紧急求助与当地法律法规咨询。接警后，中国联巡警员将与克警方共同勘验警情，协助报警人做好取证调查、答疑咨询等工作，提供便利快捷的执法安全服务。②

二是中外警察在边界地区开展联合执法巡逻。2011 年 10 月 5 日，两艘中国商船在湄公河金三角水域遇袭，13 名中国船员罹难。经过艰难的侦破和交涉过程，2013 年 3 月 1 日，案件主犯糯康等四人在云南昆明被执行死刑。同年 11 月 26 日，中老缅泰湄公河联合巡逻执法部长级会议在北京举行。会议决定，自 2011 年 12 月中旬开始，四国在湄公河开展联合巡逻执法工作；成立中老缅泰湄公河联合巡逻执法指挥部……专项整治危害湄公河流域安全的突出治安问题；成立维护湄公河治安联合工作组，在联合巡逻执法实践的基础上，研究制定维护湄公河流域治安秩序的工作方案。③

四国执法部门围绕统一协调行动、强化快速反应、提升执法能力等目标，开展见警行动和深化护航行动，不断完善警务合作机制，强化违法犯罪打击。自 2011 年 12 月首巡至 2020 年年底，中老缅泰四方共开展湄公河联合巡逻执法勤务 99 次，累计派出执法船艇 787 艘次，执法人员 15,818 人次，联巡执法总航程达 5.61 万公里。四国执法部门已累计缴获毒品 4600 余千克，救助遇险商船 130 艘 536 人，为数千艘商船护航，为沿河各国人民挽回经济损失共计 1.88 亿元。④

---

① 《8 名中国民警赴克罗地亚开展警务联合巡逻》，http://www.chinanews.com/gn/2019/07-11/8890851.shtml。

② 《中克联巡警队开通中文报警热线》，http://hr.china-embassy.org/lsqz/lsbh/201907/t20190716_2912278.htm。

③ 《中老缅泰将于 12 月中旬在湄公河开展联合巡逻执法》，http://www.gov.cn/jrzg/2011-11/26/content_2004115.htm。

④ 《中老缅泰湄公河联合巡逻执法总航程达 5.61 万公里》，载《人民日报》，2020 年 12 月 7 日，第 3 版。

（九）企业和社会组织积极参与海外安全保护

在非官方层面，企业和社会组织的参与也逐渐活跃，呈现出"政府主导、企业和社会组织共同参与"的局面。

1. 企业

（1）大型中资企业

第一，大型中资企业建立了比较严密的海外员工安全保护机制。以中国电力建设集团有限公司①为例，该集团公司在保护海外员工安全方面采取了一系列措施。②

一是完善制度建设。该集团公司印发了《中国电力建设集团（股份）有限公司境外社会安全管理办法》《中国电力建设集团（股份）有限公司境外社会安全突发事件应急预案》。这两个文件从组织体系、管理职责、风险管理、培训管理、派出人员管理、现场管理、应急管理、监督检查与责任追究等方面对集团境外机构（项目）安全管理提出系统化要求和标准。

二是强化组织保障。该集团公司高度重视组织保障工作，始终强调领导靠前指挥。一旦有突发情况，即使没有对公司境外人员和项目造成伤害，海外事业部也会第一时间行动，立刻建立应急处置领导群和工作群，前后方在集团领导下第一时间协同应对。2021 年 7 月 14 日巴基斯坦达苏项目暴恐事件发生后，集团公司境外社会安全管理领导小组办公室配置专职人员，负责境外社会安全管理，落实公司境外社

---

① 中国电力建设集团有限公司（简称"中国电建"）是经国务院批准，在中国水利水电建设集团公司、中国水电工程顾问集团公司和国家电网公司、中国南方电网有限责任公司所属的 14 个省（市、区）电力勘测设计、工程、装备制造企业的基础上重组而成，是国务院国有资产监督管理委员会直接管理的中央企业。中国电建位居 2021 年《财富》世界 500 强企业第 107 位、2021 年中国企业 500 强第 33 位、2021 年 ENR 全球工程设计公司 150 强第 1 位、2021 年 ENR 全球工程承包商 250 强第 5 位。中国电建业务遍及全球 130 多个国家和地区。以上参见《集团公司》，中国电建网站，https://www.powerchina.cn/col/col7404/index.html。

② 有关内容来自 2021 年 9 月 22 日对该公司高层管理人员的访谈。

会安全管理领导小组各项工作部署，开展日常工作。

三是强化安防投入。近年来，该集团公司不断加大安防投入，统一海事卫星电话配置，为处于高风险国别地区的下属机构配置防弹车、安全屋。全面梳理境外机构面临的风险，从围墙铁丝网、监控设备设施、安保人员聘用等多维度加强防卫能力。国内总部持续加大投入，建立集视频会议、应急处置与指挥、应急值班为一体的多功能应急指挥中心。

四是强化安全风险评估。该集团公司全面要求子企业在境外开展业务前进行社会安全风险评估，做好与业务相关的各类安全风险的调查、分析和研判，并根据业务进展和当地安全形势变化进行阶段性安全风险评估。切实做到"不评估、不立项"。

五是强化应急能力建设。完善"全球可视化应急管理平台"系统，实现了境外机构和项目地理位置、人员信息、防疫物资和药品信息实时更新，预警信息及时发送和一键报警功能，为境外应急处置救援提供了有效的手段。各区域总部按照《中国电力建设集团（股份）有限公司平台、投资及专业业务板块企业应急能力建设评估规范》要求，在公司应急管理体系下，完善区域总部的应急管理组织体系、应急预案体系、应急管理制度体系、应急培训演练体系、应急队伍建设体系、应急保障体系等，提高了区域总部的预防与应急准备能力、监测与预警能力、应急处置与救援能力、事后恢复与重建能力。2021 年 10 月，完成应急指挥中心建设。加强应急值守，实行 24 小时应急值班制度。

第二，在紧急情况下，海外大型中资企业表现出较强的自我保护能力。例如，在 2011 年利比亚变局中，2 月 22 日，中国驻利比亚使馆通告在利中资企业利比亚已出现内战的可能，要求各公司做好撤回国内的准备。① 而早在此之前，即 2 月 8 日，利比亚民众号召在 2 月 17 日举行反政府大游行，在利比亚的各大中资企业就做出了积极反应。

---

① 刘成思：《撤离利比亚——民企宏福 2000 员工 5 天 5 夜回国记》，载《中国企业报》，2011 年 3 月 25 日。

中国石化总部于 2 月 15 日紧急发出《关于切实加强我在部分国家安全防范工作的通知》，对西亚北非地区的埃及、利比亚等八国的安全防范工作提出具体要求，并从当日起实行每日"零事故汇报"制度，要求中国石化在这八国的公共安全牵头单位每日向总部报告人员分布情况和安全状况。集团公司立即启动应急预案，要求利比亚分公司紧急储备食物、饮用水、急救箱、手电筒等应急物资。①

当 2014 年埃博拉病毒肆虐非洲时，中国大型企业都能够沉着应对，采取有效措施，进行自我保护。例如，中国水利电力对外公司几内亚有限责任公司承建了几内亚最大的水电项目——凯乐塔水利枢纽工程。该工程 2012 年 4 月开工，工期四年，总造价约 4.46 亿美元。当时，主体工程已完成 80% 以上，各项工作正按总体施工计划有序开展。埃博拉疫情出现后，公司立即下发预警通知，成立应急救援指挥中心，设立防控小组。公司数百名中方员工和 1500 余名当地雇员无人感染病毒。中国港湾工程有限责任公司在几内亚实施两个项目，在几内亚有中方员工近 300 名。公司制定了详细防范措施，比如全体人员房间和办公室每周彻底消毒两次、控制人员外出、返回人员和车辆消毒等。利比里亚是西非地区疫情较为严重的国家之一。当时在利比里亚的中资企业员工约有 1500 人。大使馆和当地中资机构已采取严格措施防范疫情扩散。在东非肯尼亚，中国武夷（肯尼亚）公司在该国的十多个项目进展都较顺利，没有受到影响。②

第三，海外大中型企业通过商业途径分担安全风险。在 2015 年 4 月的也门动荡中，南通三建公司在也门承担援外项目——也门国家图书馆。公司负责人在接受媒体采访时表示，如果整个项目被炸掉，中国的保险企业肯定会理赔；如果被毁坏部分项目，等重新开工后才能进入理赔程序，返回国内人员的机票也在理赔范围内。③ 中国电建集团

---

① 《中国石化驻利比亚 7 名员工安全回国》，载《中国石化报》，2011 年 3 月 1 日。

② 《17 名埃博拉感染者出逃》，载《北京青年报》，2014 年 8 月 18 日，第 A15 版。

③ 《首批撤离也门同胞昨晚回国》，载《北京青年报》，2015 年 4 月 1 日，第 A04 版。

原来集团员工只有意外险，2016 年，集团聘请了专业的保险经纪公司为中电建集团量身打造保险方案，覆盖了意外伤害、疾病医疗、绑架等海外风险。

第四，海外大型中资企业协助中国驻外使领馆做好海外安全保护工作。这主要体现在以下两个方面：

一是中国使馆依托大型中资企业建立当地中国公民紧急撤离的集结点。例如，针对南苏丹战乱频发的特点，中国驻南苏丹使馆从建馆开始，就为此做好了准备。在朱巴城内选取了空间相对宽敞、安保设施好、组织能力强的八家中资企业驻地作为战乱时在南苏丹华人应急集结点。2016 年 7 月，南苏丹战乱爆发之初，中国使馆就通过电话、网络将八个集结点的消息传达给在朱巴的每一位中国人，安排他们集中躲避危险。[①]

二是必要时，大型企业不仅自行组织撤离，还协助中国个体商户撤离。在 2011 年利比亚大撤离中，有关央企成立应急指导小组和前方指挥部，启动撤离方案，建立前后方沟通协调机制。中国建筑、中交集团、中国水电和葛洲坝负责利比亚四个分区指挥中心，除组织本企业人员撤离外，还统一协调安排了其他中资企业、华侨华人的撤离工作。如作为利比亚南部撤离牵头单位，中国水电不仅撤离本公司员工 3757 人，同时撤离了他国公司员工 2100 人、第三国劳务 851 人。[②] 在 2016 年南苏丹撤离中，中国驻南苏丹使馆考虑到在南苏丹的中资企业多是大型企业，人员集中，组织力强，要求相关企业充分发挥主体责任，组织包机撤离非必要人员，同时要求其本着互帮互助的原则，将包机中的剩余座位提供给在南从事个体生意的中国人，确保所有需要

---

① 中国驻苏丹使馆：《使命所在——驻南苏丹使馆救援我重伤维和士兵纪实》，载本书编委会编：《一枝一叶总关情——中国外交官领事保护与协助手记》，南京：江苏人民出版社，2019 年版，第 19 页。

② 郭永军：《危机下的央企风范——记中国水利水电建设集团利比亚人员大撤离》，载《现代国企研究》，2011 年 3 月，第 69 页。

撤离的同胞能够安全转移。①

（2）民营安保公司

中国民营安保公司逐渐走向海外市场，为海外中资企业和中国公民提供相关安保服务。相对于西方发达国家，中国的安保行业起步较晚，1984 年才成立第一家安保公司，截至 2017 年 9 月，中国安保公司总共有 4000 余家，且大部分只涉及人员保护、重要物资押运等人身财产保卫服务，涉及海外服务的私营安保公司寥寥无几。中国的海外安保业肇始于 2004 年中国工人在阿富汗受袭击事件。此次事件之后，国家出台一系列海外安全保护政策，逐步确立"谁派出、谁负责"的原则。②大型中资企业开始在安保方面投入资金。一些民营安保机构陆续建立，尝试向海外中国企业提供安保服务。③2012 年，29 名中国工人在苏丹被武装分子扣押，据报道，有中国民营安保公司参与了救援行动。④

2016 年 10 月，国务委员郭声琨明确提出，有条件的保安服务公司要紧紧围绕实施"走出去"战略特别是"一带一路"战略，主动适应我海外安全利益保护需求，积极探索参与保护我境外企业、机构和人员安全的新途径。⑤截至 2017 年，近 20 家开展海外业务的中国安保企业共设立 50 多家境外机构和办事处，覆盖近 60 个国家和地区。2013年至 2017 年，中国民营安保公司承担海外安保项目 250 多个，共派驻 1 万多人次执行海外任务，为中资企业培训人员达 40 余万人次。

---

① 中国驻苏丹使馆：《使命所在——驻南苏丹使馆救援我重伤维和士兵纪实》，载本书编委会编：《一枝一叶总关情——中国外交官领事保护与协助手记》，南京：江苏人民出版社，2019 年版，第 19 页。

② 刘波：《"一带一路"安全保障体系构建中的私营安保公司研究》，载《国际安全研究》，2018 年第 5 期，第 129 页。

③ 《中国民营安保公司"出海"记》，http://ihl. cankaoxiaoxi. com/2015/1127/1010198. shtml。

④ 《私营安保公司：中国丝绸之路上的新"软实力"？》，http://sputniknews. cn/opinion/201705201022674906/。

⑤ 《郭声琨：在第四届全国先进保安服务公司先进保安员表彰大会上的讲话》，http://cpc. people. com. cn/n1/2016/1108/c64094-28844398. html。

中国民营安保公司为海外大型中资企业、"一带一路"重大项目和海外中国公民提供安全保护服务。例如，由中国退伍军人组建的中军军弘集团①于 2016 年进入吉尔吉斯斯坦。至 2019 年 9 月，中军军弘集团在吉尔吉斯斯坦拥有 20 多家中国客户，包括中国路桥集团国际建设股份有限公司、中铁五局集团有限公司、中国水利水电第 16 工程局有限公司、华为技术有限公司等，还于 2018 年 11 月与中铁集团达成协议，保护中国—吉尔吉斯斯坦—乌兹别克斯坦铁路沿线的建筑工地。②

有中国民营安保公司为当地中国公民提供安全保护方面的公益性服务。例如，2017 年 5 月，举行了柬埔寨"中国公民与企业机构安全援助服务热线"暨"安全服务微信公众号"开通仪式。该热线和公众号是中保华安（柬埔寨）服务有限公司和柬埔寨中国商会共同创办的公益性安全服务平台，旨在为在柬中国公民和企业提供安全咨询和援助。③

从目前国内各主要民营安保公司网站信息看，他们均开展国际合作，海外安保业务范围不断扩大。

山东华威保安集团股份有限公司是在原曲阜市保安服务公司基础上改制成立的一家股份制公司，成立于 1993 年 4 月，是隶属曲阜市公安局的国有企业。2009 年 4 月，经曲阜市政府批准，改制为民营股份制企业，成为我国首家由国有改制为民营的保安公司。2010 年 9 月，组建集团公司，加强与国际保安公司间的合作与交流，先后与澳大利亚 MSS 保安集团、新加坡 JK 咨询控股公司、德国罗卡达公司、南非雷德保安公司、俄罗斯俄技集团安全技术公司等国际知名保安企业建立了国际战略合作关系。2014 年 12 月，在南非约翰内斯堡注册成立南

---

① 《中军军弘保安服务有限公司简介》，http://zjjhgroup. com/Company/index. html。

② 美媒文章：《中国私营安保公司进军中亚》，载《参考资料》，2019 年 9 月 9 日，第 14 页。

③ 《驻柬埔寨大使熊波出席柬埔寨"中国公民与企业机构安全援助服务热线"暨"安全服务微信公众号"开通仪式》，http://cs. mfa. gov. cn/gyls/lsgz/lqbb/t1465595. shtml。

非华威雷德保安公司，为驻南非大使馆及部分中资企业提供安保服务。① 根据南非的法律规定，在该公司中，华威控股 49%，雷德控股 51%。中方主要负责输送高级管理人才，为南非当地中资企业、中资机构提供的保安、保镖等人员全部在当地招聘。② 2016 年 8 月，由山东华威保安集团与俄罗斯国家技术集团西贝尔公司共同出资开办的好护卫有限责任公司，在莫斯科正式挂牌成立。③

华信中安（北京）保安服务有限公司拥有员工 3 万余人。公司服务内容包括安全咨询、安全风险评估、海上武装护航、海外陆地安保、安防消防系统集成及维护保养、保安服务、职业技能培训、公共安全培训等。该公司在马耳他、斯里兰卡、马来西亚、埃及、中国香港等境外 21 个国家和地区设有分支机构和办事处，并与英国 G4S、加拿大加达国际、巴基斯坦 Askari Guards Limited（AGL）等 39 家国际安保公司开展业务合作。④ 有媒体报道认为，2011 年华信中安开展海上武装护航业务，开创了中国武装保安为中国远洋船舶护航的新篇章。⑤ 截至 2022 年年初，该公司为中国及国际商船执行了 3600 多次护航任务，足迹遍及 28 个国家、70 多个港口。该企业的安全风险评估团队由一批来自军事、反恐、法律、治安、宗教、风险管理等领域的专家组成，近年来为国内外各类大型项目提供了系列安全风险评估报告及解决方案。"华信中安安保文库"是中国安保行业的智库之一，出版了《中国保安企业开展海外业务的法律监管》《保安业与社会安全》等著作。华信中安集团还资助"中国政法大学安保与法律研究中心"和"中国人民公安大学中国保安研究中心"，为打造中国保安研究高端智库平

---

① 《集团简介》，http://hwbaoan.com/profile.html。
② 《中国安保企业如何"仗剑"海外》，http://ihl.cankaoxiaoxi.com/2015/1127/1010199.shtml。
③ 同①。
④ 《关于我们》，http://hxza.com/about_jt/i=14&comContentId=14.html。
⑤ 《中国民营安保公司"出海"记》，http://ihl.cankaoxiaoxi.com/2015/1127/1010198.shtml。

台，推动中国保安业良性发展提供支持。①

德威集团成立于 2011 年。主要客户包括外交部、商务部、教育部、国家汉办等政府机关，中国石化、中国保利、中国交建、中建集团、工商银行、国家开发银行等 50 余家大型央企、国企以及大量海外华商企业。截至 2018 年 6 月底，先后为中国在境外近 50 个国家的近 200 个派驻机构、中资企业和工程项目提供安全保障服务，涉及我境外资产总价值近 200 亿美元、驻外中方人员 7 万多人次；派出专业安保人员 700 多人次赴境外工作超过 11 万个工作日，组织现场应急演练近 2000 次，开展境外现场培训 3000 多场次，发现隐患提出安全整改建议 4000 余条，提供破案线索 500 多条，成功处理各类案事件超过 1000 起，抓获或协助抓获的犯罪嫌疑人 1600 多人。同时，还在国内为 100 多家中资企业机构组织实施了 1600 余期、近 17 万课时的行前安全培训，培训人员 11 万余人次。2013 年以来，德威安保人员在一些非洲国家发生的政变、内战等极端事件中，协助中国驻当地使馆和中资企业妥善处置、有序撤离；在 2015 年 7 月北京申办 2022 年冬奥会工作中，完成申办代表团、中央和北京市主要领导在吉隆坡活动的安全保卫任务；2016 年以来，在国家领导人出访肯尼亚期间，集团所属肯尼亚德威安保公司完成所承担的本地化警卫保障任务。②

中国海外保安集团于 2015 年在中国香港注册，总部设在首都北京，在巴基斯坦、土耳其、马来西亚、柬埔寨、莫桑比克、南非、泰国建立分公司。③ 该公司为海外中资企业提供的安保服务不仅是人力防范，服务领域涉及从企业信息安全、投资风险、落地调研、项目建设、风险管控、危机处置到安全撤离全过程，包括但不限于信息安全咨询与技术管控、安全风险评估与管理、安保项目方案设计与制定、标准服务流程制定、业务不中断计划与管理、监督体系制定、应急预案制

---

① 《关于我们》，http://hxza.com/about_jt/i＝14&comContentId＝14. html。

② 《关于我们》，http://dewesecurity. com/gywm。

③ 《中国海外保安集团》，http://cosg-ss. com. cn/jtjs/jtjj/。

定与实施、安全（反恐）演练、人防（驻地保安、营区保安）、物防（铁丝网、隔离带、防冲撞设备、防爆膜、车辆阻拦器等）、技防（监控系统、报警系统、安检系统、跟踪系统、反窃听侦查）、特保（保镖）、随卫（外出护卫、司机、车辆）等。①

（3）其他企业

航空救援服务公司参与海外安全保护应急处置。2014年3月，中国最大、最专业的医疗专机企业——金鹿航空救援服务有限公司正式成立，这是中国首家采用并实施国际紧急医疗规范与标准的救援企业，具有全球服务能力，提供紧急救援和专项医疗服务。② 例如，2014年10月，一位中国公民在韩国过马路时被一辆闯红灯的汽车撞成重伤，金鹿航空救援公司在外交部的协调与联系下赴韩国接其回国治疗。③

其他一些企业如科技公司和文化公司等通过政府外包服务合同参与海外中国公民和中资企业保护。比如"12308"热线是外交部采用"业务流程外包"模式，向企业购买服务；外交部领事保护中心与科技公司合作开通"12308"微信版和小程序；④ 北京市外办领事保护处将预防性领事保护宣传和海外安全风险防范体系建设外包给文化公司和科技公司。中国驻外使馆为当地华人旅行社提供资金支持，由旅行社协助探望被关押的海外中国公民。

在处理涉及中国公民安全的事件中，中资旅行社和保险公司反应迅速。例如，2018年7月，泰国普吉岛发生游船倾覆事故后，各大旅行社对前往普吉岛游客的安全情况进行紧急排查。飞猪旅行在第一时间启动应急预案，并建议游客取消普吉岛相关行程，支持游客未来7

---

① 《集团业务》，http://cosg-ss.com.cn/jtyw/。
② 《中国最大医疗专机企业——金鹿航空救援正式成立》，http://www.cannews.com.cn/2014/0320/83187.shtml。
③ 刘珏：《医疗专机赴韩接重伤女孩回国》，载《北京青年报》，2014年11月2日，第A06版。
④ 《12308，贴心服务海外全体中国公民的热线——外交部12308领事保护热线开通3周年纪实》，https://news.china.com/internationalgd/10000166/20170921/31495094_2.html。

天内的有关订单免费退订。中国人保财险、珠江人寿在事故发生后开通 24 小时客户服务专线和绿色通道，24 小时不间断受理客户报案，并紧急出台 7×24 小时受理报案咨询、简化理赔材料、取消定点医院等六项理赔服务措施。①

中国保险公司积极开发与海外安全保护有关的新型保险产品。自 2014 年起，我国出境旅游人数稳居世界第一位，是全球最大的出境游市场，有数据显示，在境外每月至少有一名中国公民被绑架或劫持。② 人身意外伤害保险已经逐渐成为出境游客的必备选择，但其主要针对常规意外事件和突发疾病的医疗服务救援，对生命财产安全构成巨大威胁的绑架、劫持、战争等特定极端事件并不在此保障之内。近年来，发生在巴基斯坦、菲律宾、尼日利亚、巴西、秘鲁、津巴布韦、加拿大等地的中国公民在海外遭受绑架的事件，公众对于针对极端事故危机处置服务的需求和呼声日益强烈。2019 年 6 月，《中国境外出行安全白皮书》暨"全球旅游意外综合险"发布会在北京召开。"全球旅游意外综合险"不同于以往境外出行投保的单一险种，其独特之处就在于将普通境外险与危机处置服务相结合，除了为广大出境游客的常规意外事件、突发疾病提供救援服务之外，更覆盖特定极端事故的救援保障。该险种不仅针对意外事件和突发疾病等常见问题提供保障，更为对生命财产构成巨大威胁的突发事件制订了解决方案。③

面对日益增长的海外人员安全保障需求，商会和保险公司开展合作，共同开发行业专属人员意外伤害保险服务产品——"海外无忧"人员保障计划，向企业提供意外/疾病死亡伤残、意外/疾病医疗、紧急救援、绑架赎金四大类风险保障，基本覆盖各类海外人员安全风险。保险计划中的国际救援包含境外紧急医疗转运或送返费用、遗体骨灰

---

① 张雅等：《涉事游客多为网购自由行》，载《北京青年报》，2018 年 7 月 7 日，第 3 版。

② 《〈中国境外出行安全白皮书〉在京发布》，http://www.rmzxb.com.cn/c/2019-06-20/2368796.shtml。

③ 同②。

运返等；海外安全保障包含赎金责任、赎金运送损失、法律责任、额外费用、危机处理顾问费用等。企业的中外籍员工均可成为保险服务对象。企业派驻海外将前往战乱区域的人员也可以承保。[①]

江泰救援服务有限公司于 2016 年发起全球救援联盟，联合全球知名救援企业、航空公司、安保公司、律师事务所、旅行社等企业团体，提供全球 233 个国家和地区范围内的有关救援、安保、医疗、转运、财产安全保全等服务。"大救星全球救援智能云平台"是该公司自主研发并运营的全球救援综合服务平台，在传统医疗救援的基础上，为全球用户提供涵盖救命、救治、救护、救助的"四救十六助"综合服务。设有大救星 24 小时全球救援电话。在收到用户呼救后的 60 秒内，将以人工电话回拨的方式与用户进一步联系、核实、确认，并在第一时间采取应急预案，实施全球救援。大救星在全球 138 个国家招募有3000 余名"星使"，他们是在当地生活、工作的华人，会说双语且熟悉所处地人文环境，能够为用户提供安全、有效的线上咨询、线下陪同、代办代理等服务。大救星 APP 为用户免费提供实时全球风险预警服务，预警内容包含暴乱、游行、踩踏、爆炸、台风、污染等 50 种常见危险信号，为用户出行提供全参考。大救星 APP 中的自救手册包含突发症状、意外伤害、社会治安、自然灾害四类共百余种常见危急场景，为用户提供预防及应对方案。[②]

2. 社会组织

（1）商会

适应会员单位要求和海外市场发展需求，商会为企业成员搭建紧急救助平台，邀请安保公司加盟，引进航空包机和医疗救援公司，并联系国资保险公司提供保险救济服务。有的商会搭建"境外安全管理

---

① 《承包商会专属海外无忧保险产品介绍》，http://www.chinca.org/CICA/info/18080 610230011。

② 《大救星——全球综合救援智能云平台》，http://www.dajiuxing.com.cn/#/aboutus。笔者于 2020 年 6 月 15 日参观了该公司的应急救援指挥中心，并访谈了该公司高层管理人员。

服务平台"，向中资企业提供风险预警与评估、培训演练、医疗救援等服务，帮助企业应对管控境外经营面临的风险。

以中国对外承包工程商会为例。该商会以承包商会境外安全服务专栏为窗口，即时发布涉及境外安全的最新信息、热点专题、政策法规、行业评论、学术探讨等资讯。[1] 商会每个工作日为用户提供安全风险信息推送服务，对重点或关键事件，进行专业点评，提出具体应对措施建议。风险信息来自相关境内外资深媒体及行业商协会会员企业。以此为基础，该商会协助行业商协会培育会员企业及其境外分支机构针对特定项目风险信息的反馈与报送能力，形成会员企业与行业商协会的信息互通与有效交流。预警信息服务分为以下类别：风险类综合新闻资讯推送、境外社会安全风险定期监控报告、"一带一路"及重点区域国家动态风险信息等，不同类别服务收费不同。[2] 此外，该商会还提供海外安防安保服务，具体情况见表13和表14。

表 13　中国对外承包工程商会预警信息服务内容及年费标准

类别	内容	服务方式	年费标准
A 级	年度风险管理咨询包，包含安全信息、资料翻译、国别点评、重大突发事件应对建议和内容推送等	电邮推送、APP端推送	30万元人民币
B 级	行业普惠性安全风险信息推送	电邮推送	4万元人民币

---

[1]　《境外安全服务》，http://www.chinca.org/CICA/OverseasSecurity/index。

[2]　《信息预警》，http://www.chinca.org/CICA/info/18012414385811。

表 14 中国对外承包工程商会安保安防服务内容及收费标准①

序号	服务类别	服务内容	收费标准
1	驻地安防体系设计	为境外项目提供全套驻地安防体系设计方案，包括选址、人防、物防、技防、公共关系、情报预警、应急预案、管理制度等，形成安全解决方案	根据项目规模、所在地等因素而异，原则上 20 万元人民币起，包括一次实地考察、方案设计、专家论证、根据客户意见修改方案、指导实施
2	派驻安全经理	为境外项目派驻安全经理，全面负责项目安全管理和安全事务协调工作，包括保安员管理、社区关系维护、驻在国官方安全支持、中方使领馆联络、应急响应、日常运维、安全事故调查、出行随护等	据项目规模、所在地等因素而异，原则上极高风险国家（地区）16 万美元每年起；高风险国家（地区）13 万美元每年起；中等风险国家（地区）10 万美元每年起；低风险国家（地区）7 万美元每年起，包括：派驻服务费、人员工资及社保、往返路费、商业保险
3	驻地保安员	为客户境外项目提供驻地保安员，执行巡防、护卫、应急处突等任务	驻地保安，原则上本地化供应，主要从事驻地安防工作，参考当地用工价格标准；武装保安，主要从事高危环境安保工作，由于有一定的特殊性，所以价格一事一议

① 《安保安防》，http://www.chinca.org/CICA/info/18013008391711。

序号	服务类别	服务内容	收费标准
4	灾害救援	当境外项目及人员遭遇自然灾害时，如地震、飓风、洪水等，可派遣专业救援组（一般10人左右）赶赴现场，提供及时、有效的灾害救援服务，最大程度上避免或减小损失	乘坐民航，收费标准60万元人民币每次起，其中包括：服务费、交通费、设备费、物资；乘坐包机，收费标准500万元人民币每次起，其中包括：服务费、包机费、设备费、物资、受灾人员撤离回国
5	应急撤离	当境外项目及人员遭遇重大突发安全风险时，如驻在国内乱、战争风险等，提供应急撤离服务，包括撤离方案设计、人员从集结点随护抵达交通站点、资产保全、外交事宜协调、包机、安全公关等	根据具体情况而定，原则上600万元人民币每次起，包括：方案设计、安保资源配置、服务费、包机费
6	绑架应对	当境外项目人员遭遇绑架问题时，提供一整套解决方案，包括总部级别应急反应、情报支持、领事保护、安全公关、调查、谈判、赎金交付、人质解救、危机恢复等全流程服务	由于该项服务针对的情况各异，且有一定的特殊性，所以价格一事一议
7	安全审核	为境外项目提供上门安全审核服务和隐患排查服务，主要审核项目既有安防体系及安全管理的有效性，排查潜在的安全风险隐患，制定整改方案	根据项目规模、所在地等因素而异，原则上15万人民币每次起，包括：服务费、交通费、商业保险

续表

序号	服务类别	服务内容	收费标准
8	上门培训	为境外项目驻地工作人员提供上门安全培训，一般培训团队成员三人（主教官、副教官、国别专家），培训内容包括：人员安全、项目安全管理、实操、演练等，时长一周	根据项目规模、所在地等因素而异，原则上 20 万人民币每次起，其中包括：服务费、交通费、商业保险
9	产品销售	针对具体境外项目安全需求，可定向研发和代理了一系列实用、有效的安防安保产品，包括：驻地物防设施、驻地技防器材、人员安全装备、安全管理系统等	安防安保产品均与国际知名安防器材设备公司合作生产，经过多年实践检验，能够保证品质优良

（2）民间救援组织

中国民间救援组织参与紧急救助海外中国公民行动。2008 年汶川地震后，第一批民间救援组织成立。至 2018 年年中，全国民间救援组织已达数千家。民间救援组织从国内走向国外，在 2015 年尼泊尔地震和 2018 年普吉岛沉船事件中，中国民间救援组织积极参与救助受灾同胞。[1]在众多民间救援组织中，蓝天救援队[2]和公羊会之下的公羊救援队比较知名。

蓝天救援队成立于 2007 年。经过多年的发展与实际救援，蓝天救援队已经形成了一个建立在风险处理及预防基础上的综合性应急管理体系，成为一个涵盖生命救援、人道救助、灾害预防、应急反应能力

---

① 范凌志：《听中国民间救援队讲海外行动》，载《环球时报》，2018 年 7 月 6 日，第 7 版。

② 《蓝天救援队》，https://www.blueskyrescue.cn/other/%E8%93%9D%E5%A4%A9%E7%AE%80%E4%BB%8B；《蓝天救援信息公开平台》，https://www.blueskyrescue.cn/other/%E5%9B%BD%E9%99%85%E6%95%91%E6%8F%B4。

提升、灾后恢复和减灾等各个领域的专业化、国际化的人道救援机构，是在全国 31 个省市自治区成立品牌授权的救援队，全国登记在册的志愿者超过 50,000 余名其中有超过 10,000 名志愿者经过了专业的救援培训与认证，可随时待命应对各种紧急救援。[①] 至 2020 年 8 月，蓝天救援队参与了 13 起国际公益救援行动。该救援队负责人在接受记者采访时表示，要成为一个由中国人发起的、专业的国际公益救援组织。海外有七八千万侨胞，也有责任在危难之时帮助他们。[②]

公羊会始创于 2003 年，是一个具有独立社团法人资格的民间公益社团组织。在美国、意大利、奥地利、埃塞俄比亚、厄瓜多尔、法国等六国设有七个公羊会。注册的专业志愿者从初期的 15 人增加到 2021 年 3 月时的 24,538 人。2008 年 5 月，公羊会设立了一支专门执行应急救援任务的志愿者队伍——公羊队。严格挑选海内外 675 名志愿者，经过培训、考核，使之成为一支具有扎实救援知识及实战经验的应急救援队伍。[③] 队员们获得了多项证书，如国际沟渠救援技术证书、国家地震局颁发的建筑物坍塌中级证书、IRIA 国际搜救教练联盟水域救援 R4 教官证书、IRATA 国际绳索技术、美国心脏协会 AHA 培训证书、红十字会师资证、无人机驾驶员证书等等。公羊救援队在国内分别设立了多个战备、后勤基地，储备有无人侦察机、应急救援指挥车、指挥通讯车、地面卫星通信传输设备、派立克支撑破拆装备、生命探测仪、3D 侧扫声呐、冲锋舟、潜水装备、专业医疗帐篷（含配套设施）、医疗器械、搜救犬，以及众多山地和水上救援器材等装备。公羊救援队自成立以来参加了四川汶川、青海玉树等近 30 次国内大型救援及尼泊尔、巴基斯坦、厄瓜多尔、意大利、印度尼西亚、墨西哥、泰国、

---

① 《蓝天救援队》，https://www.blueskyrescue. cn/other/%E8%93%9D%E5%A4%A9 %E7%AE%80%E4%BB%8B。

② 孙冰：《专访蓝天救援队总指挥张勇：河南水灾救援中的感动与无奈》，载《中国经济周刊》，2021 年 8 月 15 日，第 32—33 页。

③ 《公羊队》，http://www.ramunion.org/gy.gyd。

老挝、俄罗斯9次跨国救援，具体情况见表15。① 2019年8月12日，公羊会获得埃塞俄比亚社会保障（民政）部颁发的国际公益组织注册登记证书，成为首个在非洲合法登记注册的中国应急救援类公益组织，获埃塞政府授权开展灾害救援、救援技能培训、扶贫援助等公益活动。②

表15　公羊会参与的海外应急救援③

年份	救援活动
2015	尼泊尔地震救援（首次参与国外应急救援）
2016	1月31日　巴基斯坦地震救援
	4月18日　厄瓜多尔地震救援
	8月25日　意大利地震救援
	12月8日　印度尼西亚苏门答腊地震救援
2018	2月17日　墨西哥地震救援
	7月　泰国普吉岛沉船救援
	7月　老挝阿速坡省溃坝救援
	8月　俄罗斯远东库安达搜救

中国民间救援队海外救援高超的专业救援技能使他们能够在保护海外中国公民安全方面起着独特的作用。例如，2018年8月21日，一辆越野车在俄罗斯横渡库安达河时沉没，车上三名中国公民获救，一名失踪。俄方搜索河面一周无果，应失踪者家属请求，公羊救援队派遣特种搜索专家携带专业救援装备，从北京飞抵事发地点俄罗斯库安

---

① 《公羊队》，http://www.ramunion.org/gy.gyd。
② 《公羊会落地埃塞俄比亚，成为非洲首个注册开展应急救援服务的中国公益组织》，http://www.ramunion.org/news.detail/id-363。
③ 同①。

达无人区河域展开搜寻任务。①

（3）其他社会组织

海外危急时刻，一些社会组织能够有效开展安全自救活动。例如，登山协会曾协助受尼泊尔地震影响的登山队员脱离困境。在 2015 年尼泊尔地震中，有 28 名中国登山者被困珠穆朗玛峰南侧。后在中国登山协会的努力下，被困人员除一人死亡、一人失联外，均被转移到安全地带。中国登山协会通过尼泊尔登山协会向尼泊尔文化、旅游和民航部要求提供直升机救援。特别是在得知有中国山友受伤之后，通过在尼泊尔的华人山友和尼泊尔方面紧急交涉，要求尽快派出直升机救援。该协会负责人表示，不管是在国内还是国外，不管有没有在中国登山协会进行报备，一旦有中国山友遇险的情况，登山协会都会不惜代价、不遗余力，调动一切可调动的资源积极组织救援，尽可能保证中国公民的生命健康安全。②

总体而言，自进入 21 世纪以来，越来越多的行为体加入海外中国公民和中资企业安全保护工作，呈现出"政府、企业和社会组织共同参与"的局面。国内各层级的协调机制逐步完善。在中央层面部际联席会议机制框架下，建立针对某一类型安全保护案件的专项机制。为满足网络媒体时代公众对重大海外安全保护案件的信息获知需求，外交部建立了与各大媒体的公共外交联动机制，对涉及中国公民的重大突发安全事件，及时发布权威信息，理性引导公共舆论。③各级地方政府纷纷成立和完善相关的海外安全保护统筹协调机制。在境内外联动方面，中国驻外使领馆除外交部派出人员外，还有教育部、商务部、

① 孔令晗：《中国"越野神人"在俄驾车遇险失踪》，载《北京青年报》，2018 年 9 月 2 日，第 6 版。

② 《多国援手　余震多民众亟待救助》，载《北京青年报》，2015 年 4 月 28 日，第 A06 版。

③ 2018 年 1 月，外交部领事司副司长兼领事保护中心主任陈雄风接受《环球》杂志记者的专访。参见《支撑"海外中国"的领事保护之手》，http://www.xinhuanet.com/globe/2018-01/18/c_136882661.htm。

文化旅游部、国防部等部门派出的人员。公安部向部分驻外使馆派驻警务联络官。这些外派人员与各自的派出部门之间有着密切的工作联系。一些地方外办还依托海外华侨和本地区海外企业建立联络员（处）和代表处，内外联动，协助处理保护事宜。已形成"前方及时研判并提出建议、外交部牵头分析决策、各地方和各部门分工协作"的重大突发案件处置机制。①

第四节 21世纪海外中国公民和中资企业安全 保护机制之管理法制化和预防精细化

进入21世纪，有关部门在海外中国公民和中资企业安全保护工作中更加重视管理法制化和预防精细化。这主要体现为：关于海外中国公民和中资企业安全保护的法律体系不断完善，尤其是酝酿出台专门的关于领事保护与协助的专门法规；驻外使领馆重视领事保护相关法律体系建设，翻译驻在国相关法律法规，面向海外中国公民开展普法宣传活动，并强调公民应知法、守法；公民的"违法违规行为"无法由中国领事保护买单。② 相关预防宣传工作也取得了很大进展，公众获取信息和求助的方式更为便捷，海外安全提醒信息发布的内容更为规范，预防措施的针对性更强。

一、海外中国公民和中资企业安全保护机制之管理法制化

商务部、文化和旅游部等部门推动出台有关海外中国公民和中资企业安全保护的法律法规。2018年，外交部部长王毅在两会记者会上表示，外交部坚持以人民为中心，持续打造由法律支撑、机制建设、

---

① 2018年1月，外交部领事司副司长兼领事保护中心主任陈雄风接受《环球》杂志记者的专访。参见《支撑"海外中国"的领事保护之手》，http://www.xinhuanet.com/globe/2018-01/18/c_136882661.htm。

② 张蕴岭、张洁、艾莱提·托洪巴依编：《海外公共安全与合作蓝皮书：海外公共安全与合作评估报告（2019）》，北京：社会科学文献出版社，2019年版，第81页。

风险评估、安全预警、预防宣传和应急处置六大支柱构成的海外中国平安体系。①其中,法律支撑被列在首位。外交部和中国驻外使领馆重视海外安全保护相关法律体系建设,强调公民应知法、守法、理性维权。

(一) 颁行关于不同海外公民群体保护的法律法规

1. 关于对外承包工程人员的安全保护

2008 年《对外承包工程管理条例》包含关于从事对外承包工程人员安全保护的内容。该条例第七条规定:"国务院商务主管部门应当会同国务院有关部门建立对外承包工程安全风险评估机制,定期发布有关国家和地区安全状况的评估结果,及时提供预警信息,指导对外承包工程的单位做好安全风险防范。"第十三条规定:"对外承包工程的单位应当有专门的安全管理机构和人员,负责保护外派人员的人身和财产安全,并根据所承包工程项目的具体情况,制定保护外派人员人身和财产安全的方案,落实所需经费。对外承包工程的单位应当根据工程项目所在国家或者地区的安全状况,有针对性地对外派人员进行安全防范教育和应急知识培训,增强外派人员的安全防范意识和自我保护能力。"第十四条规定:"对外承包工程的单位应当为外派人员购买境外人身意外伤害保险。"第十五条规定:"对外承包工程的单位应当按照国务院商务主管部门和国务院财政部门的规定,及时存缴备用金。前款规定的备用金,用于支付对外承包工程的单位拒绝承担或者无力承担的下列费用:(一)外派人员的报酬;(二)因发生突发事件,外派人员回国或者接受其他紧急救助所需费用;(三)依法应当对外派人员的损失进行赔偿所需费用。"第十六条规定:"对外承包工程的单位与境外工程项目发包人订立合同后,应当及时向中国驻该工程项目所在国使馆(领馆)报告。对外承包工程的单位应当接受中国驻

---

① 《王毅:打造海外中国平安体系》,https://www.mfa.gov.cn/ce/cemr/chn/zgyw/t1540500.htm。

该工程项目所在国使馆（领馆）在突发事件防范、工程质量、安全生产及外派人员保护等方面的指导。"第十七条规定："对外承包工程的单位应当制定突发事件应急预案；在境外发生突发事件时，应当及时、妥善处理，并立即向中国驻该工程项目所在国使馆（领馆）和国内有关主管部门报告。国务院商务主管部门应当会同国务院有关部门，按照预防和处置并重的原则，建立、健全对外承包工程突发事件预警、防范和应急处置机制，制定对外承包工程突发事件应急预案。"①

2. 关于海外中国游客的安全保护

2013 年颁布的《中华人民共和国旅游法》就包含与海外中国游客安全保护相关的内容。该法第六十一条规定："旅行社应当提示参加团队旅游的旅游者按照规定投保人身意外伤害保险。"第七十七条规定："国家建立旅游目的地安全风险提示制度。旅游目的地安全风险提示的级别划分和实施程序，由国务院旅游主管部门会同有关部门制定。"第八十一条规定："突发事件或者旅游安全事故发生后，旅游经营者应当立即采取必要的救助和处置措施，依法履行报告义务，并对旅游者作出妥善安排。"第八十二条规定："旅游者在人身、财产安全遇有危险时，有权请求旅游经营者、当地政府和相关机构进行及时救助。中国出境旅游者在境外陷于困境时，有权请求我国驻当地机构在其职责范围内给予协助和保护。旅游者接受相关组织或者机构的救助后，应当支付应由个人承担的费用。"②

3. 关于对外劳务合作人员的安全保护

2012 年《对外劳务合作管理条例》包含了有关海外劳务人员安全保护的内容。第三条规定："国家鼓励和支持依法开展对外劳务合作，提高对外劳务合作水平，维护劳务人员的合法权益。国务院有关部门

---

① 《对外承包工程管理条例》，http://www.gov.cn/zhengce/2020-12/27/content_55745 42.htm。

② 《中华人民共和国旅游法》，http://zwgk.mct.gov.cn/zfxxgkml/zcfg/fl/202105/t202105 26_924763.html。

制定和完善促进对外劳务合作发展的政策措施，建立健全对外劳务合作服务体系以及风险防范和处置机制。"第十一条规定："对外劳务合作企业不得组织劳务人员赴国外从事与赌博、色情活动相关的工作。"第十二条规定："对外劳务合作企业应当安排劳务人员接受赴国外工作所需的职业技能、安全防范知识、外语以及用工项目所在国家或者地区相关法律、宗教信仰、风俗习惯等知识的培训；未安排劳务人员接受培训的，不得组织劳务人员赴国外工作。劳务人员应当接受培训，掌握赴国外工作所需的相关技能和知识，提高适应国外工作岗位要求以及安全防范的能力。"第十三条规定："对外劳务合作企业应当为劳务人员购买在国外工作期间的人身意外伤害保险。但是，对外劳务合作企业与国外雇主约定由国外雇主为劳务人员购买的除外。"第十六条规定："对外劳务合作企业应当跟踪了解劳务人员在国外的工作、生活情况，协助解决劳务人员工作、生活中的困难和问题，及时向国外雇主反映劳务人员的合理要求。对外劳务合作企业向同一国家或者地区派出的劳务人员数量超过100人的，应当安排随行管理人员，并将随行管理人员名单报中国驻用工项目所在国使馆、领馆备案。"第十七条规定："对外劳务合作企业应当制定突发事件应急预案。国外发生突发事件的，对外劳务合作企业应当及时、妥善处理，并立即向中国驻用工项目所在国使馆、领馆和国内有关部门报告。"第三十条规定："国务院商务主管部门会同国务院有关部门建立对外劳务合作信息收集、通报制度，为对外劳务合作企业和劳务人员无偿提供信息服务。"第三十一条规定："国务院商务主管部门会同国务院有关部门建立对外劳务合作风险监测和评估机制，及时发布有关国家或者地区安全状况的评估结果，提供预警信息，指导对外劳务合作企业做好安全风险防范；有关国家或者地区安全状况难以保障劳务人员人身安全的，对外劳务合作企业不得组织劳务人员赴上述国家或者地区工作。"第三十五条规定："中国驻外使馆、领馆为对外劳务合作企业了解国外雇主和用工项目的情况以及用工项目所在国家或者地区的法律提供必要的协助，依据职责维护对外劳务合作企业和劳务人员在国外的正当权益，发现违反本条例规定的行为及时通报国务院商务主管部门和有关省、自治区、直辖市人民政府。劳务人员可以合法、有序地向中国驻外使馆、领馆反映相关诉求，不得干扰使馆、领馆正常工作秩序。"第三十六条规定："国务院有关部门、有关县级以上地方人民政府应当建立健全对外劳务合作突发事件预警、防范和应急处置机制，制定对外劳务合作突发事件应急预案。对外劳务合作突发事件应急处置由组织劳务人员赴国外工作的单位或者个人所在地的省、自治区、直辖市人民政府负责，劳务人员户籍所在地的省、自治区、直辖市人民政府予以配合。中国驻外使馆、领馆协助处置对外劳务合作突发事件。"①

（二）酝酿产生关于领事保护与协助工作的专门立法

2018 年 3 月，外交部在其官网发布《中华人民共和国领事保护与协助工作条例（草案）》征求意见稿（以下简称《征求意见稿》）。《征求意见稿》共三十八条，分总则、领事保护与协助案件处置、预防性措施与机制、法律责任和附则五章，主要内容包括领事保护与协助的职责概述与履责原则，中国公民、法人和非法人组织的基本权利义务，不同情形下的领事保护与协助职责，预防性领事保护有关措施与机制等。②

首先，《征求意见稿》对领事保护的职责范围进行了明确说明，并指出，中国外交官和领事官为公民提供领事保护受驻在国客观条件限制。驻外外交机构和驻外外交人员应遵守中国法律和中国缔结或者参加的国际条约，尊重驻在国法律、宗教信仰和风俗习惯，充分考虑驻在国各方面客观因素，为中国公民、法人和非法人组织提供相应方式

---

① 《对外劳务合作管理条例》，http://www. gov. cn/zhengce/2020 - 12/27/content_5574485. htm。

② 《外交部公布领事保护与协助工作条例草案公开征意见》，http://www. chinanews. com/gn/2018/03 - 26/8476596. shtml。

和程度的领事保护与协助。如驻在国法律或者不可抗力等客观因素对提供领事保护与协助构成限制，驻外外交机构和驻外外交人员应当向有关中国公民、法人和非法人组织说明。驻外外交机构和驻外外交人员依法履行领事保护与协助职责的行为受法律保护。

其次，《征求意见稿》强调保护合法权益。"驻外外交机构和驻外外交人员协助在驻在国的中国公民、法人和非法人组织维护其正当权益，不得为其谋取不正当利益，不袒护其违法行为。"[①]

最后，《征求意见稿》规定了海外中国公民在寻求领事保护方面自身的责任：

第一，在寻求领事保护时，中国公民、法人和非法人组织提供的信息应当真实、准确、有效。如提供虚假信息或隐瞒真实情况，应由当事人承担相应后果。

第二，中国公民在驻在国遇航班延误或取消，如因航空公司未履行驻在国法律或与当事中国公民订立的航空旅客运输合同规定的义务而导致权益受损的，驻外外交机构和驻外外交人员可以根据其请求，为其维护权益提供必要协助，并向驻在国有关部门表达关注，敦促及时妥善处置。如航空公司已履行驻在国法律及航空旅客运输合同规定义务的，驻外外交机构和驻外外交人员应当予以尊重。

第三，中国公民、法人和非法人组织获得领事保护与协助的，应当自行承担其食宿、交通、通讯、医疗、诉讼费用及其他应由个人承担的费用。

第四，中国公民应当密切关注欲前往国家或已在国家的有关安全提醒，加强安全防范，合理安排海外行程，避免前往高风险国家或地区。中国法人和非法人组织应当加强海外安全风险评估，对拟派往国外工作的人员进行安全培训，并密切关注有关安全提醒，避免将人员派往高风险国家或地区。中国公民在相应安全提醒发布后仍坚持前往

---

① 《关于〈中华人民共和国领事保护与协助工作条例（草案）〉（征求意见稿）的说明》，https://world.huanqiu.com/article/9CaKrnK74Mb。

有关高风险国家或地区的，因协助而产生的费用由个人承担。

第五，中国公民、法人和非法人组织在寻求领事保护与协助过程中，扰乱驻外外交机构正常工作秩序，妨碍驻外外交人员履行领事保护与协助职责，或者侵害驻外外交人员或其他工作人员人身、财产权益的，依法承担相应法律责任。[①]

（三）驻外使领馆重视相关法律体系建设和相关普法宣传

中国驻外使领馆整合当地法律资源，建立"法律为领事工作服务体系"，并为海外中国公民和企业举办法律知识讲座，开展普法宣传。

驻新加坡使馆率先尝试，充分调动新加坡当地法律资源，更好地运用法律手段维护在新加坡的中国公民和机构的合法权益。2018年5月，驻新加坡使馆召开发布会，公布了服务体系的六项主要内容：一是聘请法律顾问，为使馆依法行政提供专业法律保障；二是建立《新加坡律师事务所推荐名单》，为遇到法律问题的中国公民提供法律支持；三是建立《新加坡免费法律资源名单》，使经济相对困难的中国公民也能获取专业法律指导；四是翻译九部新加坡法律文本，向有需要的中国公民和机构免费发放；五是建立新加坡常见法律问题问答及案例库，为中国公民提供借鉴；六是在使馆网站设立"法律服务"专题版块，方便中国公民获取相关法律信息。[②]

为加强赴泰同胞对泰国主要法律法规的了解，增强守法和依法维权意识，驻泰国使馆挑选出入境、投资等五部泰国常用法律，将其翻译成中文并印刷《泰国部分法律简编》，免费提供，并在使馆网站提供电子版下载。[③]

---

① 《关于〈中华人民共和国领事保护与协助工作条例（草案）〉（征求意见稿）的说明》，https://world. huanqiu. com/article/9CaKrnK74Mb。

② 《驻新加坡使馆举办"法律为新时代领事工作服务体系"发布会和座谈会》，http://cs. mfa. gov. cn/gyls/lsgz/lqbb/t1560262. shtml。

③ 《"为了同胞的安全和便利！"——中国驻泰国使馆推出四大为民举措》，http://cs. mfa. gov. cn/gyls/lsgz/lqbb/t1655933. shtml。

　　驻外使领馆邀请驻在国有关人士为海外中国公民举办普法讲座。例如，2015 年 4 月，中国驻俄罗斯大使馆和俄罗斯联邦移民局共同举办旅俄中国公民普法讲座，旨在帮助旅俄中国公民更好地了解俄罗斯法律法规、更好地融入当地社会。① 2018 年 9 月，驻缅甸使馆邀请仰光省移民局处长讲解缅甸签证类别与居留办理手续，并就中资企业在缅劳资纠纷、外国公民在缅住所规定等回答了现场提问。② 波兰华沙中国商城是中东欧最大的商贸集散地之一，相当部分由华商经营。2018年 5 月，驻波兰使馆邀请波兰资深商务律师在华沙近郊的中国商城管理处办公室为华商们讲授普法课程。大使在与华商们座谈时强调，波兰法律制度日益完善，市场监管力度逐渐加强是必然趋势，广大华商应着眼长远，树立依法合规经营，依法理性维权的正确观念。③ 2021 年11 月，驻伊基克总领事馆邀请智利第一大区总检察长为领区侨胞举办法律知识线上讲座。总检察长系统介绍了智利检察机关体系、主要职能和诉讼审判程序。在提问互动环节，与会侨胞代表结合公民举报、申诉、报案结果查询、案件审核时效、商标保护等具体关心的问题与总检察长进行了深入探讨和交流。④

---

　　① 《俄联邦移民局为旅俄中国公民举办普法讲座》，http://www.xinhuanet.com//world/2015-04/25/c_127730971.htm。

　　② 《驻缅甸使馆举办 2018 年度领事保护专题宣讲会》，http://cs.mfa.gov.cn/gyls/lsgz/lqbb/t1597549.shtml。

　　③ 《大使请来老师，与华商侨领一起学法律》，http://cs.mfa.gov.cn/gyls/lsgz/lqbb/t1561395.shtml。

　　④ 《驻伊基克总领事傅新蓉出席智利第一大区检察院为当地侨胞举办法律知识线上讲座》，https://www.fmprc.gov.cn/web/zwbd_673032/jghd_673046/202111/t20211119_10450200.shtml。

（四）强调保护海外中国公民的"合法"权益，呼吁公民依法依规理性维权

在一些具体保护案件的处置中，中国驻外使领馆呼吁海外中国公民理性维权，避免卷入不必要的法律纠纷。① 比如，2018 年 1 月 24 日，日本成田机场某外国航空公司 35 次航班因上海降雪被迫取消，175 名中国乘客滞留机场。② 同年 1 月 27 日至 28 日，伊朗境内暴雪，德黑兰等地机场临时关闭，约 240 名在伊转机的中国旅客滞留在德黑兰霍梅尼国际机场。③ 前一事件中的廉价航空公司以低成本运营，提前便与旅客签订免责协议：航空公司在紧急情况下不能及时改签航班且不负责旅客食宿。④ 后一事件中的航空公司事先就与中方旅行社有签署协议，因此伊方没有义务为在伊转机的中国旅客提供食宿服务。⑤ 但是，滞留机场的中国乘客不停地致电中国驻外使领馆，要求提供协助。中国驻伊朗使馆的领保热线电话陆续接到滞留的中国旅客及相关旅行团领队总共 116 个同类求助，要求使馆协调安排食宿并尽快离境，其中 44 个电话为 0 点到 6 点间打来。个别旅客情绪激动，甚至在来电中辱骂使馆及领事官员。受暴雪影响，当时的德黑兰周边高速公路全面封闭。使馆两名官员在现场与高速交警反复交涉并签下安全自负的保证书后，才被允许驾车驶入通往机场的高速公路。在暴雪天气，4 个小时（约 70 公里，平时只需一个半小时）后终于抵达机场。经使馆官员与伊边检部门现场做工作，伊朗边检部门才破例为中国旅客做出特殊安排。中国领事服务网转载了报纸对于中国游客滞留德黑兰霍梅尼国际机场事件的报道，呼吁海外中国公民理性维权，不应忽略自身责

① 《中国驻日本使馆积极处理航班延误事件》，http://cs. mfa. gov. cn/gyls/lsgz/lqbb/t1529365. shtml。

② 《中国驻日本大使馆妥善处理航班延误事件》，http://www. china-embassy. or. jp/chn/lszc/lstx/t1529239. htm。

③ 《中国驻伊朗使馆提醒拟赴伊及在伊转机的中国公民关注伊当地天气情况》，http://ir. chineseembassy. org/chn/sgzc/t1530600. htm。

④ 同②。

⑤ 同③。

任义务。①

中国驻外使领馆强调公民遵纪守法是对自己最好的保护，绝不偏袒公民的违法违规行为。2017年6月初，赞比亚在打击盗采矿石的行动中，31名中国公民被抓捕。后经中方交涉，事情得到妥善解决，31名中国公民合法离境。6月14日，驻赞比亚使馆就领保工作召开侨领座谈会。大使在讲话中特别强调遵纪守法的重要性，要求在赞中资企业和中国公民严格遵守当地法律法规，守法规范经营。大使表示，我国对我公民、企业"走出去"管理将更加制度化。在此情况下，遵纪守法是对自己的最好保护。驻赞使馆将始终坚持"外交为民"的服务宗旨，坚决维护我在赞公民的合法权益，但绝不袒护任何违法行为。② 2021年8月，刚果（金）南基伍省政府因非法采矿和破坏环境暂停六家中资公司的运营，命令所有本地和外国员工离开。事发后，中国外交部非洲司司长曾在推特发文回应此事，表示中方支持刚果（金）依法打击非法经济活动，已责成涉事公司彻底停止相关业务并离开南基伍省。相关公司将受到中国政府的处罚。中方绝不允许在非洲的中国公司违反当地法律法规。③

（五）建立涉侨或涉外法律工作机制

驻外使领馆推动成立为海外中国公民服务的律师团体。例如，2021年5月，在驻比利时使馆的推动下，比利时华人律师服务团正式成立，并整体纳入领事协助志愿者体系。④

地方政府建立涉侨法律工作站。2018年，浙江省乐清市举行"乐

---

① 赵岭：《"强大中华威自在，何需处处唱国歌"请善待领事保护》，https://m.huanqiu.com/article/9CaKrnK6BP7。
② 《驻赞比亚使馆召开侨领座谈会》，http://cs.mfa.gov.cn/gyls/lsgz/lqbb/t1470982.shtml。
③ 《5名中国公民在刚果（金）被绑架》，载《环球时报》，2021年11月22日，第3版。
④ 《驻比利时使馆向旅比侨胞发放防疫物资》，http://be.china-embassy.org/lsfw/qwgz/202106/t20210608_9047163.htm。

清市涉外涉侨法律服务工作站"授牌仪式。工作站与熟悉涉外涉侨业务的律师事务所合作，成立法律顾问团队，聘请知名侨领担任人民调解海外联络员，旨在为乐清籍海外华侨华人提供免费法律咨询和有偿法律服务，并酌情对弱势群体、经济困难的涉外涉侨当事人提供免费法律援助。① 2020 年，云南省楚雄州侨联在云南兴彝律师事务所举行"涉侨法律服务工作站"挂牌仪式。工作站为全州归侨侨眷、海外侨胞、留学人员提供优质高效专业的法律咨询、委托代理诉讼、法律援助等一系列公共法律服务，并开展相关法律宣传普法活动。②

作为"一带一路"有机衔接的重要门户，广西许多"走出去"的企业表示，涉外纠纷日益增多，面临的海外安全风险不容小觑，希望进一步加强在国际执法合作、涉外法律服务等方面的合作③。对此，广西司法厅着力构建多元化纠纷解决机制，在边境线建立跨国民间纠纷人民调解组织。百色市在边境贸易口岸设立了仲裁服务点，并与越南就仲裁业务达成合作，共同制定边贸仲裁规则；钦州市在广西率先开展国际商事仲裁合作，成立了钦州国际商事仲裁院。④

二、海外中国公民和中资企业安全保护机制之预防精细化

"以预防为主、预防与处置并重"是海外中国公民和中资企业安全保护工作的指导原则。进入 21 世纪以来，公众获取海外安全信息和紧急求助的方式更为便捷，海外安全提醒信息发布的内容更为规范，安全保护预防措施的针对性更强。

---

① 《乐清成立涉外涉侨法律服务工作站》，http://www.yqtzb.gov.cn/shownews.asp？id＝4414。

② 《全省侨联首家州（市）级"涉侨法律服务工作站"在楚雄挂牌成立》，https://www.sohu.com/a/399024757_100014049？_trans_＝000014_bdss_dkmwzacjP3p；CP＝。

③ 《广西：倾力打造"一带一路"有机衔接的重要门户》，http://m.xinhuanet.com/2019-05/20/c_1210138934_4.htm。

④ 《广西构筑政法服务新平台　法治保障"走出去"》，载《人民日报》，2019 年 12 月 5 日，第 19 版。

（一）公众获取海外安全信息的渠道更为便捷

第一，利用信息技术手段，打造指尖上的海外安全服务平台，便于公众获得相关信息。

一是手机短信提醒。自 2011 年 9 月起，外交部领保中心先后与中国三大手机运营商合作，以领事保护中心名义推出海外安全提醒短信服务。2013 年 9 月起，领保中心将原有的 70 字符信息扩容到 140 字符，特别是针对一些重点旅游目的国增加了文明行为提示。①

二是中国领事服务网。2011 年 11 月 22 日，外交部正式启动中国领事服务网，为海外中国公民及机构提供一站式海外安全信息服务。② 2014 年，外交部开通"领事直通车"官方微信公众号，发布海外安全提醒和领事服务类信息。同年，中国领事服务网全新改版上线，增加了"出国及海外中国公民自愿登记"功能，凡是登记的公民都会收到海外安全风险提醒的邮件。③

为更好地帮助企业了解和熟悉海外营商环境，有效防范化解各类安全风险，商务部国际贸易经济合作研究院和驻外使领馆经商机构编写《对外投资合作国别（地区）指南》，并每年更新。该《指南》涵盖 175 个国家和地区，全面、客观地反映对外投资合作所在国（地区）的宏观经济形势、法律法规、经贸政策、营商环境等"走出去"企业关心的事项。2020 年，新冠肺炎疫情之下，还编写了《对外投资合作重点国别（地区）新冠肺炎疫情应对指南》。④

三是领事保护热线。领事保护服务热线及相关服务不断升级。

---

① 《贴心短信助国民文明出游》，载《人民日报》，2013 年 12 月 20 日，第 22 版。

② 《中国领事服务网 11 月 22 日起开通》，http://www.chinadaily.com.cn/hqkx/2011-11/22/content_14143556.htm。

③ 中华人民共和国外交部：《中国领事保护与领事服务：盘点 2013，展望 2014》，http://www.fmprc.gov.cn/mfa_chn/wjbxw_602253/t1124042.shtml。

④ 商务部国际贸易经济合作研究院、中国驻埃及大使馆经济商务处、商务部对外投资和经济合作司：《对外投资合作国别（地区）指南：埃及（2020 年版）》，http://www.mofcom.gov.cn/dl/gbdqzn/upload/aiji.pdf。

2014 年，外交部全球领事保护与服务应急呼叫中心"12308"热线正式开通；2017 年，推出"12308"微信版；2018 年，推出手机应用版，在全球任意地点、任何时间，用户均可依托无线通信（WIFI）或移动互联网拨打"12308"热线，无需另行支付国际通话费，实现了领事保护咨询和求助渠道全覆盖。①

第二，在驻外使领馆的支持下，海外华侨华人成立援助协会并委托公司开发帮助海外中国公民的系统软件。为了保障在马来西亚中国公民的合法权益，2016 年 10 月，由马来西亚各界华人华侨联合发起的马中援助协会在吉隆坡成立。该会推出了名为"唐人街"的手机应用软件，在马中国公民可以通过该软件或拨打热线电话需求援助。② 在该手机软件的基础上，马中援助协会又委托公司开发了一款集成拨打免费热线、生成案件数据库、查询马生活信息等功能的手机应用程序——"民安海外援助系统"。该协会和中国驻马来西亚使馆一起于 2017 年 3 月举办了该系统的启用仪式。③

（二）海外安全提醒信息发布更加规范

经过数十年的发展，中国外交部安全提醒的内容更为规范。这主要体现在以下方面：

第一，栏目设计日趋合理。21 世纪初时，外交部网站的"海外安全动态栏目"下各板块内容交叉比较多，例如关于各国签证的信息，可能在"出国特别提醒"板块，也可能出现在"出国手续"板块，而关于中国和其他国家互免签证协议的内容只列在"法规资料"部分，读者要查阅关于出国签证的信息，需要仔细阅读所有内容，才能对情况有比较

---

① 《领事工作媒体吹风会现场实录（上）》，http://cs.mfa.gov.cn/gyls/lsgz/lqbb/t1628183.shtml。

② 《（亚太专递）"马中援助协会"成立将向在马来西亚中国公民提供援助》，http://cn.apdnews.com/XinHuaNews/503954.html。

③ 《驻马来西亚大使黄惠康出席"民安海外援助系统发布会"》，http://cs.mfa.gov.cn/gyls/lsgz/lqbb/t1449381.shtml。

全面的了解。① 而当前中国领事服务网首页醒目位置有三个栏目：安全提醒、领侨播报、通知公告。② 其中，安全提醒栏目发布海外安全提醒信息；领侨播报栏目发布中国驻外使领馆有关活动，通知公告栏目发布与领事工作相关的其他重要消息。这样的栏目设计更方便读者查找。

第二，实现海外安全分级提醒。自 2000 年年底外交部官网发布第一条海外安全提醒信息，直到 2015 年，海外安全提醒信息并无分级。从 2016 年起，外交部将海外安全提醒明确分级，分为"暂勿前往""谨慎前往"和"注意安全"三个等级，便于公众对旅行目的地的安全程度做出判断。③

第三，安全提醒标注有效期。起初，外交部官网发布的海外安全提醒信息并不标注具体发布时间，也不标明该安全提醒信息的有效期，信息更新也比较缓慢。当前，中国领事服务网发布的安全提醒信息均标注了发布时间和有效期。例如，2021 年 4 月 1 日发布的安全提醒信息《提醒中国公民近期暂勿前往莫桑比克德尔加杜角省》，标注的有效期为六个月，至 2021 年 10 月 1 日。④

第四，告知公众罔顾安全提醒可能面临的后果。起初，外交部发布的安全提醒信息没有提醒公众注意自身责任的内容。后来，外交部发布的海外安全提醒信息增加了一些表述，告知公众罔顾安全提醒可能面临的后果。例如，2021 年 4 月 1 日，中国领事服务网转发的由中国驻巴勒斯坦办事处发布的安全提醒信息《再次提醒中国公民近期暂勿前往巴勒斯坦》，其中写道：外交部和中国驻巴勒斯坦办事处提醒中国公民近期暂勿前往巴勒斯坦加沙地带，谨慎前往约旦河西岸地区，

① 夏莉萍：《领事保护机制改革研究——主要发达国家的视角》，北京：北京出版社，2011 年版，第 348—349 页。
② 中国领事服务网，http://cs.mfa.gov.cn/。
③ 中华人民共和国外交部政策规划司编：《中国外交 2017 年版》，北京：世界知识出版社，2017 年版，第 326 页。
④ 《提醒中国公民近期暂勿前往莫桑比克德尔加杜角省》，http://cs.mfa.gov.cn/gyls/lsgz/lsyj/jszwqw/t1866178.shtml。

请仍在当地的中国公民加强安全防范和个人防护。最后明确表示："鉴于当前情况易给当事人带来严重安全及疫情风险，且驻巴勒斯坦办事处难以提供最有效协助，如当事人坚持前往，由于提供领事保护与协助而产生的费用，将由个人承担。"①

（三）编写发布具有地方特点的预防性安全保护宣传材料

中国各驻外使领馆不再只是千篇一律地颁发外交部编写的《境外领事保护与服务指南》，而是根据当地安全形势具体情况和中国公民易遭遇的安全问题，编制具有地方特点的海外安全宣传资料。例如，2014 年，中国驻柬埔寨使领馆结合柬埔寨国情和在柬中国公民实际情况，编写了《中国公民在柬埔寨安全知识手册》。该手册内容不仅包括了提醒中国公民在柬埔寨境内的注意事项，还特别提醒当地频发摩托车抢劫事件，应注意防范此类风险。② 在日本，据日本法务省统计，截至 2013 年年底，日本人中国籍配偶接近 4 万人。身处不同的生活环境和文化背景，不少同胞来日不久就出现严重的不适反应，甚至引发各种精神疾病。2014 年，中国驻日本大使馆发布系列提醒，旨在帮助中国公民适应在日本生活。这些提醒包括《日本人中国籍配偶在日生活小指南》，如做好适应新环境的前期准备、尊重日本习俗、把握生活节奏、及时调整心情、有困难及时求助等。③

2017 年 5 月，中国驻多伦多总领馆在多伦多皮尔逊国际机场举行《中国公民领事保护与服务》手册发布仪式。该手册在 2011 年发布的手册基础上，广泛征求本地律师、警官、医生等各界专家的意见和建议，由专业设计团队制作的。手册只有护照大小，方便大家随身携带。

---

① 《再次提醒中国公民近期暂勿前往巴勒斯坦》，http://cs.mfa.gov.cn/gyls/lsgz/lsyj/jszwqw/t1866086.shtml。

② 《驻柬埔寨使馆发布〈中国公民在柬埔寨安全知识手册〉》，http://cs.mfa.gov.cn/gyls/lsgz/lsyj/t1196369.shtml。

③ 《驻日本使馆系列领事提醒（四）：日本人中国籍配偶在日生活小指南》，http://cs.mfa.gov.cn/gyls/lsgz/lsyj/t1195294.shtml。

手册还首次纳入动漫元素，把信息形象化、生活化，更具可读性，更易懂。手册电子版同步发送到驻多伦多总领馆官网和官方微信、微博供下载使用。① 2017 年 6 月，中国驻美国大使馆举行发布会，推出《中国驻美国大使馆领区手册》《旅美生活服务平台》微信公众号、《领事随手拍》系列短视频等三项预防性领事保护公共服务产品。②

在泰国，溺水和交通事故是常见安全风险。2019 年 4 月，中国驻泰国使馆制作了两个以降低中国游客在泰涉水以及交通安全事故风险的动漫形式宣传片，使中国游客通过生动直观的方式了解安全风险并采取预防措施。这两个宣传片在中国主要航空公司赴泰国航班上播放，并在泰国主要旅游景点、酒店等地投放，赴泰中国游客也可在使馆网站观看。③

近年来，赴加拿大阿尔伯塔省班芙、贾斯珀等国家公园以及西北地区黄刀市自驾游的中国游客越来越多。因不熟悉交通规则，驾驶习惯存在差异或缺少雪地驾车经验等，发生了数起中国自驾游者遭遇各类意外或违规被罚情况。为了减少这种意外情况的发生，2019 年，中国驻卡尔加里总领馆编写了《自驾旅游安全须知》，并对外免费发放。④ 中国驻瑞士使馆编写发行《瑞士行安全提示》宣传折页材料。⑤

（四）针对当地安全形势和主要中国公民群体的特点采取不同的预防措施

中国驻外使领馆根据当地安全形势和主要中国公民群体的特点，

---

① 《驻多伦多总领馆举行〈中国公民领事保护与服务〉手册发布仪式》，http://cs.mfa. gov. cn/gyls/lsgz/lqbb/t1461825. shtml。

② 《中国驻美国大使馆举行"旅美生活服务平台"发布会》，http://cs. mfa. gov. cn/gyls/lsgz/lqbb/t1461825. shtml。

③ 《"为了同胞的安全和便利！"——中国驻泰国使馆推出四大为民举措》，http://cs. mfa. gov. cn/gyls/lsgz/lqbb/t1655933. shtml。

④ 《〈安全须知〉在手，在加自驾无忧——驻卡尔加里总领馆发布〈自驾旅游安全须知〉》，http://cs. mfa. gov. cn/gyls/lsgz/lqbb/t1671723. shtml。

⑤ 《驻瑞士使馆举行留学生领事保护交流会》，http://cs. mfa. gov. cn/gyls/lsgz/lqbb/t1650387. shtml。

有针对性地采取预防措施。例如，在一些安全形势不太稳定的国家，定期为当地中资企业举办安全形势通报会。在中国游客频频光顾的旅游热点地区，不定期会同当地政府主管部门检查当地旅游设施的安全状况，有时甚至装扮成游客暗访旅游景点，考察旅游设施的安全状况，发现问题后及时推动当地相关部门出面解决。① 在交通枢纽地区，重视与机场和出入境部门的沟通，减少中国公民出入境受阻情况的发生。②

考虑到中国游客在国外的语言障碍问题，驻外使领馆制作了中文安全提示牌。例如，近年来，在斯里兰卡发生了多起中国游客遭遇盗窃事件。为了提高中国游客的安全防范意识，2019 年 7 月，中国驻斯里兰卡使馆联合斯旅游警察局制作了中文安全提示牌，并在斯全国主要城市和旅游景点安放。中文安全提示牌上还印有二维码，游客扫码即可获取电子版。③

针对特殊大型活动开展全预防工作。例如，在韩国 "2019 光州世界游泳锦标赛" 开赛之前，中国驻光州总领馆在官网发布观赛安全提醒，并通过微信公众号、朋友圈扩大受众覆盖范围；在中国公民出入集中的场所发放 "观赛提醒" 宣传册；在世锦赛主赛场设立 "中国公民领事服务港"，准备应急药品。④

在中国公民境外旅游 "黄金期" 到来之前，中国驻外使领馆主动采取多项措施做好中国公民相关安全预防工作。例如，2019 年春节前夕，中国驻斯里兰卡使馆主动拜会斯旅游部、旅游警察局等有关部门负责人，希望斯方采取措施确保赴斯中国游客的人身安全与合法权益。驻斯使馆人员赴斯主要旅游景点实地走访查看相关旅游配套场所的安

---

① 2019 年 6 月 13 日，笔者对中国驻泰国使馆领事官员的采访。

② 《驻迪拜总领馆与迪拜移民局机场部门举行工作交流》，http://cs.mfa.gov.cn/gyls/lsgz/lqbb/t1450839.shtml；《驻英国使馆举办在英中资航空公司座谈会》，http://cs.mfa.gov.cn/gyls/lsgz/lqbb/t1648914.shtml。

③ 《驻斯里兰卡使馆和斯旅游警察局合作制作并安放中文安全提示牌》，http://cs.mfa.gov.cn/gyls/lsgz/lqbb/t1683548.shtml。

④ 《驻光州总领馆积极做好 2019 游泳世锦赛预防性领事保护工作》，http://cs.mfa.gov.cn/gyls/lsgz/lqbb/t1681341.shtml。

全情况，与当地警察局进行对接；动员在斯华侨华人发放《中国公民赴斯里兰卡领事保护与协助指南》等领保宣传品；积极协调承运中斯两国间航线的各大航空公司在国内城市机场向办理登机手续的中国游客做好领保宣传，确保游客在抵斯之始，甚至来斯之前即知晓使馆有关提醒。①

中国驻外使领馆定期对名胜风景区或海外中资企业进行安全巡视。例如，中国驻巴基斯坦使馆领导多次带队赴驻巴中资企业开展安全巡视。② 中国驻外使领馆还不定期推动驻在国警方对中国公民聚居区进行安全巡视。例如，在中国驻斐济使馆的大力推动下，斐警方加强了对华侨华人聚集区的巡查力度，实行 24 小时不定时抽查巡逻。斐警方将涉华案件受理顺序提升为第一优先处理等级，在各警局和派出所设立了专门处理涉华犯罪的警员，如有华侨华人报案，会保证第一时间出警并受理调查。③

中国驻外使领馆就如何保护海外中国公民同驻在国有关部门沟通，主动提出建议并督促落实。例如，2017 年 4 月 26 日，中国驻登巴萨总领事拜会巴厘省旅游局局长，建议会同巴厘省旅游局联合召开会议，邀请包括导游协会、旅行社协会、酒店餐厅协会、旅游交通协会、旅游教育协会等在内的与旅游业相关的单位参加，再次强调旅游安全的重要性，并要求各行业协会敦促其会员单位做好中国游客的服务工作。④ 2017 年 5 月 9 日，中国驻马赛总领事会见普罗旺斯-阿尔卑斯-蔚蓝海岸大区罗讷河口省警察局局长，就华侨华人和中国游客在该省遭遇治安突发事件的情况与对方进行交流，希望省警察局进一步采取

---

① 《驻斯里兰卡使馆春节期间积极展开预防性领保工作》，http://cs. mfa. gov. cn/gyls/lsgz/lqbb/t1638251. shtml。

② 《驻巴基斯坦使馆召开领事保护联络员工作会议》，http://cs. mfa. gov. cn/gyls/lsgz/lqbb/t1633925. shtml。

③ 《通力合作 多措并举 始得成效——斐济警方数据显示去年涉华犯罪案件下降33%》，http://cs. mfa. gov. cn/gyls/lsgz/lqbb/t1627834. shtml。

④ 《驻登巴萨总领事胡银全会见巴厘省旅游局局长》，http://cs. mfa. gov. cn/gyls/lsgz/lqbb/t1457002. shtml。

措施，加强辖区内治安，最大限度避免类似盗抢等犯罪案件的发生。[①]

本章小结

自新中国建立至 20 世纪末，海外中国公民和中资企业安全保护机制建设经历了探索期和起步期。进入 21 世纪以后，越来越多的中国公民和中国企业走出国门。中国外交部和驻外使领馆处理的保护案件的数量不断增加，保护任务繁重。海外中国公民和中资企业安全保护工作被中国党和政府赋予特殊的使命和内涵，但政府在安全保护方面的投入仍显不足。在此背景下，海外中国公民和中资企业安全保护机制建设呈现出新的发展趋势。

海外中国公民和中资企业安全保护机制建设多元参与的特点越来越明显。参与方和协调机制在纵、横两个方向延伸和扩展。从纵向看，以外交部牵头的中央层面的部际联席会议机制为中心延伸到各级地方政府，包括最基层的街道和村镇。从横向看，在官方层面，中国驻外领事机构数量增加，除外交部、商务部等部门外，军方、警方的参与逐渐常态化；在非官方层面，企业和社会组织的参与也逐渐活跃起来，出现了"政府、企业和民间组织共同参与"的局面。随着海外中国公民和中资企业安全保护机制建设参与方不断增加，各方之间的统筹协调显得尤为重要。外交部、各级地方外办和中国驻外使领馆在其中发挥了枢纽作用，以它们为中心而建立的各种统筹协调机制将各参与方连结起来，构建了一张从中央到地方、从国内到国外延伸的安全保护工作网络。

---

① 《驻马赛总领事朱立英会见罗讷河口省警察局长》，http://cs. mfa. gov. cn/gyls/lsgz/lq bb/t1460701. shtml。

第三章　海外中国公民和中资企业安全保护案例研究

中国外交部和驻外使领馆每年需处理的海外中国公民和中资企业安全保护案件数以万计，其中不乏典型案例。本章选择海外撤离、流行性疾病、恐怖袭击案件、重大交通事故、恶性治安事件、非法捕采等类型的海外中国公民和中资企业安全保护案例，对其进行较为深入的分析，以期对海外中国公民和中资企业安全保护的具体实践有更为细致全面的认识。

第一节　海外撤离——2011 年和 2014 年利比亚撤离行动比较

撤离是保护身处险境的海外公民的最直接、最有效的方式。进入 21 世纪以来，中国政府组织海外撤离近 30 次。2011 年利比亚大撤离是最值得研究的海外撤离行动案例。当年 2 月 22 日至 3 月 5 日，3.5 万中国公民从动乱中的利比亚撤离回国。这被称作是新中国成立以来中国政府最大规模的有组织的海外撤离行动。情况复杂，规模空前，挑战史无前例，创造了多项"首次"历史记录：采用海、陆、空联动；中国民航包机大规模用于撤离海外中国公民，租用外国邮轮和飞机；

实行摆渡方式，人员撤出和转移同步进行；设计使用中国公民应急旅行证件。① 2014 年，利比亚局势再度动荡，有关方面再次组织在利中国公民撤离。本节采用对比方式，将 2014 年和 2011 年的利比亚撤离行动进行比较，分析海外中国公民和中资企业安全保护机制在两次撤离行动中的具体运行情况及所呈现的进步。

一、2011 年和 2014 年利比亚撤离行动概况

2011 年 2 月，利比亚爆发严重骚乱，局势迅速蔓延升级。3 万多名在利中国公民的生命安全与合法权益受到严重威胁。中国国家领导人作出指示，要求立即成立应急指挥部，协调组织党政军各单位和相关企业，做好应对利比亚安全局势有关工作，国务院成立应急指挥部，迅速做出行动部署。在此次撤离行动中，中国政府共调派 182 架次中国民航包机、24 架次军机、5 艘货轮、1 艘护卫舰，并租用 70 架次外航包机、22 艘次外籍邮轮、1000 班次客车，从海陆空三路实施全方位、大规模撤离行动，在 12 天内 35,860 名中国公民被安全撤回。与此同时，中国政府本着人道主义原则，协助撤出来自希腊、意大利、孟加拉国等 12 个国家约 2100 名人员。②

2014 年 5 月中旬起，利比亚紧张局势升级。外交部和中国驻利比亚使馆迅速启动应急机制，及时发布安全提示，积极提供撤离方案，协助 1700 余名中国公民安全有序地撤离回国。③

二、预警信息发布有很大改进

对比 2014 年与 2011 年两次利比亚撤离行动，可以发现 2014 年利

---

① 《中国撤离在利比亚人员行动专题吹风会在外交部举行》，http://cs.mfa.gov.cn/gyls/lsgz/lqbb/t804199.shtml。

② 《祖国助你回家（五）：2011 年撤侨行动》，http://cs.mfa.gov.cn/gyls/lsgz/ztzl/zgjnhj/t1255286.shtml。

③ 《祖国助你回家（六）：2012—2015 年 4 月撤侨行动》，http://cs.mfa.gov.cn/gyls/lsgz/ztzl/zgjnhj/t1255620.shtml。

比亚撤离行动虽然规模小了很多，但预警信息发布数量相比 2011 年撤离大幅增多。事实上，2011 年 2 月 15 日班加西发生了较大规模的游行示威活动，然而直到 2 月 19 日、2 月 22 日，外交部和商务部网站才发布了利比亚危险局势相关的预警信息。2 月 19 日，中国驻利比亚使馆也发布了相关安全提醒；2 月 22 日，中国驻利使馆特意通告在利中资企业，利已出现内战的可能，并要求各公司尽快做好撤回国内的准备。

在 2014 年的撤离行动中，预警信息发布情况得到较大改善。自 2014 年 7 月 13 日利比亚两派民兵武装在首都黎波里爆发冲突，到 7 月 29 日凌晨使馆经商参处转发使馆安全提示，要求在利中国公民尽早自行组织撤离为止，经商参处网站共发布了 66 条相关信息。从内容上看，充分反映了中国驻利使馆对事态发展的高度重视。此外，预警信息的内容还体现了一个特点，就是中国驻利使馆通过持续发布他国政府或企业对利比亚局势的反应情况，来敦促中国公民自愿尽早撤离。由于海外撤离行动都是以公民自愿为原则，各国政府和驻外使馆只能进行劝告，而不能强迫公民撤离，因此被动局面的出现在所难免。如果公民本人没有充分认识到事态发展的危险性，对于是否撤离犹豫不决，错过了撤离的最佳时机，最后将不得不求助使领馆。此时，以外交部和驻外使领馆为代表的政府部门只能动用大量外交资源才能帮其脱险。在这次利比亚局势发展过程中，中国驻利使馆网站通过持续发布他国使馆撤出、这些使馆敦促其本国公民尽早撤离、其他外国企业撤离等信息，帮助中国公民及时了解外界情况，尽早做出决定。

三、应急机制更为成熟

与 2011 年撤离相比，在 2014 年的撤离中，海外中国公民安全保护的应急机制更为成熟。第一，中国政府部门更清楚地掌握了在利中国公民的人数。2011 年利比亚撤侨前，只有 6000 名中国公民在外交部官方登记，然而这一数据还不到实际数字的 20%。为了改变这种不利局面，2013 年，中国外交部和商务部分别推出了新的海外公民登记系统。外交部领事司推出的"出国及海外中国公民自愿登记"系统将海外公民登记分为四类：短期（出国居留 6 个月以下）出国个人登记、短期出国团组登记、长居国外个人登记、常驻机构项目登记。商务部的"对外投资合作在外人员信息管理系统"是集对外投资合作在外人员信息采集、管理、通报、网上政务为一体的综合信息平台，整合了对外投资合作信息系统中的相关在外人员信息数据库。该系统按照实际工作需要对在外人员信息采集和管理重新进行了分类设置，开发了外派人员相关合同和人员信息备案功能，与驻外经商机构等实现互联互通。

据中国驻利使馆介绍，2014 年冲突爆发前，利境内共有 1200 多名中国人，自 7 月 13 日利冲突升级以后，共有 878 名中国人撤出利比亚。至 8 月 5 日，在的黎波里以东 200 公里处的两座钢厂还有 264 名中国劳务人员，他们随后在米苏拉塔机场相机乘坐飞机撤离。可以看出，中国使馆对驻在国同胞人数的了解和掌握确实比以前更为清楚。

第二，中国企业的风险预防意识和危机管理水平逐渐提升。在 2014 年利比亚局势不断恶化的情况下，不少企业在中国政府发布撤离提醒之前就已经自行撤离或减少了在利员工的人数。2014 年 5 月利比亚安全局势恶化后，包括中建、中土在内的多家中企人员开始相继撤出。7 月 13 日，利比亚安全局势更为恶化，中资企业大规模撤离或裁员。至 7 月底，一些中资企业员工、在外企工作的中方劳务人员、中国留学生和部分散居人员尚未完全撤离。

第三，更加强调企业和公民尽快采取安全措施、尽早撤离，政府予以协助；撤离方式也更为合理。2014 年的撤离行动没有派出政府包机，中国外交部和驻利使馆鼓励公民自己购买机票，最后组织撤离时选择了陆路方式。当中尽管遇到了一些困难，例如突尼斯当局出于安全考虑曾暂时关闭拉斯杰迪尔口岸，从突尼斯返回国内的机票很难买到，中国使馆不得不对每天乘机回国的人数做出限制等，但中国使馆做好相关协调工作，克服重重困难，最终使得从利比亚撤出的中国公民最顺利入境突尼斯，乘坐商业航班回国。

总之，与 2011 年撤离相比，在 2014 年的撤离行动中，海外中国公民安全保护的预防机制和应急机制都有所改进，中国政府更加强调企业和个人责任以及撤离方式，体现出更为长远的考虑。

第二节　应对全球流行性疾病——以新冠肺炎疫情为例

当今世界，交通便捷，各国联系密切，在一国发生的流行性疾病，不仅威胁该国国内人民的安全，也极易溢出国界，迅速传播，成为各国面临的共同威胁。本节就以 2020 年新冠肺炎疫情作为案例，探讨中国政府在新冠肺炎疫情大流行的背景下如何保护海外中国公民生命和健康安全。[①]

一、新冠疫情给海外中国公民安全保护带来艰巨挑战

2020 年年初爆发的新冠肺炎疫情，是中华人民共和国成立以来发生的传播速度最快、感染范围最广、防控难度最大的一次重大突发公共卫生事件，[②]是对我国治理体系和治理能力的一次大考。疫情发展大致可分为两个阶段。从 1 月至 3 月中旬为第一阶段，中国境内疫情严重，防疫重点为"内防扩散、外防输出"。2 月 26 日，宁夏通报第一例境外输入病例。3 月 16 日，中国境外累计确诊病例首次超过境内确诊病例。此后，随着国内抗疫战斗取得明显成效，为确保经济恢复，防疫重点转移为"外防输入、内防反弹"。

海外中国公民安全保护的主要内容也随着国内疫情防控重心的变化而变化。在"外防输出"阶段，主要内容为提醒海外中国公民注意所在国出入境管制措施的变化，接回因疫情滞留海外的中国公民，就

---

① 夏莉萍：《中国领事保护新发展与中国特色大国外交》，载《外交评论》，2020 年第 4 期，第 1—25 页，第 165 页。

② 《习近平同智利总统皮涅拉通电话》，载《人民日报》，2020 年 2 月 29 日，第 1 版。

中国公民因疫情遭遇歧视性待遇，如因戴口罩受歧视、所在国针对中国公民聚集地区进行疫情防控检查等，提出抗议和交涉。

在"外防输入"阶段，安全保护的任务更为艰巨。这主要是因为，一方面，境外疫情迅速蔓延，影响到海外中国公民的正常生活，很多同胞尤其是留学人员盼望回国。校园关闭，不少留学生被迫搬离学校宿舍，居无定所，生活成本骤增，或即便有校方宿舍居住，但因同宿舍的异国舍友在防疫方面不够积极，面临较高感染风险，且担心万一不幸感染后得不到有效救治，再加上不时出现的社会歧视，留学生们迫切希望回国。另一方面，出于疫情防控需要，包括中国在内的很多国家减少国际航班，强化入境管控措施，海外中国公民归国之路困难重重。

外交部和中国驻外使领馆面临着巨大的压力。滞留海外的中国公民及其亲属纷纷致电外交部和驻外使领馆，寻求帮助。"12308"领保热线和中国驻美、英、法等国使馆的领保电话接听量大幅增加。外交部发言人透露，从疫情开始到 4 月下旬，在近两个月的时间内，外交部"12308"领保热线电话接听近 17 万通，为 2019 年同期的 3 倍。①与此同时，希望政府派包机接回海外留学生的呼声很高。3 月 25 日，《环球时报》发表社评《派专机接留学生回国，中国应当行动》。文章指出，在当前特殊情况下向留学生提供帮助和保护，是中国政府应尽的一份责任。一些网络文章的措辞更为犀利，呼吁也更迫切。但是，包括海外留学生在内的海外中国公民规模庞大，若安排包机接回，不仅操作上存在困难，也将给国内疫情防控带来巨大风险。

二、多元化参与和网络化协调机制为海外中国公民安全保护提供有力保障

党和政府高度重视疫情期间境外中国公民安全保护问题，各级党

---

① 《2020 年 4 月 22 日外交部发言人耿爽主持例行记者会》，https://www.fmprc.gov.cn/web/fyrbt_673021/t1772375.shtml。

组织和政府部门自上而下行动起来。中共中央政治局常务委员会会议多次强调，要加强对境外中国公民的关心关爱，驻外使领馆要做好领事保护、防护指导和物资保障，保护他们的生命安全和身体健康。①从疫情暴发至 2020 年 4 月 22 日，习近平主席先后同 32 个国家领导人和国际组织负责人通话 40 次，李克强总理同 11 个国家领导人和国际组织负责人通话 12 次，王毅国务委员兼外长同 46 个国家外长和 3 个国际组织负责人通话 66 次。在这些通话中，中方领导人敦促外方切实采取有效措施，保障海外中国公民的健康安全和合法权益，在居留、生活等方面提供必要便利。②

2020 年 3 月 8 日，外交部成立了防范境外疫情输入风险应急中心，旨在协调应对疫情涉外工作、集中力量防范境外疫情输入风险。根据中央应对疫情工作领导小组的要求以及国务院联防联控机制的部署，该中心 24 小时持续运转，收集分析各类信息数据，与国内各职能部门和地方政府沟通协调，联络指导各驻外使领馆，开展疫情防控工作；同时，积极开展各项领事保护工作，增强海外同胞抗疫防护能力，切实保障中国公民的合法权益。③

考虑到海外留学生的困境，280 多个驻外使领馆把做好海外留学人员工作作为当务之急和重中之重。中国大使直接与留学生举行线上座谈会，了解留学人员的困难和诉求，进行安抚；使领馆通过网站、微

---

① 《分析国内外新冠肺炎疫情防控和经济形势，研究部署统筹抓好疫情防控和经济社会发展重点工作》，载《人民日报》，2020 年 3 月 19 日，第 1 版；《部署调整优化防控措施，进一步精准防范疫情跨境输入输出，适应形势变化积极有序推进企事业单位复工复产》，载《人民日报》，2020 年 3 月 20 日，第 1 版；《要求持续抓好疫情常态化防控，进一步防范陆地边境疫情跨境输入，动态优化企事业单位防控措施，有力有序推进复工复产》，载《人民日报》，2020 年 4 月 7 日，第 1 版；《抓紧抓实抓细常态化疫情防控》，载《人民日报》，2020 年 4 月 20 日，第 1 版；《中共中央政治局常务委员会召开会议》，载《人民日报》，2020 年 4 月 30 日，第 1 版。

② 《2020 年 4 月 22 日外交部发言人耿爽主持例行记者会》，https://www.fmprc.gov.cn/web/fyrbt_673021/t1772375.shtml。

③ 《外交部成立防范境外疫情输入风险应急中心》，https://www.fmprc.gov.cn/web/wjbzhd/t1753649.shtml。

信、华文媒体等宣介防护知识；动员当地侨界同留学人员建立结对帮扶机制，充分发挥驻在国学联会的组织功能，建立留学生联络点，鼓励留学人员互帮互助；中国大使和总领事致信当地大学校长，要求他们照顾好中国留学人员，切实解决他们在住宿、学业等方面所面临的困难；针对有些国家出现的校方强制学生搬离宿舍和针对中国公民的歧视言行，驻外使领馆立即进行沟通和交涉。

教育部和驻外使领馆建立海外留学人员疫情检测和日报制度。有使领馆在留学生分布比较集中的地区安排"隔离备用点"，一旦发现感染或者疑似病例，马上启动应急机制，协助其就医。随着海外疫情持续蔓延，不少国家防疫物资短缺。在财政、教育、民航、卫健委等部门支持下，各驻外使领馆充分调动各种资源，筹措并向留学人员发放"健康包"。根据外交部提供的总体需求，在国际客运航班大幅减少的情况下，民航局协调国内航空公司制定"健康包"物资运输总体方案。

教育部整合高校资源，为留学生提供 24 小时心理咨询服务，不少地方的教育行政部门和驻外使领馆设立了"留学生咨询热线"，为学生和家长及时提供咨询服务。教育部"平安留学"平台持续编发《中国留学生安全通报》，介绍疫情期间威胁中国留学人员人身、财产安全的典型案例，并有针对性地提出安全建议。卫健委向有关国家派出抗疫医疗专家组，专家组与当地院校、学联合作，通过座谈会、视频直播等形式开展面向留学人员的健康宣教，答疑解惑。中国援外医疗队对驻在国留学生给予个人防护方面的指导。[1]

2021 年 3 月 7 日，国务委员兼外交部长王毅回答中外记者提问时宣布，将推出"春苗行动"，积极协助和争取为海外同胞接种国产或外国疫苗。[2] 此后，该行动陆续在世界多国启动，一些具备条件的国家还

---

[1] 《多渠道保障海外留学人员健康与权益》，载《中国教育报》，2020 年 4 月 3 日，第 1 版。

[2] 《王毅在十三届全国人大四次会议举行的视频记者会上就中国外交政策和对外关系回答中外记者提问》，载《人民日报》，2021 年 3 月 8 日，第 3 版。

设立了疫苗地区接种点，为周边国家有需要的中国同胞提供疫苗接种服务。截至 2021 年 10 月中旬，"春苗行动"已协助 290 多万海外中国公民在 180 国接种中外新冠疫苗，有力维护了海外同胞的健康安全。[①]

因世界各国医疗卫生水平、相关法律和抗疫措施差别很大，为推动"春苗行动"落地，外交部领事司牵头，会同驻外使领馆和其他相关部门调研摸排海外中国公民情况、各国有关法律规定、医疗保障条件等，因地制宜、一国一策。在当地疫苗充足可实现本国公民全覆盖的国家，中方与驻在国政府协商，本着互惠原则推动其将中国公民纳入当地疫苗接种体系；对批准使用中国疫苗的国家，通过中外疫苗合作，协调安排当地中国公民接种国产疫苗；对于其他部分具备条件的国家，协调有关部门和企业，从国内专门采购疫苗为在当地的中国公民安排接种；对于部分海外侨胞聚居的国家，推动驻在国政府集中、优先安排中国侨胞接种疫苗。[②]

此外，积极推动在交通便利的友好国家设立国产疫苗地区接种点，在做好疫情防控的基础上，为周边国家有需要的同胞提供国产疫苗接种服务。经多方协力，在塞尔维亚、阿联酋成功设立国产疫苗地区接种点。塞尔维亚于 2021 年 4 月初成为全球首个"地区接种点"。[③]2021 年 4 月至 6 月，驻波黑、北马其顿等使馆与驻塞使馆协调配合，组织安排当地 1000 多名中国公民赴塞尔维亚接种国产疫苗，确保当天往返，最大限度降低染疫风险。[④]

三、海外华侨华人和中资企业积极行动

在中国驻外使领馆的支持下，广大华侨组成抗疫工作小组，为当

---

① 外交部领事司：《"春苗行动"为海外同胞撑起健康安全保护伞》，载《旗帜》，2021年第 10 期，第 49 页。

② 同①。

③ 《"春苗行动"，外交为民的生动实践》，载《人民日报》，2021 年 7 月 13 日，第 18版。

④ 同①。

地同胞提供帮助。① 他们为海外中国学子伸出援手，除帮助解决食宿困难外，② 还为运送抗疫物资提供便利，如华人配送企业免费为华盛顿周边 4000 多名学生派送"健康包"。华人协会主动联系货运公司，以优惠价格承运，将"健康包"递送到留学生手中。③ 海外中资企业捐助抗疫物资，④ 筹募捐款，为海外中国公民解决实际生活困难，⑤ 并且加紧援建海外抗疫设施，为当地抗疫创造良好条件，也为当地中国公民的健康提供了更可靠的保障。⑥

四、更重视依法依规处置

疫情之下，有关方面在保护海外中国公民安全时，更注重管理的法治化。第一，中国使领馆提醒海外中国公民遵守驻在国有关出入境管理和限制出行的规定，强调违规将面临的后果。如中国驻法使馆提醒，如确需出行，应从法国内政部网站下载《破例出行证明》并认真填写，以备警方查验，拒不执行者将面临罚款。⑦ 第二，在协助处境困难的海外中国公民回国时，强调中国公民自身应承担的法律责任。如一旦发现有隐瞒病情和接触史或在检测中发现曾服用退烧药等抑制类药物的旅客，将被追究法律责任。⑧ 第三，在具体保护案件处理中，重

---

① 《黄溪连大使与菲华社负责人决定成立华社抗疫委员会》，https://www.fmprc.gov.cn/ce/ceph/chn/sgdt/t1765204.htm。

② 《中国驻外使领馆加强领事保护工作，海外华侨华人积极行动抗击疫情》，载《人民日报》，2020 年 4 月 6 日，第 3 版。

③ 《爱的传递——驻美国大使馆为领区留学人员发送健康包纪实》，http://www.china-embassy.org/chn/lszj/zytz/t1775381.htm。

④ 《汇聚八"助"，携手抗"疫"》，http://zurich.china-consulate.org/chn/gdxw/t1761977.htm。

⑤ 《驻新加坡使馆与在新工人同胞并肩战"疫"》，http://www.chinaembassy.org.sg/chn/sgsd/t1768543.htm。

⑥ 《共建一带一路，合作纽带更加牢固（患难见真情，共同抗疫情）》，载《人民日报》，2020 年 4 月 19 日，第 3 版。

⑦ 《提醒在法中国公民关注法国限制出行措施》，http://www.amb-chine.fr/chn/sgxw/t1757238.htm。

⑧ 《关于就继续协助在美处境困难留学人员搭乘临时航班回国进行摸底调查的通知》，http://www.china-embassy.org/chn/lszj/zytz/t1777393.htm? from=timeline&isappinstalled=0。

视寻找法律依据，提供法律支援。如针对莫斯科市相关部门采取的针对中国公民较为集中的学校、宾馆、市场等地上门进行体温监测等防疫措施，中国驻俄使馆与俄外交部及莫斯科市政府等部门进行沟通，要求俄方应在相关法律法规和中俄双边法律文件框架内行事，保障中国公民合法权益，不采取过度措施。①当莫斯科市政府将 80 名涉嫌违反自我隔离规定的中国公民集中进行隔离后，中国使馆逐一了解他们被处罚的法律依据和具体事实，提供必要的领事服务和法律援助，跟进部分被判罚公民的案件进展和上诉审理。②第四，提醒海外中国公民利用当地法律救援渠道解决涉疫歧视问题。如日本法务省及各地法务局均设有人权问题咨询窗口，中国驻日使馆建议公民若遇歧视，可拨打咨询电话或前往窗口咨询，还可拨打法务省设立的专门面向外国人的人权咨询热线，且该热线提供中文服务。③第五，向海外中国企业宣传有关疫情期间经营的法律知识。例如，为海外中国企业举行涉疫相关法律问题讲座。④

五、预防性安全保护更加用心细致

疫情之下的海外中国公民安全保护工作更加细致。这第一体现在及时发布安全提醒信息。2020 年 1 月 23 日，中国驻日使馆发布首条涉疫情领事通告，提醒在日侨民及旅日游客时刻关注疫情发展，切实采取防护措施。⑤第二，中国驻外使馆在机场主动寻找滞留的中国公民，想尽办法在边境彻底关闭前协助其回国，避免出现因大量中国公民滞

① 《关于莫斯科市加强防疫措施的提醒》，http://ru.china-embassy.org/chn/fwzn/lsfws/zytz/t1748376.htm。

② 《中国驻俄罗斯使馆高度关注中国公民在莫斯科隔离事》，http://ru.china-embassy.org/chn/fwzn/lsfws/zytz/t1750878.htm。

③ 《中国驻日本大使馆就新冠肺炎疫情期间常见问题的解答，关于新冠肺炎疫情的提醒（十）》，http://www.china-embassy.or.jp/chn/sgxxs/t1756551.htm。

④ 《巴伐利亚商务大讲堂第 10 期｜"新冠肺炎疫情下的劳动法问题"圆满结束》，http://www.mofcom.gov.cn/article/i/jyjl/m/202004/20200402958361.shtml。

⑤ 《切实守护公民健康安全，努力推动中日携手抗疫——驻日本大使孔铉佑接受我驻日媒体联合书面采访》，http://www.china-embassy.or.jp/chn/sgxxs/t1748498.htm。

留而造成的难题。①第三，为避免海外中国公民患病后遇到救治困难的情况，中国驻外使领馆提前与驻在国相关部门沟通，要求对方确保中国公民安全和健康，确保患者得到及时救治。②第四，在发放抗疫物资时更加注重细节。如考虑到儿童用药需医师指导和成人监护，为了避免可能出现的用药不当，专门为小留学生们准备了"少年包"。③考虑到很多留学生没有私人交通工具，使领馆采取快递方式或者委托志愿者上门递送"健康包"。

再比如，为确保"春苗行动"落地，让广大海外同胞有效防范新冠肺炎疫情，外交部和中国驻外使领馆做了大量细致的工作。对于同意将中国公民纳入当地疫苗接种体系的国家，外交部要求相关驻外使领馆及时发布推送驻在国疫苗接种信息和指南，与当地医疗机构加强对接，引导海外同胞本着知情自愿原则，参与疫苗接种，并积极提供必要协助；为有效监管国产疫苗接种流程，外交部和驻外使领馆依托防疫健康码国际版小程序开发海外疫苗接种登记功能，实现了人员实名认证、疫苗全程可追溯、接种记录随时可查；为便利群众咨询，专门设立"外交部 12308 全球领事保护与服务应急热线"涉"春苗行动"专项机制，截至 2021 年 10 月中旬，共接听群众涉"春苗行动"咨询来电 6000 余通。④

---

① 《带中国公民回家，我们就在最前方》，http://vn.china-embassy.org/chn/lsyw/t1739416.htm。

② 《中国驻外使领馆加强领事保护工作　海外华侨华人积极行动抗击疫情》，http://www.gov.cn/xinwen/2020-04/06/content_5499408.htm；《阳光总在风雨后，勠力同心齐抗疫——驻德国大使吴恳在"健康包"发放仪式上的讲话》，https://www.fmprc.gov.cn/web/dszlsjt_673036/t1765437.shtml。

③ 《爱的传递——驻美国大使馆为领区留学人员发送健康包纪实》，http://www.china-embassy.org/chn/lszj/zytz/t1775381.htm。

④ 外交部领事司：《"春苗行动"为海外同胞撑起健康安全保护伞》，载《旗帜》，2021年第10期，第50页。

第三节　恐怖袭击案件
——以 2019 年斯里兰卡恐袭案为例

"9·11"事件以来，国际恐怖主义在高压打击下演化出复杂多样的组织形态，全球性恐怖组织（如"伊斯兰国"）、地区性恐怖组织（如"东突厥斯坦伊斯兰运动""博科圣地"及"索马里青年党"等）和"独狼"式的恐怖分子所带来的安全威胁交织在一起。恐怖势力的影响范围不断扩大，逐步形成了一条从西非到中亚乃至东南亚地区的"恐怖之弧"，恐怖分子在地理上相互联通、在人员物资上相互流动、在观念上相互共振、在行动上相互呼应。① 近年来，海外中国公民遭遇恐怖袭击的案件时有发生。

2019 年 4 月 21 日，斯里兰卡发生系列炸弹袭击事件，三座教堂和四家酒店先后遇袭，在警方进行搜查时，一所民宅发生爆炸，造成约 250 人员遇难，500 多人受伤。② 其中，金斯伯里酒店自助餐厅遭受恐怖分子自杀式爆炸袭击，正在集体用餐的四名中国公民不幸当场遇难，另有五人不同程度上受伤。本节以此次恐怖袭击事件为案例研究对象，探求海外中国公民安全保护实践的具体情况。③

一、爆炸发生后紧急排查核实情况，发布安全提醒

爆炸发生后，中国驻斯里兰卡使馆迅速启动应急机制，成立专门

---

① 王涛、鲍家政：《恐怖主义动荡弧：基于体系视角的解读》，载《西亚非洲》，2019 年第 1 期，第 115—118 页。

② 《斯里兰卡爆炸案主要疑犯在香格里拉酒店爆炸中死亡》，http://www. chinaqw. com/hqly/2019/04-26/221367. shtml。

③ 《驻斯里兰卡使馆迅速核实斯爆炸事件涉我公民情况并探望受伤中国公民》，http://lk. china-embassy. org/chn/lsyw/lshbh/t1656295. htm；《驻斯里兰卡使馆新闻发布》，http://lk. china-embassy. org/chn/lsyw/lshbh/t1656636. htm；《驻斯里兰卡大使程学源到医院探望在斯 4·21 系列爆炸袭击事件中受伤的中国公民》，http://lk. china-embassy. org/chn/lsyw/lshbh/t1656976. htm；《驻斯里兰卡大使程学源就斯 4·21 系列爆炸袭击事件举行新闻发布会》，http://lk. china-embassy. org/chn/lsyw/lshbh/t1657303. htm。

工作团队，逐一排查统计在斯中资机构、华人华侨、留学人员及临时来斯团组的安全状况，多次派员赴爆炸现场、警察局、医院了解情况，及时掌握并公布中国公民的伤亡情况。中国驻斯里兰卡使馆发布安全提醒，并要求各中方驻斯机构提高警惕并加强安保措施。4月26日，使馆发布的安全提醒表示，鉴于目前斯里兰卡安全形势依然严峻，中国驻斯里兰卡使馆提醒在斯中国公民提高警惕，采取必要防范措施，减少不必要外出，尽量避免前往人员密集场所，确保自身安全。① 4月27日，使馆发布了"特别安全预警"，要求全体在斯中国公民进一步提高安全警惕。② 同一时期的中国领事服务网未发布相关安全提醒。

二、寻求斯方支持，全力救治伤员

中国驻斯里兰卡使馆负责人在两天之内紧急约见斯里兰卡总统、总理、议长、反对党领袖，要求斯方高度重视中方关切，全力开展对中方人员的救治、搜寻及善后工作。③ 斯里兰卡方面对此作出积极表态，并采取切实行动。有四名中国公民受伤送医，驻斯里兰卡使馆领事官员多次到医院探望伤员，同时委托斯里兰卡中国企业商会、华侨华人联合会、华侨华人互助中心等团体组织人员轮流照料伤员，努力协调斯方进行全力救治。在使馆和其他各方的协助下，中国伤员先后顺利出院回国。

三、搜寻失联人员，协助善后处置

使馆通过各种渠道和方式搜寻失联人员。使馆工作人员与斯里兰卡外交部、国防部、警察局、医院、事发酒店等密切联系，反复核对

---

① 《提醒在斯里兰卡中国公民加强安全防范》，http://lk. china - embassy. org/chn/lsyw/lshbh/t1658216. htm。

② 《驻斯里兰卡使馆特别安全预警》，http://lk. china - embassy. org/chn/lsyw/lshbh/t1658732. htm。

③ 《驻斯里兰卡大使程学源就斯 4·21 系列爆炸袭击事件举行新闻发布会》，https://www. fmprc. gov. cn/ce/celk/chn/xwdt/t1657303. htm。

名单，并多次组织精干力量进入太平间逐一甄别辨认。由于系列爆炸现场十分惨烈，有关搜寻和甄别工作难度超乎想象。经过连续数日的艰难工作，使馆会同国内相关单位派出的联合工作组及遇难者亲属最终找到并确认四名中国公民的遗体。

中国驻斯里兰卡使馆对恐怖主义野蛮行径表示强烈谴责，对因公殉职的四名青年科学家表示沉痛哀悼，对遇难者亲属、伤者及所属单位表示慰问，并协助办理遇难者家属来斯里兰卡处理善后事宜的手续，并做好接待工作。

四、举办总结座谈，对协助处理事件的单位和人员表示感谢

2019年5月31日，驻斯里兰卡使馆举办"4·21事件善后工作总结座谈会"。大使出席并发表讲话，政务参赞、武官、经商参赞及使馆各部门负责人，斯里兰卡侨界、中资企业以及参与事件处置工作的义工代表50余人参加会议。大使代表使馆对相关单位和个人为"4·21"特大爆炸恐怖袭击事件处置工作作出的贡献表示感谢并向参加事件处置工作的斯里兰卡华联会、中国企业商会等组织及在斯企业和义工代表颁发感谢信。①

第四节　重大交通事故处置
——以2019年"8·19"老挝车祸为例

2018年12月，世界卫生组织（WHO）发布报告称，全球每24秒就有人丧命于交通事故，每年约135万人死于交通事故。② 协助不幸遭遇交通事故的海外公民是海外中国公民安全保护工作的重要内容。

---

① 《驻斯里兰卡使馆举办"4·21事件善后工作总结座谈会"》，http://lk. china-embassy. org/chn/lsyw/lshbh/t1668683. htm.

② 《世卫组织报告：全球道路交通死亡人数每年高达135万人》，https://news. un. org/zh/story/2018/12/1024371。

2019 年 8 月 19 日下午，一辆载有中国游客的大巴在老挝琅勃拉邦省发生倾覆，13 名中国公民死亡，另有 31 人受伤。此次事故是中老建交 58 年来涉及中国公民伤亡情况最为严重的一次交通事故，引起国内社会广泛关注。[①] 本节以此次特大交通事故为例，探讨对此类安全事件的具体处理情况。

一、事前曾发布相关安全提醒

中国驻琅勃拉邦总领事馆网站发布的安全提醒位于总领事馆网站首页"领事服务"板块之下的"领事提醒"栏目。2019 年 5 月 6 日，驻琅勃拉邦总领事馆网站发布《对老挝北部六省中国公民的领事提醒》，称"近期赴老挝北部的中国公民发生多起安全事故，包括中国公民在老北发生交通、工伤事故等……在提醒中国公民注意交通安全时，总领馆表示，老北地区山高路窄、坡度陡、弯道急且坑洼多，自驾时要严格遵守当地法规"。[②]

8 月 24 日，中国驻琅勃拉邦总领馆发布紧急交通安全提示，并标注该提醒有效期至 2019 年年底。总领馆再次强调，"从老挝磨丁口岸入境到琅勃拉邦虽仅 300 公里，但几乎都是山路，路窄、弯多、坡陡、坑多是最突出的特点。尤其是当老挝进入雨季时，路况更差，总领馆

---

① 关于本次事故的处理过程，详见《维护海外同胞安全，就是我们的职责和担当 党建引领外交部领事保护中心和驻老挝使领馆成功处置"8·19 重大交通事故"》，http://www.gongwei.org.cn/n1/2019/0919/c422373-31362058.html；《中国游客大巴在老挝发生严重车祸》，http://la.china-embassy.org/chn/dssghd/t1689972.htm；《关于中国游客在老挝发生严重车祸救援情况》，http://la.china-embassy.org/chn/dssghd/t1690015.htm；《中国游客在老挝发生严重车祸救援最新情况》，http://la.china-embassy.org/chn/dssghd/t1690088.htm；《驻老挝大使姜再冬向中老媒体介绍"8·19 严重交通事故"救援情况》，http://la.china-embassy.org/chn/dssghd/t1690243.htm；《老挝华人华侨、中资机构和各界志愿者积极协助"8·19 严重交通事故"救援工作》，http://la.china-embassy.org/chn/dssghd/t1691110.htm；《姜再冬大使就"8·19 严重交通事故"应急处置工作接受媒体采访》，http://la.china-embassy.org/chn/dssghd/t1692362.htm。

② 《对老挝北部六省中国公民的领事提醒》，http://prabang.china-consulate.org/chn/lsfw/lstx/t1661112.htm。

提醒旅老中国公民注意交通安全，减少山区行车……雨天低速慢行。"①

二、中老两国领导人高度重视事故处置工作

此次交通事故引起中老两国领导人的高度重视。2019 年 8 月 22 日，习近平总书记就"8·19"严重交通事故同老挝国家主席本扬互致口信。本扬表示："惊悉中国游客在老挝遭遇严重交通事故，造成重大人员伤亡，我的心情十分沉重，谨对遇难者表示沉痛哀悼，向习近平同志并通过习近平同志向遇难者家属和受伤人员表示诚挚慰问。老方将继续同中方密切配合，全力做好伤员救治和事故善后工作。相信在双方共同努力下，这次事故一定能得到妥善处理，老中命运共同体建设一定能顺利推进。"习近平总书记表示："事故发生后，老方迅速动员党政军警民各方面力量积极救援，体现了对中老关系的高度重视以及对事故处置工作的负责的态度。我已指示中国有关部门和正在老挝参加'和平列车—2019'联合演训的中国人民解放军医疗队参与救援。希望双方各方面继续密切配合，妥善做好伤员救治和善后处置工作。"习近平总书记强调："为人民服务是中老两党的共同宗旨。我愿同你一道，推动两党两国关系在新时代不断走深走实，持续开展中老命运共同体建设。"②老挝总理通伦、外长沙伦赛分别向李克强总理、王毅国务委员兼外长发来慰问信。

三、领事保护中心积极协调，外交部和文旅部组成联合工作组

中国外交部会同文化旅游部派出联合工作组紧急赴老协助开展工作，外交部领事保护中心对内积极协调军方、国务院相关主管部门以及游客来源地的江苏、云南等地方政府，对外指导驻老使馆、驻琅勃

---

① 《中国驻琅勃拉邦总领馆紧急交通安全提示（有效期至 2019 年年底）》，http://prabang. china-consulate. org/chn/lsfw/lstx/t1691603. htm。

② 《就中国旅游团在老挝发生严重交通事故　习近平同本扬互致口信》，载《人民日报》，2019 年 8 月 23 日，第 1 版。

拉邦总领馆加大做老挝外交、军警和地方政府工作力度，全力搜救，紧急救治转运伤员，妥善处理遇难者善后事宜。在各方共同努力下，七天之内，全部伤员被转运回国继续治疗，所有遇难者遗体火化完毕并由家属将骨灰携带回国。

四、军方参与紧急救治，并与航空公司一起运送伤员

由于伤者人数众多、事发地点偏僻，当地医疗条件有限，事发后第一时间，驻老使领馆紧急协调，中老两军迅速出动，老挝军队第一批赶到事发现场参与搜救。正在老挝参加中国—老挝"和平列车—2019"人道主义医学救援联合演训暨医疗服务活动的中国人民解放军医疗队会同老军医务人员，乘坐我军救援直升机前往琅勃拉邦执行伤员救治和前接任务，并根据此次车祸情况配备紧急救援需要的心外科、心内科、呼吸重症、骨科、普外科、神经内科医生，并运送20位重伤员返抵万象进行紧急救治。① 为确保尽快救治每一位伤员，外交部领保中心和驻老使领馆拟定了尽快分批次将伤员转运回国的工作方案，同时紧急协调国内民航局、东方航空公司，江苏省、云南省和南京市政府，以及老挝政府主管部门等，紧急启动航班保障任务。事发第4天，中国军机将三名重伤员从万象转运回国，这是我国首次在海外动用军机运送受伤公民回国，另安排一名重伤员搭乘民航机回国。第5天，协调派出商业包机和民航将22名伤员从万象转运回国。第6天，协调东航连夜改装飞机，将剩下5名伤员（包括3名全程需用担架的伤员）全部从琅勃拉邦经昆明中转回国。云南省、江苏省地方政府及海关、边检、卫生防疫等部门通力合作，共同接力运送伤员。老挝方面也积极配合，在一小时左右批准包机飞行许可，并为我人员出境提供最大便利。

---

① 《中国游客在老挝发生严重车祸救援最新情况》，http://la.china-embassy.org/chn/xwdt/t1690088.htm。

五、使领馆牵头，华人华侨、中资机构和领事协助志愿者自发参与

面对千头万绪的善后工作，中国驻老挝使馆和老挝华助中心牵头在医院组建"事故接待协调中心"，分设六个小组，协调各方救援力量，确保每个死伤人员家庭均有专人全天候协助。老挝华人华侨、中资机构和各界领事协助志愿者迅速自发参与到救援和善后工作中。万象和琅勃拉邦两地先后有150余名中老志愿者主动承担医疗看护、翻译联络、家属照料、事故善后等工作，为顺利、有序开展应急处置作出很大贡献。多家中资公司免费为家属提供交通、通讯和陪护，两名一直照料危重伤者的志愿者两天两夜没合眼，直到伤员平安登机。一名伤者患哮喘，自备药品遗失，医院没有对症药，志愿者跑遍全城为其购买。万象和琅勃拉邦数家中资酒店免费为家属提供食宿，志愿者们每天早上六点即抵达餐厅将早餐打包送往医院伤者手中，为伤者提供换洗衣物及生活用品，还有大量不留名的同胞赴医院献血、捐款。

中国驻琅勃拉邦总领馆多方奔波联系，一面连夜从外地增调六个冰棺，妥善保存遇难者遗体，一面根据家属意愿，最大限度用好当地条件，加快火化进程，最终赶在"头七"最后一天，分五批次将全部遗体火化。总领馆会同国内工作组以及当地中资企业和侨胞组成专门团队，从接机、食宿、认尸、入殓、出殡、火化、携骨灰出境等各个环节，对遇难者家属进行全程多对一的安抚、照料，并协调组织老挝各界民众数百人前来参加火化仪式，为逝者送行。这一切都让家属们的悲伤情绪得到抚慰，也确保了善后过程的平稳有序。

第五节　恶性社会治安事件应对
——以2018年南非骚乱为例

恶性社会治安事件是海外公民面临的主要安全风险之一。如前文所述，南非整体社会治安情况不佳，恶性治安事件频发。2018年7月

12 日清晨，南非北开普省首府金伯利市盖尔士威地区上千名愤怒的居民聚集街头，抗议居民用电价格上涨及市政长期腐败。随着示威游行的不断蔓延，游行队伍在市政府大楼门前长期停留，市民们要求金伯利市市政府的市政经理及首席财务官下台，并与金伯利市市长对话。但市长迟迟未能现身并作出积极表态，这彻底激怒了示威人群。抗议市民群情激奋，部分不法之徒乘机兴风作浪，抢砸沿街商铺。警方出动维持秩序，但市民与警察发生激烈冲突，双方均有人员受伤。金伯利市周边村镇居民也骚动起来，开始劫掠镇中的商店。有近百名中国侨胞在这些村镇中经营、生活。这些分布在城市周边村镇的侨商通常独门独户，自身安全措施不足、风险防范能力较弱，治安形势发生变化时极易遭到冲击。在一片混乱中，有 14 家侨胞经营的店铺、超市遭到不同程度的冲击和波及，商品遭骚乱群众哄抢、生命财产安全受到严重威胁。本节以此事件为例展示在恶性治安事件中海外中国公民安全保护实践情况。①

一、发布预警信息

第一，骚乱发生之前。从中国驻开普敦总领事馆官网发布的信息看，在骚乱发生之前，总领事馆不定期地发布过相关的安全提醒。在骚乱发生的前一天，即 2018 年 7 月 11 日，中国驻开普敦总领事馆发布了一则信息，题为《两名中国侨胞在开普敦遇害身亡　驻开普敦总领馆再次提醒侨胞加强安全防范》。其中提到了两起涉及中国侨胞的治安事件，总领馆也再次提醒中国公民"提高警惕、加强防范……确保人身和财产安全"。②

第二，骚乱发生后。骚乱发生后，中国驻开普敦总领事馆官网连

---

① 《一个侨胞都不能少——南非金伯利骚乱护侨实录》，载中国外交部领事司编：《一枝一叶总关情——中国外交官领事保护与协助手记》，南京：江苏人民出版社，2019 年版，第123—126 页。

② 《东开普省再次发生涉我侨胞恶性治安案件》，http://capetown. chineseconsulate. org/c hn/xwdt/t1576324. htm。

续发布五条相关安全提醒及新闻稿，提醒骚乱高危地区侨胞立即撤离，密切跟踪骚乱及当地社会安全形势。总领事馆还着眼未来、立足长远，呼吁领区内侨胞未雨绸缪，购买合适商业保险并痛下决心，早日转型升级，改变"前店后家"的经营生活模式。①

7月12日骚乱发生当日，中国驻开普敦总领事馆发布题为《总领馆提醒金伯利高危骚乱区华商抓紧撤离》的安全提醒。总领馆表示，"目前骚乱尚未平息，……谨提醒当地侨胞与当地华人警民合作中心保持联系，处于高危骚乱区的侨商务必迅速撤离骚乱地区，减少不必要的生命财产损失；同时，请广大侨胞以此为鉴，早日改变前店后家的经营模式。"②7月20日，中国驻开普敦总领事馆发布信息，提醒领区侨胞自觉关注当地社会形势。总领事馆称，尽管北开普省金伯利市由民众和平抗议引发的骚乱渐趋缓和，城市秩序逐步恢复，金伯利市政府正与社会各界加紧协商，就骚乱后续安置工作做出安排，但与此同时，仍有民权组织坚持要求市长下台，否则将继续在下周发起新的抗议示威活动。总领馆谨提醒"广大侨胞应自觉关注当地安全形势，……尽量避开高危地区和高危时段，降低治安风险，防患于未然"。③7月23日，中国驻开普敦总领事馆再次发布安全提示，提醒金伯利骚乱尚未完全平息，广大侨胞仍需密切关注事态发展，确保人身财产安全。④

二、中国总领事馆与当地警方交涉

7月12日，金伯利骚乱发生之后，中国驻开普敦总领事馆密切关

---

① 《一个侨胞都不能少——南非金伯利骚乱护侨实录》，载中国外交部领事司编：《一枝一叶总关情——中国外交官领事保护与协助手记》，南京：江苏人民出版社，2019年版，第125页。

② 《总领馆提醒金伯利高危骚乱区华商抓紧撤离》，http://capetown. chineseconsulate. org/chn/xwdt/t1576968. htm。

③ 《总领馆提醒领区侨胞自觉关注当地社会形势》，http://capetown. chineseconsulate. org/chn/xwdt/t1579032. htm。

④ 《总领馆提醒侨胞继续关注金伯利市治安形势》，http://capetown. chineseconsulate. org/chn/xwdt/t1579499. htm。

注当地治安形势，利用纸媒、社交媒体、网络新闻媒体、电视等多渠道跟踪事态发展，并与北开普省华人警民合作中心及当地华侨华人保持密切联系，做好应急准备。中国驻开普敦总领事立即致电金伯利市警察局，要求其采取切实措施，保护当地侨胞生命财产安全。①

时隔不到一周时间，中国驻开普敦总领事再次致函北开普省警察总监和北开普省省长，对其骚乱期间为保护华侨华人所作的努力表示感谢。考虑到当时绝大部分侨商仍在外避险，总领事敦促北开普省警方和政府采取切实措施，尽早平息骚乱，为侨商恢复正常生活经营创造必要条件。②

三、总领事馆与华人警民中心合作

骚乱发生后，中国驻开普敦总领事馆会同北开普省华人警民合作中心协助受波及侨胞安全撤离。从 7 月 12 日骚乱发生至 7 月 25 日，北开普省华人警民合作中心工作人员深入一线，为侨商人员和物资撤离提供协助，成功协助近 70 名侨商及其家属从高危区域撤离至安全地带，抢运物资价值数千万兰特。人员撤出后，华人警民合作中心的工作人员协调北开普省警务论坛，请警方派出防暴警察，协助侨商连夜紧急抢运物资，尽可能减少经济损失。人员和物资撤出后，他们又同当地警方和警务论坛密切沟通，跟踪形势发展，多渠道捕捉信息，为侨商人员安置、情绪安抚以及在外避险的侨胞们早日恢复正常工作与生活奔波忙碌。7 月 24 日晚，南非民权组织宣布原计划于 7 月 25 日举行的"关闭金伯利"大游行将推迟至 7 月 26 日举行，并声称此次示威活动规模更大。闻讯后，北开普省华人警民合作中心骨干们连夜紧急

---

① 《总领馆提醒金伯利高危骚乱区华商抓紧撤离》，http：//capetown. chineseconsulate. org/chn/xwdt/t1576968. htm。

② 《北开普省金伯利市骚乱形势趋于缓和》，http：//capetown. chineseconsulate. org/chn/xwdt/t1578390. htm。

行动，挨家挨户电话通知并提醒金伯利侨商提高警惕、加强防范。①

第六节　非法捕采事件处置
——以 2014 年中国渔民赴日非法捕采红珊瑚为例

早在 2008 年，根据外交部领事司的统计数字，在海外中国公民遇到的安全问题中，一半事件是由中方人员的不当行为引起的。② 2013 年时，中国领事服务网安全提醒信息的统计显示，大约五分之一的安全提醒信息与海外中国公民的违法违规和不当行为有关。③多年过去了，这一现象仍然没有得到实质性改变。从中国驻外使领馆发布的安全提醒看，仍然有相当比例的安全提醒与海外中国公民的违法违规行为有关。④ 近年来，尽管中国海外中国公民和中资企业安全保护工作中管理法治化的趋势在加强，强调不为海外公民的非法行为买单，但他们毕竟是中国公民，具有中国国籍，中国政府不可能对海外"三非"中国公民置之不理。

红珊瑚属国家一级野生保护动物，生长于远离人类的 100 至 2000 米的深海中，非常罕见，极为珍贵。我国早在 1988 年就将红珊瑚列为国家一级重点保护动物，禁止猎捕。2008 年，红珊瑚被濒临绝种野生动物国际贸易公约列入亟须保护的水生野生动物。⑤ 本节以 2014 年中国渔民赴日非法捕捞珊瑚被扣事件为例，探究对海外中国公民进行安

---

① 《北开普省华人警民合作中心积极协助侨胞应对金伯利骚乱》，http://capetown. chineseconsulate. org/chn/xwdt/t1580167. htm。

② 参见中国外交部领事司司长魏苇在 2008 年 8 月 5 日举行的《世界知识》论坛上的发言，论坛主题为《企业和个人，海外遇事怎么办》，http://news. xinhuanet. com/overseas/2008-08/31/content_9743308. htm。

③ 夏莉萍：《海外中国公民安全风险与保护》，载《国际政治研究》，2013 年第 2 期，第 11 页。

④ 夏莉萍：《海外中国公民和中资企业的安全风险——基于中国驻外使馆安全提醒之分析》，载《国际安全研究》，2021 年第 6 期，第 129—152 页，第 156 页。

⑤ 《闽东打击非法采捕红珊瑚联合行动启动》，https://china. huanqiu. com/article/9CaKrnJHpwg。

全保护的情况。[①]

《环球时报》曾在 2014 年 10 月 16 日发表文章，题为《日称将加强打击在日非法捕捞红珊瑚中国船只》。据该文介绍，红珊瑚主要生长在日本小笠原、高知、长崎、鹿儿岛、冲绳各县周边水深 100 至 200 米的海底。作为装饰品在中国大陆和台湾等富裕人群中颇具人气，日本小笠原产的珊瑚木每公斤售价高达约 150 万日元（约合人民币 9 万元）。日本海上保安厅称，自 2014 年 9 月起，日本周边海域疑似中国船只的外国渔船数量骤增，9 月 23 日与 10 月 13 日分别发现 25 艘和 46 艘。大批出现的外国渔船多为 200 吨级等大型船只，从白天开始堂而皇之地航行。2014 年 10 月 15 日，日本海上保安厅长官在例行记者会上表示，将集中投入大型巡逻船和飞机，加强打击在小笠原诸岛周边海域非法捕捞红珊瑚的中国船只。[②]

一、2014 年 12 月之前中国渔船赴日非法捕捞红珊瑚被扣案件的处置程序

2014 年 10 月，陆续有中国渔船驶入日本小笠原群岛和鸟岛附近的日本海域或专属经济区捕捞红珊瑚。日方执法船密切监视中国渔船动向，一旦中国渔船下网捕捞，日方立即控制渔船，依法登船检查，逮捕船长，并用飞机将船长带到神奈川县横滨警察署，用执法船将被扣船只拖到离小笠原群岛 1000 公里以外的海外保安厅横滨海外保安部所在的港口码头。

中国驻日本使馆领事部对此类案件的一般处置程序是：接到日方通报后，领事部官员第一时间赶赴横滨港等候渔船进港，登船看望船员，劝告他们实事求是，积极配合调查，同时与日本海外安保厅官员

---

① 廖晓颖：《珊瑚梦的破灭——处理我渔民赴日非法捕捞珊瑚被扣事件纪实》，载中国外交部领事司：《祖国在你身后——中国海外领事保护案例实录》，南京：江苏人民出版社，2016 年版，第 177—182 页。

② 《日称将加强打击在日非法捕捞红珊瑚中国船只》，https://world. huanqiu. com/article/9CaKrnJFGGa。

交涉，表达使馆关切，希望他们尽快展开调查，争取早日放船放人。为争取中国船员和渔船早日获释，领事官员想方设法联系家属，确认家属是否愿意缴纳罚金。汇款一到账，领事官员就带着几百万日元现金，驱车一个半小时，赶赴横滨海上保安部代表使馆签署保证书，并代表家属缴纳保证金。同时，领事官员也会征求家属意见，是否需要推荐对华友好的日本律师，特别是懂中文的或与中国律师合作的日本律师，为当事人进行辩护。

2014 年 10 月，有十艘非法作业的中国渔船先后被日本海上保安厅执法人员抓扣。之后两个月内，日本各大电视台、报刊对此集中报道，负面评论连篇累牍，甚至有部分媒体攻击诽谤称，如此规模空前的中国渔船集体来日本海域是受中国政府指使。中国驻日使馆一方面及时向国内报回动态情况，请主管部门加大管控措施，召回船只；另一方面，与日本主管部门密切接触，对于触犯日本法律的同胞提供协助，保障船员安全，维护他们的合法权益。①

二、日方加大对非法捕捞的外国渔船的执法和处罚力度

2014 年 12 月，针对所谓"中国渔船偷捕珊瑚"问题，日本政府颁布实施《外国人渔业管执法》及《渔业主权法》，加强对在日本领海和专属经济区内偷捕、违规作业的处罚力度，并大幅上调经济处罚上限，并组建了数百人的专属警队，负责相关海域的执法与监督检查。② 据报道，2014 年 12 月上述新法实施之前，日本对在领海内、专属经济区内非法作业和无证作业的罚款限额分别是 400 万日元（约合人民币 20 万元）、1000 万日元（约合人民币 50 万元），新渔业法则将这两项罚款限额都提高到 3000 万日元（约合人民币 150 万元）；拒绝

---

① 廖晓颖：《珊瑚梦的破灭——处理我渔民赴日非法捕捞珊瑚被扣事件纪实》，载中国外交部领事司编：《祖国在你身后——中国海外领事保护案件实录》，南京：江苏人民出版社，2016 年版，第 177—178 页。
② 《日本实施新〈渔业法〉对外国偷捕者加大处罚力度》，https://world. huanqiu. com/article/9CaKrnJFWuY。

停船接受日方渔业监管人员检查的外国人也要支付最多 300 万日元（约合人民币 15 万元）的罚款，相当于此前的 10 倍。①

三、日本新法实施后第一起中国渔船赴日非法捕捞被扣案处置

2014 年 12 月 21 日，一艘中国籍渔船在日本领海东京都鸟岛附近被扣。这是日方修改有关法律后被扣的第一艘中国渔船。中国驻日使馆非常重视和关注案件处理情况，除了领事官员探视等常规任务，使馆也加大了法律援助力度，介绍有经验的律师负责案件的应诉工作，并一直与横滨海上保安部保持密切沟通和联系，随时了解案件进展情况。

日本海上保安部官员亲赴中国使馆介绍案件情况。由于使馆与日本政府有关部门建立了良好的合作关系，2015 年 1 月，日本海上保安部警备科长专门从横滨到位于东京的中国使馆，通报该案的处理情况，告知中国使馆，中国船长可能会被判刑并在日本服刑。

使馆从人道主义因素考虑做日方工作。使馆领导指示领事部官员多次与负责该案件的律师沟通，在法律许可的范围内为同胞提供帮助。领事部官员与船长的妹妹联系后得知，其家中上有 80 多岁且身体不好的父母，下有两个孩子，事发后其妻子躲了起来，孩子表示要辍学打工。律师联系其家人，搜集到很多有关其家庭贫困、父亲病重、几年前一个孩子生病死亡的证明和治疗费、欠债字据等图片和文字证据。使馆领事官员带着这些资料专程拜访了横滨海上保安部，向警备科长介绍情况，做日方工作，指出中国渔船来日本打捞珊瑚有多方面的原因，既因为当事人缺乏法律意识，为生计所迫，也有国际市场上组织团伙的利诱，中方已加大了管控和处理力度，在日本海域的中国渔船已明显减少，希望日方从轻处罚。经过三次公开开庭审判，2015 年 5 月 7 日，中国船长被判处有期徒刑一年，并处罚款 1000 万日元。2016

---

① 《日本实施新〈渔业法〉对外国偷捕者加大处罚力度》，https://world.huanqiu.com/ar ticle/9CaKrnJFWuY。

年 1 月 18 日，该船长结束刑期，提前回国。

四、中国国内有关地方政府加大对此类案件的预防和处置力度

以福建省为例，对"非法采捕"的预防和处置措施包括出台相关文件、开展专项打击活动、开展宣传活动等。

（一）出台相关文件

作为赴日非法捕捞红珊瑚渔船的主要来源地，福建省政府采取了相应措施。2015 年 2 月 17 日，福建省政府公报 2015 年第 9 期发布信息称，为了保护海洋渔业资源和生态环境，预防涉外事件的发生，根据《中共福建省委办公厅、省人民政府办公厅关于建立打击非法采捕交易红珊瑚等违法活动长效机制的实施方案》的要求以及有关法律法规，经省政府同意，就"打击非法采捕红珊瑚暨整治涉渔'三无'船舶专项行动"中非法采捕红珊瑚船舶和涉渔"三无"船舶的认定及处置提出意见。① 涉及非法捕捞红珊瑚的主要内容包括关于非法采捕红珊瑚船舶的认定和非法采捕红珊瑚船舶的处置原则。

文件表示，具有下列情形之一的，认定为采捕红珊瑚船舶：①依据有关部门转来的涉嫌采捕红珊瑚证据材料，经执法部门调查核实确认的，不论该船是否装置采捕设施，一律认定为采捕红珊瑚船舶；②执法部门现场检查发现，船舶装置有专用采捕红珊瑚的起网、液压、网具、沉石、绞钢等捕捞工具和设施，或者专为采捕红珊瑚进行船舶改造。②

关于非法采捕红珊瑚船舶的处置原则包括：①对非法采捕红珊瑚船舶一律予以依法拆解，但在 2014 年 12 月 31 日前听从政府劝告主动回港的，或者在本《意见》发布之日起 15 日内，主动登记上交的，可

---

① 《福建省人民政府办公厅关于认定及处置非法采捕红珊瑚船舶和涉渔"三无"船舶的意见》（闽政办〔2015〕29 号），http://zfgb.fujian.gov.cn/594。

② 同①。

采取下列从轻处置办法：a. 证件齐全的，拆除并收缴所有采捕红珊瑚的捕捞工具和设施，船舶不予拆解；b. 证件不齐（含"三无"船舶）的，拆除并收缴所有采捕红珊瑚的捕捞工具和设施，船舶应予以拆解，当地政府视生活困难情况给予适当的经济补助，在船主转产就业时给予优先考虑。②采捕红珊瑚的违法行为如果构成犯罪的，移交公安部门追究刑事责任。涉案船舶一律没收拆解。①

（二）开展专项打击行动

2015年1月28日，福建省举行打击非法采捕红珊瑚暨涉渔"三无"船舶联合执法行动启动仪式。该联合行动旨在保护海洋渔业资源和生态环境，维护正常的海上渔业生产秩序，累计30天。联合行动以打击非法采捕红珊瑚船舶和主机60马力以上或船长12米以上涉渔'三无'船舶为主要任务。这次联合执法行动汇聚了省、市、县三级执法力量，还广泛动员群众，同时实行港口检查、海上巡查与分片检查，由辖区执法力量负责组织安排。联合行动期间，省、市、县执法船和协勤渔船分为六个编队，由北向南对沿海近岸海域进行重点巡查。②

后来，福建省政府又陆续开展"净海2015-9"和"蓝剑2015-2"等海上联合执法行动，这些联合执法行动都将打击非法捕采红珊瑚列为行动内容。③

（三）开展宣传活动

针对非法采捕交易红珊瑚的非法行为，海洋与渔业部门不仅从执

---

① 《福建省人民政府办公厅关于认定及处置非法采捕红珊瑚船舶和涉渔"三无"船舶的意见》（闽政办〔2015〕29号），http://zfgb.fujian.gov.cn/594。

② 《我省启动打击非法采捕红珊瑚联合执法行动》，http://www.fujian.gov.cn/xwdt/mszx/201502/t20150203_1621904.htm。

③ 《福建海洋"蓝剑2015-2"海上联合执法行动启动》，http://www.fujian.gov.cn/xwdt/fjyw/201512/t20151224_1681231.htm；《我省开展"净海2015-9"海上联合执法行动》，http://www.fujian.gov.cn/xwdt/fjyw/201509/t20150926_1678813.htm。

法上加大打击力度，也重视开展相关宣传活动，提高广大民众及青少年海洋生态环保意识。

2015 年 4 月 11 日，福建省海洋与渔业执法总队联合福州市海洋与渔业执法支队、福州左海海底世界、海峡都市报在福州左海公园海底世界广场共同开展"严禁非法采捕红珊瑚保护海洋生态环境"专项宣传活动并邀请了多家媒体参加。海洋与渔业执法人员向小记者和游客们发放了保护红珊瑚宣传资料，有关专家和执法人员现场为大家讲解红珊瑚知识、保护方法及相关法律法规。大家还进行了拯救红珊瑚的爱心签名。启动仪式同时设置了红珊瑚知识抢答以及"拯救红珊瑚保护海洋生态环境"宣传海报讲演比赛环节。此外，结合 2015 年度"爱鸟周"保护宣传活动，福建省海洋与渔业执法总队还先后在厦门鼓浪屿海洋世界、罗源湾海洋世界、连江县苔菉镇、霞浦县三沙镇等地开展了红珊瑚保护宣传活动。①

本章小结

本章选择若干类型的海外中国公民安全保护案例，对其进行较为全面的总结和较为深入的分析，以期对相关实践有更为细致全面的认识。

撤离是保护身处险境的海外公民的最直接、最有效的方式。本章选择将 2011 年和 2014 年两次利比亚撤离行动进行比较，分析两次撤离行动中的海外中国公民和中资企业安全保护机制具体运行情况及所呈现的进步。首先，预警信息发布有很大改进。2014 年利比亚撤离行动前相关预警信息发布的数量比 2011 年撤离前有大幅增加。其次，预警信息的内容更加充分体现出有关部门对态势发展的持续关注。此外，中国驻利比亚使馆通过持续发布其他国家政府或企业对利局势的反应

---

① 《执法与宣传并进　拯救红珊瑚在行动》，http://www.fujian.gov.cn/xwdt/fjyw/2015
04/t20150416_1673786.htm。

情况，敦促中国公民自愿尽快撤离。再次，应急机制更为成熟。2014年利比亚撤离之前，中国政府部门对在利中国公民人数的掌握更为清楚。中国企业的风险预防意识和危机管理水平逐渐提升。强调企业和公民采取安全措施，尽早撤离，政府提供协助；在撤离方式的选择上也更为理性化。

新冠肺炎疫情给海外中国公民和中资企业安全保护带来严峻挑战。本次疫情中的海外安全保护工作充分体现了新趋势。第一，多元化参与和网络化协调为抗疫期间的海外中国公民和中资企业安全保护提供了有力保障。第二，海外华侨华人和中资企业积极行动，配合政府部门做好各项安全保护的具体事务。第三，更重视依法依规处置具体事务。第四，预防性安全保护更加用心细致。

对2019年4月发生在斯里兰卡恐怖袭击案件的分析显示，爆炸发生后，中国驻斯里兰卡使馆与斯里兰卡方面进行交涉，并发布了关于恐怖袭击的安全提醒。使馆通过各种渠道和方式搜寻失联人员，并协助进行善后处置。在整个事件处理完毕后，中国驻斯里兰卡使馆举办总结座谈，对所有协助单位和人员表示感谢。

在2019年"8·19"老挝车祸发生之前，中国驻琅勃拉邦总领事馆事前曾发布相关安全提醒。事发后，中老两国领导人高度重视事故处置工作。中国外交部领事保护中心积极协调，外交部和文旅部组成联合工作组。军方参与紧急救治，并与航空公司一起运送伤员。使领馆牵头，华人华侨、中资机构和领事协助志愿者自发参与整个事故的处置，并发挥了重要作用。

2018年南非骚乱发生之前，中国驻开普敦总领事馆不定期地发布过相关的安全提醒。骚乱发生后，中国总领事馆与南非警方进行交涉，并会同北开普省华人警民合作中心协助受波及侨胞安全撤离。

2014年中国渔民赴日非法捕采红珊瑚事件频发，2014年12月7日，日本政府针对这一情况出台新规定，加大对在日本领海和专属经济区内偷捕、违规作业等行为的执法与处罚力度。中国使馆高度重视日本新规定出台后发生的第一起中国渔船因非法捕采红珊瑚被扣事件。使馆从人道主义因素考虑做日方工作，最终使得该案件得到了妥善处理。中国国内有关地方政府也加大对此类案件的预防和处置力度。

第四章　海外中国公民和中资企业安全保护机制建设评析

进入 21 世纪以后，海外中国公民和中资企业安全保护机制建设发展迅速，既展现了优势，也暴露出不足。本章将对此进行梳理，并就如何改进提出对策建议。

第一节　海外中国公民和中资企业安全保护机制建设的优势

如上文所述，海外中国公民和中资企业安全保护工作面临着独特的挑战，如安全保护的对象规模庞大，相关案件情况复杂，安全保护工作被赋予特殊的使命和内涵等等。海外中国公民和中资企业安全保护机制建设优势明显，否则难以完成艰巨的保护重任。

一、党和政府的高度重视为做好海外安全保护工作提供了有力保障

中国党和政府高度重视保护海外中国公民和中资企业的安全，为具体实践部门推进此项工作创造了有利的环境和氛围。进入 21 世纪后，因涉及海外中国公民的安全事件频发，海外中国公民和中资企业安全保护问题受到更多关注。比如，领事保护被视为展示"外交为民"

理念的重要窗口。自党的十八大以来，领事工作的重要性被提升到一个前所未有的高度。①

党和国家的一些重要文件强调做好海外中国公民和中资企业安全保护的重要性。党的十八大报告中写道，"将扎实推进公共外交和人文交流，维护我国海外合法权益。"②党的十八届三中全会通过《中共中央关于全面深化改革若干重大问题的决定》，提出要完善领事保护体制。③2017年政府工作报告和2018年政府工作报告分别提出"加快完善海外权益保护机制和能力建设"④，"加强和完善海外利益安全保障体系"。⑤

党和国家最高领导人高度重视保护海外中国公民和中资企业的安全，并亲自关注重大海外安全保护事件的处置工作，这大大推动了安全保护工作的顺利开展。2019年1月，习近平主席发表重要讲话，强调"全球动荡源和风险点增多，中国外部环境复杂严峻，要加强海外利益保护，确保海外重大项目和人员机构安全，要完善共建'一带一路'安全保障体系"。⑥2019年8月22日，习近平主席就中国旅游团在老挝发生严重交通事故同老挝国家主席本扬互致口信，将事故处理与老中命运共同体建设顺利推进联系起来。⑦

二、政治体制优势有利于调动各方资源参与

中国政治体制所特有的优势表现为中国共产党的领导强大有力，

---

① 中华人民共和国外交部政策规划司编：《中国外交 2015 年版》，北京：世界知识出版社，2015 年版，第 337—338 页。
② 《胡锦涛在中国共产党第十八次全国代表大会上的报告》，http://www.xinhuanet.com/18cpcnc/2012-11/17/c_113711665.htm。
③ 《中共中央关于全面深化改革若干重大问题的决定》，载《人民日报》，2013 年 11 月 16 日，第 2 版。
④ 《政府工作报告》，http://www.gov.cn/premier/2017-03/16/content_5177940.htm。
⑤ 《政府工作报告》，http://www.gov.cn/premier/2018-03/22/content_5276608.htm。
⑥ 《提高防控能力着力防范化解重大风险，保持经济持续健康发展社会大局稳定》，载《人民日报》，2019 年 1 月 22 日，第 1 版。
⑦ 《就中国旅游团在老挝发生严重交通事故 习近平同本扬互致口信》，载《人民日报》，2019 年 8 月 23 日，第 1 版。

能够集中力量办大事。领事保护中心官员在接受笔者访谈时曾谈到，中国领事保护工作最大的优势就是"上面一批示，下面立刻行动"。外交部领事司负责人在接受媒体采访时也表示，在巨大的领事保护工作压力面前，如果仅靠外交部和驻外使领馆，"这是一个不可能完成的任务"。但是，"我们有中国特色的制胜法宝，发动人民战争，构建大领事格局，调动一切可以调动的资源和力量，用人民战争的这种办法来打赢海外安全战役"。①

海外中国公民和中资企业安全保护机制建设呈现出"全政府参与"的特点。从省、直辖市政府到最基层的街道、乡镇的各级地方政府部门广泛参与，并发挥了重要的甚至中央政府部门不可替代的作用。在各级政府部门的强力推动下，从中央到地方，"全政府"参与，调动一切可以利用的资源，构建一张"纵向到底、横向到边"的领事保护工作网络，以满足保护需求，完成特殊使命。

三、海外华侨华人和中资企业是开展海外安全保护的独特资源

众多的海外华侨、中资企业和派驻机构既是保护的对象，也是海外安全保护工作可以利用的独特资源。全球有6000多万华侨华人，分布在160多个国家和地区，华侨华人团体规模不断壮大、影响力日益扩大。②在一些国家，中国侨领的影响力可直达所在国高层。③近4万家

中资企业分布在全球 180 多个国家和地区。①一些大中型中资企业高管长期在某一地区工作，熟悉当地情况，积累了丰富的人脉资源。②中国有众多的外派机构和人员，如各地方政府的外派机构及中国援外医疗队等。中国外交官和领事官聚集在首都和大城市，而华人华侨、中资企业和外派机构及人员的分布更广泛，便于第一时间赶赴领保案件事发地，在驻外使领馆的领导下协助处理。③一些卫生条件比较差的国家的中国援外医疗队在保障海外中国公民生命安全方面更是发挥了无可替代的作用。

案例分析显示，很多海外安全保护案件处置都依赖于各方力量的配合。例如，2019 年斯里兰卡"4·21"特大爆炸恐怖袭击事件处置完毕后，中国驻斯里兰卡使馆向参加事件处置工作的斯里兰卡华联会、中国企业商会等组织及在斯企业和义工代表颁发了感谢信。④在 2018 年7 月南非北开普省首府金伯利市骚乱中，中国驻开普敦总领事馆会同北开普省华人警民合作中心协助侨胞安全撤离。

---

① 《中国对外投资发展报告 2018》，http://www. coicsh. com/upload/20190219094302 fujian. pdf；《钟山部长出席庆祝中华人民共和国成立 70 周年活动新闻发布会》，http://www. mofcom. gov. cn/article/ae/ztfbh/201909/20190902901363. shtml。

② 2018 年 7 月，笔者在南非、卢旺达与当地中资代表座谈，其中个别代表在当地生活近 20 年，他们表示，中国外交官初到履新也向他们了解当地情况。

③ 2019 年 3 月，驻琅勃拉邦总领馆协助一名患有精神疾病的中国老人回国。总领馆委托中国商会安排车辆和回国路线。在回国途中离边境口岸约 70 公里处，老人病情发作，陪同家属即又向总领馆主管领事电话求助，主管领事请距离最近的中老铁路中铁五局一标段一分部的项目部负责人给予协助。该分部负责人第一时间赶到现场处理，并一直陪同其办理边检证件检验手续，护送其顺利出关。见《五天跨国爱心接力，漂泊十六载终团圆——驻琅勃拉邦总领馆工作纪实》，http://cs. mfa. gov. cn/gyls/lsgz/lqbb/t1645348. shtml。2017 年 1 月，黑龙江省同江市驻俄罗斯联邦犹太自治州首府比罗比詹市代表协助中国驻哈巴罗夫斯克总领馆处理一起涉及中国公民的车祸。参见李菁：《领保工作的那些事——驻哈巴罗夫斯克总领馆领保工作纪实》，载本书编委会编：《一枝一叶总关情——中国外交官领事保护与协助手记》，江苏人民出版社，2019 年版，第 227 页。

④ 《驻斯里兰卡使馆举办"4·21事件善后工作总结座谈会"》，http://lk. china-embassy. org/chn/lsyw/lshbh/t1668683. htm。

四、相关实践部门的学习和创新推动机制建设不断取得进展

2013 年 3 月，习近平总书记在庆祝中共中央党校建校 80 周年庆祝大会暨 2013 年春季学期开学典礼上的讲话中强调，领导干部只有通过学习才能增强本领，才能妥善处理我国发展起来后不断出现的新情况新问题。① 中国在海外中国公民和中资企业安全保护机制建设方面是后来者。从新中国成立至改革开放前，走出国门的中国公民人数和企业数量有限，相关安全保护机制建设进展相对缓慢。改革开放以来，尤其是进入 21 世纪以后，海外中国公民和中资企业安全保护实践部门不断总结工作经验，并结合我国实际，借鉴国际先进做法，推动相关机制建设取得了很大进展。

例如，在经历多次海外撤离行动后，外交部和驻外使领馆逐渐摸索出一套比较成熟的做法。2011 年的利比亚大撤离举世瞩目，但耗资巨大，基本由政府买单，不可复制。2014 年，当利比亚局势再度动荡时，中国驻利使馆强调企业和公民采取安全措施，自行撤离，使馆提供协助。在撤离方式的选择上，也未出动政府包机，而是鼓励公民自行购买机票，最后组织撤离时选择了陆路方式。2015 年尼泊尔大地震，外交部和驻尼泊尔使馆在实施领事保护时遵循了"施救和自救有机结合"的原则，确定了商业渠道、非常规渠道互为补充的工作思路：一方面紧急协调国内航空公司增派客机，接返滞留的中国游客，协调军方派出直升机，对受困的企业员工实施救助，另一方面充分发挥相关机构、企业、公民的主观能动性，引导他们充分发掘自身和周边的资源，优先使用商业渠道，避免耽误救援时间。② 据领事保护中心官员介绍，目前在海外撤离方面，外交部已与民航局建立了很好的合作关

---

① 《习近平在中央党校建校 80 周年庆祝大会暨 2013 年春季学期开学典礼上的讲话》，载《人民日报》，2013 年 3 月 4 日，第 1 版。
② 《外交部举行我支持尼泊尔抗震救灾和向在尼中国公民提供领事保护工作吹风会》，http://cs.mfa.gov.cn/gyls/lsgz/lqbb/t1261827.shtml。

系，形成了"工作惯例"。遇有紧急情况，领事保护中心会协调国内航空公司派出航班接回海外公民，航空公司不追求额外利润，撤离费用由当事人个人自理。

再以海外公民登记系统为例。如案例部分所述，2011 年利比亚撤离情况表明，在日常工作中，中国驻外使馆没有充分了解和掌握海外中国公民和中资企业的相关信息。为了更好地掌握海外中国公民和中资企业情况，外交部和商务部经过研发，于 2013 年推出了新的登记系统。这一新系统在 2014 年利比亚撤离中就发挥了作用。

中国既学习国际经验，也结合自身实际，创新机制，通过领事保护志愿者这样的制度设计，而非沿用很多国家都实施的名誉领事制度来调动众多海外中资企业人员和海外华侨服务同胞的积极性。名誉领事指"由国家或政府在接受国某一地区当地居民中选任的以执行领事职务的兼职人员"。① 领事法专家洛克·李（Luke T. Lee）在《领事法与领事实践》第三版（2008 版）的序言中写道：自从第二版（1991年版）《领事法与领事实践》出版以来，各国领事实践最大的发展就是各国利用名誉领事，而不是职业领事来满足国民对领事服务的需求。② 中国驻外使领馆邀请海外华侨和中资企业代表担任领事保护志愿者（联络员）性质上类似于名誉领事，但又有别于名誉领事。名誉领事可以承担领事保护、领事证件办理等领事职能，但中国的领事保护志愿者只是协助使领馆开展领事保护工作。领事保护志愿者制度的创设有助于调动广大华侨和中资企业代表参与领事保护的积极性，发挥他们在保护海外同胞方面的优势。

五、独立自主的和平外交政策为开展海外安全保护创造了便利条件

中国坚持独立自主的和平外交政策，努力构建人类命运共同体，

---

① 中国领事工作编写组：《中国领事工作》（下册），北京：世界知识出版社，2014 年版，第 389 页。

② Luke T. Lee and John Quigley, *Consular Law and Practice*, Oxford：Oxford University Press, 2008, Preface.

积极发展与世界各国的外交关系，不断扩大朋友圈，为有效开展海外中国公民和中资企业安全保护提供了极大便利。截至 2019 年 6 月，中国已同 110 个国家和国际组织建立了不同形式的伙伴关系。① 大多数国家对华十分友好，积极配合中国使领馆建立关于保护海外中国公民的固定联络机制，一些国家还设置了专门保护中国公民的机构。此外，在安全保护应急处置方面，也有不少国家伸出援手。例如，2014 年 8 月，利比亚局势再度动荡，在利比亚工作的 79 名中国公民搭乘希腊军舰撤离。希腊外交部发表声明，称这次动用军舰帮助中国撤侨，再次显示出两国关系十分牢固，双方的全面战略伙伴关系正继续向前发展。②

第二节　海外中国公民和中资企业安全保护机制建设的不足

自进入 21 世纪以来，尽管海外中国公民和中资企业安全保护机制建设发展迅速，相关保护工作也取得了令人瞩目的成绩，但其中仍有值得改进的空间。

一、相关法制建设和普法宣传亟待加强

我国的法律体系是由宪法、法律、行政法规、地方性法规和规章组成的。下位法低于上位法，法律是由全国人民代表大会或者全国人民代表大会常委会制定的；行政法规是由国务院制定的，其法律效力低于法律；地方性法规是由省级人民代表大会及其常委会或设区的市的人民代表大会及其常委会或自治州的人民代表大会及其常委会制定

---

① 《外交部党委书记齐玉在〈我看中国新时代〉出版座谈会上的致辞》，https://www.fmprc. gov. cn/web/wjbxw_673019/t1690852. shtml。

② 《从利比亚撤至希腊的中国公民分批回国》，http://www. xinhuanet. com/world/2014-08/05/c_1111932530. htm。

的，其法律效力低于行政法规；规章分为部门规章和地方政府规章，前者是由国务院组成部门或直属机构制定的，后者是由省级人民政府或设区的市人民政府或自治州人民政府制定的，地方性法规的效力高于本级和下级地方政府规章。

我国关于海外中国公民和中资企业安全保护的立法比较分散，且不同的海外公民群体的安全保护受不同层级的法律法规约束。如上文所述，2008年《对外承包工程管理条例》包含关于从事对外承包工程人员安全保护的内容；2012年《对外劳务合作管理条例》包含有关海外劳务人员安全保护的内容；2013年颁布的《中华人民共和国旅游法》包含与海外中国游客安全保护相关的内容。

关于领事保护与协助的国内立法仍处于酝酿阶段。领事保护与协助行为作为一项特殊的政府职能，其内涵外延、职务范围、权责边界等都缺乏国家法律法规层面的界定，有待进行更加清晰、明确的规范。与此同时，在为海外中国公民提供领事保护与协助的实践中，驻外外交机构以及国内相关机构往往面临于法无据、权责不清、手段不足等问题。因此，亟须进一步厘清政府职责和公民权利义务，说清楚"政府能做什么、不能做什么"，讲明白"公民应做什么、不应做什么"，并以立法形式对实际工作相关重要环节进行必要的确认、补短和强化。①

以海外撤离行动为例，在国内法层面，《中华人民共和国宪法》《中华人民共和国国家安全法》对海外中国公民安全和合法权益保护进行了原则性和一般性规定。《中华人民共和国突发事件应对法》对突发事件进行了界定，并框定了预警级别，但主要指向国内突发事件，只能在一定程度上为境外突发事件的界定和预警级别的判断提供参考。一些部门规章规定了境外突发事件预警机制与应急处置。2013年颁布的《对外投资合作境外安全事件应急响应和处置规定》明确规定了撤

① 外交部领事保护中心：《贯彻全面依法治国要求推进出台领事保护立法》，载《法治日报》，2020年12月28日，第6版。

离措施，但其对象只涉及境外中资企业和人员，且仅适用于战争、政变等境外安全事件。国防白皮书《中国武装力量的多样化运用》虽然提到，开展海外公民撤离等海外行动是解放军维护中国的国家利益与履行中国承担的国际义务的重要方式，但白皮书并非法律。[①]

海外同胞缺乏了解相关法律法规的便利渠道。笔者在研究过程中，查找有关海外中国公民和中资企业安全保护的法律法规费时费力。在查找过程中，发现有些法规已经过时，其效力已被新法规取代，但仍然放在官网上。需要浏览者花费大量时间和精力，仔细梳理辨别，才能摸清楚有关内容。

有些国家本身法制不够完善，其相关部门对于涉及境内外国人待遇的法律法规的解释也前后不一致，这也影响了海外中国公民的安全。比如，2016 年 4 月 25 日，中国驻俄罗斯使馆在其官网发布《关于中国公民在俄罗斯驾车的最新解释说明》，其中表示，近期在莫斯科个别地区一些中国公民持中国驾照及驾照翻译公证件驾车被俄方查处。中国驻俄罗斯大使馆对此高度重视，专程约见莫斯科市内务总局、交管局进行交涉。莫市内务总局解释称，此前俄方内部对法规理解不一，存在意见分歧，为中方提供的书面答复不够准确全面。后经多次研究讨论确定，按照俄相关法律规定，使用本国驾照和相应翻译公证件的做法应建立在两国对等实行的基础上。鉴于俄罗斯公民在中国驾车需通过考试换领中国驾照，因此中国公民在俄罗斯境内亦不能凭本国护照和翻译公证件驾车。市内务总局对此前的错误答复为旅俄中国公民造成不便表示深深的歉意。中国驻俄大使馆特声明：此前于 3 月份发布的《关于中国公民在俄罗斯驾车的有关说明》信息有误，使馆对给大家带来的不便和困扰表示由衷歉意。目前中国公民在俄罗斯无权凭中国驾照和翻译公证件驾车，必须报名学习、通过考试、取得俄罗斯

---

① 颜梅林：《海外中国公民撤离的法律供给》，载《中国社会科学报》，2020 年 6 月 18日，第 4 版。

驾照后才有权在俄境内驾车。①

由此可见，亟须完善相关的法律法规建设，并做好法律知识普及工作，以使海外中国公民和中资企业安全保护工作真正做到"有法可依、有法必依、违法必究"。

二、安全保护专业人员匮乏

海外中国公民和中资企业安全保护的专业人手缺乏，在一些中国公民聚集的国家，专业领事保护干部更为缺乏，经过专业培训的领事官员尤其短缺。

从非政府层面看，"走出国门"的中资企业参差不齐，配备专门安全保护人员的企业的数量并不多，尤其是一些中小型民营企业对海外安全风险的认知不足，考虑到海外经营利润率不高，认为配备专门的安全保护人员不划算。此外，中国的民营安保公司海外运营的时间还比较短，经验丰富的海外安全保护专业人员供不应求。国际知名的安保公司不仅能够提供现场安全保护，更为重要的是，他们拥有较强的情报收集和分析研判能力，能够及时为客户提供安全警示和预防方案。目前，我国民营安保公司急缺这方面的专业人手。

三、海外安全提醒信息发布值得改善

"预防与处置并重，以预防为主"是海外中国公民和中资企业安全保护工作的指导原则。未雨绸缪，发布海外安全提醒信息，让同胞预先了解海外安全风险十分关键，但目前我国在这方面还存在一些值得改进的地方。

（一）海外安全提醒信息不易查找

有的中国驻外使领馆发布的安全提醒位于使领馆活动或使领馆新

---

① 《关于中国公民在俄罗斯驾车的最新解释说明》，http://ru.china-embassy.org/chn/lsfws/zytz/201604/t20160425_3158250.htm。

闻栏目；有的使领馆不同年份的安全提醒位于使领馆网站的不同栏目，不便查找。例如，中国驻老挝使馆网站发布的安全提醒位于"领事签证服务"板块之下的"领事知识和法律"栏目。笔者 2021 年 4 月 10 日浏览时发现，该栏目之下安全提醒的发布日期为 2010 年 9 月至 2018 年 2 月之间。① 而 2018 年 2 月之后的安全提醒则在"使馆活动"栏目下。

从中国驻开普敦总领事馆官网发布的信息看，在 2018 年 7 月 12 日骚乱发生之前，总领事馆不定期地发布过相关安全提醒。在骚乱发生的前一天，即 2018 年 7 月 11 日，中国驻开普敦总领事馆发布了一则信息，题为《两名中国侨胞在开普敦遇害身亡　驻开普敦总领馆再次提醒侨胞加强安全防范》。② 值得注意的是，这则信息发布在总领事馆网站的"新闻动态"栏目，而非"侨务和领事保护"栏目。

（二）安全提醒的效力还不够理想

尽管外交部发布的海外安全提醒信息在末尾加上了"如当事人坚持前往，由于提供领事保护与协助而产生的费用，将由个人承担"的字样，但安全提醒的效果仍然有限。最典型的例子是 2017 年 11 月印度尼西亚巴厘岛火山喷发前后，中国旅行社和中国游客对外交部和中国驻外使领馆发布的海外安全提醒置若罔闻。2017 年 11 月 27 日，因印度尼西亚巴厘岛阿贡火山持续喷发，当地的伍拉莱国际机场临时关闭，影响数百航班，超过 12 万游客滞留，其中中国游客大约 1.7 万余名。尽管后来，中国政府紧急"出手"，在当地机场重新开放的短短数日内协助大批滞留中国游客安全回家。但反观整个事件，巴厘岛火山不是一夜之间喷发的。经初步统计，在 11 月 27 日机场关闭前，中国外交部总共发出六次安全提醒公告，提醒广大中国游客"谨慎前往，

---

① 《领事知识和法律》，http://la.china-embassy.org/chn/lsfw/zshfl/。
② 《东开普省再次发生涉我侨胞恶性治安案件》，http://capetown.chineseconsulate.org/chn/xwdt/t1576324.htm。

合理安排行程，避免发生滞留"。中国驻登巴萨总领馆则发过五次提醒，中国驻印尼大使馆也发布过一次提醒。然而，这总共"12 道金牌"式的安全提醒，却始终没能挡住中国游客飞蛾扑火般地奔向巴厘岛。中国驻登巴萨总领馆官员询问了许多滞留在机场的中国游客，无论是自由行还是跟团游客，均表示出发前根本不知道火山爆发之事，更不知道有预警。少数知道者也仅仅以为影响范围不会很大。①

四、安全保护预防宣传应更多强调公民个人的责任

目前，国内政府部门将海外中国公民和中资企业安全保护预防宣传视为爱国主义教育活动的组成部分，在强调海外风险、公民应注意自身安全的同时，更突出政府在保护海外公民方面的成就和"祖国在你身后""我们一直都在"的政府责任。② 例如，中国外交部组织编撰出版的关于领事保护工作的图书名为《祖国在你身后：中国海外领事保护案件实录》③；制作的首部领事保护公益宣传短片也强调"我们一直都在"。④ 中国外交部和北京市政府联合举办的领事保护宣传活动名为"祖国在你身后"。⑤ 这类的宣传活动固然有助于培养公民的爱国情怀，但不利于公民充分认知自身在安全保护方面的责任。

---

① 《深思！"12 道金牌"提醒，挡不住他们飞扑巴厘岛！》，http://cs. mfa. gov. cn/gyls/lsgz/ztzl/lbdxal/xzzlbldzggmhgzt/t1555106. shtml。

② 中国外交部组织编撰出版了关于领事保护工作的两本著作，分别为 2017 年出版的《祖国在你身后：中国海外领事保护案件实录》（江苏人民出版社）和 2019 年出版的《一枝一叶总关情——中国外交官领事保护与协助手记》（江苏人民出版社）。制作的首部领事保护公益宣传短片也强调"我们一直都在"。参见《外交为民，祖国在你身后！首部外交部领事保护公益宣传短片发布》，http://news. cctv. com/2019/10/09/ARTIxOYNpac2xhJVMGVSUZJj191009. shtml。外交部和北京市政府联合举办的领事保护宣传活动也名为"祖国在你身后"。参见《第二届"祖国在你身后"情景剧大赛拉开序幕》，http://cs. mfa. gov. cn/gyls/lsgz/lqbb/t1555172. shtml。

③ 《祖国在你身后：中国海外领事保护案件实录》，南京：江苏人民出版社，2017 年版。

④ 《外交为民，祖国在你身后！首部外交部领事保护公益宣传短片发布》，http://news. cctv. com/2019/10/09/ARTIxOYNpac2xhJVMGVSUZJj191009. shtml。

⑤ 《第二届"祖国在你身后"情景剧大赛拉开序幕》，http://cs. mfa. gov. cn/gyls/lsgz/lqbb/t1555172. shtml。

近些年来，屡发中国驻外使领馆在安全保护方面被海外公民"道德绑架"的事情。例如上文提到的 175 名中国游客滞留日本成田机场事件和 240 名中国游客滞留伊朗德黑兰霍梅尼国际机场事件。① 中国领事服务网转载了报纸对于后者的报道，其中写道："游客们不应忽略自身责任义务，动辄以'维权'名义提出无理要求，更不应谋求'按闹分配'，对驻外使领馆进行道德绑架。否则，既会引发事态的恶化，最终损及自身安全权益甚至国家的形象和利益，同时也会影响公共资源的合理运用，导致真正有需要的同胞求助无门，背离了'外交为民'的初衷"。②

五、对海外中国公民和中资企业的违法违规行为缺乏有效的管控途径

如上文所述，海外中国公民和中资企业自身的违法违规行为是影响其安全的重要因素。早在 2008 年，根据外交部领事司的统计数字，在海外中国公民遇到的安全问题中，一半事件是由中方人员的不当行为引起的。③ 2013 年时，中国领事服务网安全提醒信息的统计显示，大约五分之一的安全提醒信息与海外中国公民的违法违规和不当行为有关。④ 多年过去了，这一现象仍然没有得到实质性改变。

海外公民和企业的违法违规行为不仅给自身带来安全风险，从长远来看，也恶化了中国公民和中资企业的海外生存和发展环境。例如，中国驻菲律宾使馆发布安全提醒称，中国公民在菲律宾从事各类赌博违法犯罪活动呈蔓延之势，赌博花样不断翻新，参赌人数不断增多，

---

① 赵岭：《"强大中华威自在，何需处处唱国歌"请善待领事保护》，https://m.huanqiu. com/article/9CaKrnK6BP7。

② 《为了海外游客的"岁月静好"，他们就这样"负重前行"！——德黑兰机场风波背后不为人知的内幕》，http://cs. mfa. gov. cn/gyls/lsgz/lqbb/t1532288. shtml。

③ 参见时任中国外交部领事司司长魏苇在 2008 年 8 月 5 日举行的《世界知识》论坛上的发言，论坛主题为"企业和个人，海外遇事怎么办"，http://news. xinhuanet. com/overseas/2008-08/31/content_9743308. htm。

④ 夏莉萍：《海外中国公民安全风险与保护》，载《国际政治研究》，2013 年 第 2 期，第 11 页。

非法拘禁、虐待拷打、勒索赎金等恶性案件频发，已经成为当地社会一大公害。①

我国是世界上人口最多的国家，同时又是一个经济快速发展、与外部世界联系日益紧密的发展中国家。中国公民和企业"走出去"的规模空前，企业的素质、人员参差不齐。但在如何引导和组织公民有序走出国门方面，缺乏有效措施。

第三节　关于改进海外中国公民和中资企业安全保护机制建设的建议

针对上文所提及的海外中国公民和中资企业安全保护机制建设的不足之处，谨提出以下几点改进建议。

一、为海外中国公民和中资企业安全保护机制建设提供有力的法律支撑

2018年，外交部部长王毅在两会记者会上表示，外交部坚持以人民为中心，持续打造由六大支柱构成的海外中国平安体系，其中法律支撑被列在首位。②

（一）尽早出台有关安全保护的专门法律

2018年3月，中国外交部在其官网发布了《〈中华人民共和国领事保护与协助工作条例（草案）〉征求意见稿》，明确了领事保护的职责范围以及领事保护有关各方应承担的责任；强调中国外交官和领事官在为海外中国公民提供领事保护时受驻在国客观条件的限制；明确表示领事保护不袒护公民的违法行为，并规定了公民自身在寻求领

---

① 《提醒在菲中国公民洁身自好，避免陷入涉赌勒索伤害案件》，http://ph.china-embassy.org/chn/lsfw/lsbh/t1558599.htm。

② 《王毅：打造海外中国平安体系》，https://www.mfa.gov.cn/ce/cemr/chn/zgyw/t1540500.htm。

事保护时应承担的责任。① 该条例被列入《国务院 2019 年立法工作计划》。但由于种种原因，迟迟没有出台。呼吁有关部门尽早正式颁行该法，这将是我国第一部关于领事保护与协助工作的专门立法，也是第一部针对海外中国公民和机构安全的专门立法，② 在海外安全保护工作法治化进程中将发挥积极而重要的作用。

（二）汇总公布与海外中国公民和中资企业安全保护有关的法律法规

随着中国与外部世界联系的日益密切，有关海外中国公民和中资企业的领事保护案件越来越复杂，涉及的法律法规也是多方面的。非常有必要对相关的重要法律法规进行梳理并汇编成册，最好能在官网开辟专栏，予以公布，方便公众参考。中国驻外使领馆可加强对驻在国法律资源的整合力度，翻译一些与当地中国公民生活和中资企业运营密切相关的法律法规，通过公开渠道发布；为海外中国公民和中资企业举办法律知识讲座；开展普法宣传。

二、增加专业的领事保护专业人员

首先，多渠道解决中国领事保护专业人手缺乏的难题。中国特色大国外交的发展需要与之相匹配的外交人员队伍。同时，也可适当增加驻外使领馆当地雇员的人数，由当地雇员协助分担领事官员承担的一般事务性工作，让领事官员有更多时间和精力着眼于领事保护难题的处理，并谋划领事保护工作的长远发展。进一步完善对领事官员的培训，尤其是相关法律知识的培训。

其次，多管齐下，增加中国民营安保公司海外安全保护专业人才供应。有关部门可加大对民营安保公司"走出去"的支持力度，鼓励

---

① 《外交部就〈中华人民共和国领事保护与协助工作条例（草案）〉（征求意见稿）向社会公开征求意见》，http://cs.mfa.gov.cn/gyls/lsgz/fwxx/t1545294.shtml。

② 《领事工作国内媒体吹风会现场实录》，http://cs.fmprc.gov.cn/gyls/lsgz/lqbb/t1733452.shtml。

海外运营的中国民营安保公司与国际知名安保公司及驻在国当地的安保公司合作，或引进经验丰富的国外安保专家，可在一定程度上缓解专业安全保护人手缺乏的困难。民营安保公司与重要国际问题研究智库合作，增强有关海外安全信息收集和分析研判能力。

三、改进安全提醒信息发布

第一，统一海外安全提醒信息发布工作标准，将安全提醒信息发布是否及时有效作为中国驻外使领馆领事工作考核指标之一。第二，由外交部制订安全提醒信息编辑模板，中国驻外使领馆统一使馆网页设计，设置专门的安全提醒信息发布栏目，方便公众查找。第三，在即将出台的领事保护立法中，明确公民和企业罔顾海外安全提醒所应承担的法律责任。第四，定期征询公众对安全提醒的意见和建议，并进行相应调整，以增强安全提醒的有效性。

四、在安全保护预防宣传中适当强调公民个人的责任

在海外安全保护预防宣传工作中，除突出中国政府的保护成就外，可适当强调公民自身的责任。一是适度公开由于公民个人原因所导致的安全风险和保护案例，例如由于游客不重视相关安全提示而面临溺水风险；因携带大量现金、"漏财"引起犯罪分子关注，遭遇抢劫或盗窃；因不了解有关国家签证和出入境管理规定而导致出入境受阻等。二是重视关于海外公民行为和安全保护案件的数据收集，对案例进行详细统计，并进行年度比较，以寻找海外公民行为和安全保护案件发展的规律和特点，由此规划如何更好地做好安全保护工作。三是除发布关于国别安全提醒外，还可以针对不同海外公民群体发布旅行建议。中国外交部和驻外使领馆以及其他相关部门目前只发布国别安全提醒，还没有针对不同海外公民群体的旅行建议。实际上，不同的公民群体所遇到的海外安全风险不同。例如，对于海外中国游客，尤其是在海外从事涉水旅游项目的游客来说，溺水风险是必须予以关注的；而对

于局势动荡地区的海外中资企业员工来说，关注驻在国的局势发展，及时做好预防，则更为重要。因此针对海外公民群体的不同关注点开展预防宣传，可以更好地提升公民的海外安全防范意识和防范能力。

五、建立针对海外中国公民和企业违法违规行为的管控和警示制度

海外中国公民和中资企业的违法违规和行为不当应引起高度重视，应在加大宣传教育的同时，建立相应的管控和警示惩戒制度，如建立海外公民和企业违法违规的黑名单制度。目前，在不文明旅游方面，根据 2016 年《国家旅游局关于旅游不文明行为记录管理暂行办法》，违反境内外旅游目的地社会风俗、民族生活习惯等行为经"旅游不文明行为记录评审委员会"评审确认后会被纳入"旅游不文明行为记录"，并决定是否通报相关部门。[1]但是，对于其他领域的违法违规和行为不当者，还未建立相应的"黑名单"制度。

对于那些发生在海外的中国人侵害中国人的违法犯罪行为，有关部门在安全防范和处置方面须"内外并举"，积极开展中外合作。如不少劳务纠纷由资质不佳的国内中介公司引起；一些由中国人危害中国人安全的犯罪活动如骗赌、某些电信诈骗甚至恶性社会治安事件等。对此，可在国内开展专项打击行动的同时，在征得所在国政府同意的前提下，派遣警务人员赴国外开展执法合作。[2]

---

[1] 《国家旅游局办公室关于印发〈国家旅游局关于旅游不文明行为记录管理暂行办法〉的通知》，旅办发〔2016〕139 号，http://zwgk.mct.gov.cn/auto255/201605/t20160530_832313.html? keywords＝。上文提到的违反宗教禁忌，在马来西亚水上清真寺矮墙上跳热舞的两名中国游客就被纳入了此类名单。参见《文化和旅游部近日又公布一批旅游不文明行为记录"黑名单"》，https://www.mct.gov.cn/whzx/whyw/201809/t20180928_835134.htm。

[2] 例如，阿根廷有近 15 万华侨华人，多数从事超市行业。2009 年至 2011 年，针对华人超市业主的敲诈勒索案件不断增多，作案者多为当地华人帮派。中国公安部先后于 2011 年和 2013 年两次派遣工作组赴阿根廷开展专项打击，并在驻阿使馆派驻警务联络官。2016 年 6 月，阿根廷联邦警察与中国公安部警务联系人员再次合作，捣毁当地最大的华人犯罪团伙。阿警察总局一高层官员在接受新华社记者专访时表示，中阿执法合作在近年打击华人有组织犯罪，特别是针对华人超市业主的侵害案件中发挥了关键作用，此类案件已明显减少。参见《专访：阿根廷望与中国扩大执法合作》，http://www.xinhuanet.com//world/2016-06/21/c_1119084069.htm。

本章小结

海外中国公民和中资企业安全保护机制建设的优势主要体现在以下方面:一是中国党和政府高度重视海外中国公民和中资企业安全保护,为具体实践部门推进此项工作创造了有利的环境和氛围;党和国家最高领导人亲自关注重大海外安全保护事件并作出指示,这大大推动了安全保护工作的顺利开展。二是中国政治体制优势有利于调动各方资源参与。中国政治体制所特有的优势表现为中国共产党的领导强大有力,能够集中力量办大事。在各级政府部门的强力推动下,从中央到地方,"全政府"参与,调动一切可以利用的资源,构建一张"纵向到底、横向到边"的海外安全保护网络,以满足保护需求,完成特殊使命。三是广大海外中国公民和中资企业既是海外安全保护的对象,也是海外安全保护工作可以利用的独特资源。四是相关实践部门不断总结经验,并结合我国实际,借鉴国际先进做法,推动海外安全保护工作取得很大进展。四是中国坚持独立自主的和平外交政策,努力构建人类命运共同体,积极发展与世界各国的外交关系,不断扩大"朋友圈",为有效开展海外安全保护工作提供了极大便利。

中国领事保护存在一些值得改进之处,这主要体现为:一是相关法制建设和普法宣传亟待加强。二是海外中国公民和中资企业安全保护的专业人手缺乏。从政府层面来看,主要表现为专业领事保护人员配备不足,尤其是经过专业培训的领事官员不足。从非政府层面看,"走出国门"的中资企业参差不齐,配备专门安全保护企业的数量并不多,中国的民营安保公司海外运营的时间还比较短,经验丰富的海外安全保护专业人员供不应求。三是安全提醒信息发布存在问题:安全提醒发布的机制化安排还需加强;中国驻外使领馆官网发布的安全提醒信息的格式和栏目不统一,公众查找不便;安全提醒的效力不够理想等。四是政府部门将海外安全保护预防宣传视为爱国主义教育活动的一部分，突出政府在保护海外中国公民方面的成就和"祖国在你身后""我们一直都在"的政府责任，对提醒公民充分认知自身在安全保护方面的责任重视不够。五是对海外中国公民和中资企业的违法违规行为缺乏有效的管控途径。

　　针对上文提及的不足之处，提出以下几点改进建议。一是为海外中国公民和中资企业安全保护工作提供有力的法律支撑，包括尽早出台有关领事保护的专门法律和梳理汇总有关法律法规，并通过适当的方式公开，方便公众查找。二是增加海外安全保护专业人员配备并加强培训。三是改进安全提醒信息发布。四是在领事保护预防宣传工作中，除突出政府的保护成就外，适当强调公民自身的责任。五是高度重视海外中国公民和中资企业的违法违规现象，在加大宣传教育的同时，建立相应的管控和警示惩戒制度。对于那些发生在海外的中国人侵害中国人的违法犯罪行为，有关部门在安全防范和处置方面积极开展中外合作，"内外并举"，依法打击。

参考文献

中文文献

一、官方出版物

1. 钱其琛. 世界外交大辞典[M]. 北京:世界知识出版社,2005.

2. 中国领事工作编写组. 中国领事工作(上、下册)[M]. 北京:世界知识出版社,2014.

3. 中国外交部领事司编. 外交官在行动——我亲历的中国公民海外救助[M]. 南京:江苏人民出版社,2015.

4. 中国外交部领事司编写组. 祖国在你身后:中国海外领事保护案件实录[M]. 南京:江苏人民出版社,2017.

5. 中国外交部领事司编写组. 一枝一叶总关情——中国外交官领事保护与协助手记[M]. 南京:江苏人民出版社,2019.

6. 中国外交部政策规划司编. 中国外交系列[M]. 北京:世界知识出版社.

二、专著(含译著)

1. 敬云川,解辰阳. "一带一路"案例实践与风险防范——法律篇[M]. 北京:海洋出版社,2017.

2. 黎海波. 中国领事保护:历史发展与案例分析[M]. 北京:中国社会科学出版社,2017.

3. 李晓敏. 非传统威胁下中国公民海外安全分析[M]. 北京:人民出版

社,2011.

4. 李宗周.领事法与领事实践[M].梁宝山,黄屏,潘维煌,夏莉萍,等译.北京:世界知识出版社,2012.

5. 刘祥."一带一路"倡议下中国企业"走出去"[M].北京:中国经济出版社,2018.

6. 罗伯特·詹宁斯,阿瑟·瓦茨.奥本海国际法:上卷,第一分册[M].王铁崖,陈公绰,汤宗舜,等译.北京:中国大百科全书出版社,1995.

7. 罗伯特·詹宁斯,阿瑟·瓦茨.奥本海国际法:上卷,第二分册[M].王铁崖,李适时,汤宗舜,等译.北京:中国大百科全书出版社,1998.

8. 邱学军.新中国海外领事保护工作理论与实践[M].北京:世界知识出版社,2020.

9. 吴冰冰,于运全主编."一带一路"案例实践与风险防范——文化篇[M].北京:海洋出版社,2017.

10. 夏莉萍.领事保护机制改革研究——主要发达国家的视角[M].北京:北京出版社,2011.

11. 夏莉萍,梁晓君,李潜虞,等.当代中国外交十六讲[M].北京:世界知识出版社,2017.

12. 谢益显.中国当代外交史[M].北京:中国青年出版社,2009.

13. "一带一路"沿线国家安全风险评估编委会."一带一路"沿线国家安全风险评估[M].北京:中国发展出版社,2015.

14. 于涛.华商淘金莫斯科:一个迁移群体的跨国生存行动[M].北京:社会科学文献出版社,2016.

15. 查道炯,龚婷."一带一路"案例实践与风险防范——经济与社会篇[M].北京:海洋出版社,2017.

16. 翟崑,周强,胡然."一带一路"案例实践与风险防范——政治安全篇[M].北京:海洋出版社,2017.

17. 曾令良.21世纪初的国际法与中国[M].武汉:武汉大学出版社,2005.

18. 曾令良,余敏友.全球化时代的国际法——基础、结构与挑战[M].

武汉:武汉大学出版社,2005.

三、期刊文章

1. 奥利弗·布罗伊纳.保护在吉尔吉斯斯坦的中国公民——2010年撤离行动[J].国际政治研究,2013(2).

2. 钞鹏.对外投资的政治风险研究综述[J].经济问题探索,2012(11).

3. 陈波."一带一路"背景下我国对外直接投资的风险与防范[J].行政管理改革,2018(7).

4. 陈定定,张子轩,金子真.中国企业海外经营的政治风险——以缅甸与巴布亚新几内亚为例[J].国际经济评论,2020(5).

5. 陈奕平,许彤辉.新冠疫情下海外中国公民安全与领事保护[J].东南亚研究,2020(4).

6. 杜建国.当代中国政府职能转变进程[J].地方政府管理,2001(10).

7. 付玉成.菲律宾工程承包市场的政治风险[J].国际经济合作,2013(5).

8. 黄河,许雪莹,陈慈钰.中国企业在巴基斯坦投资的政治风险及管控——以中巴经济走廊为例[J].国际展望,2017(2).

9. 黄河.中国企业跨国经营的政治风险:基于案例与对策的分析[J].国际展望,2014(3).

10. 黎海波.中国领事保护可持续发展探析[J].现代国际关系,2016(6).

11. 李昕韡,苏畅.俄罗斯恐怖主义形势及反恐机制建设[J].现代世界警察,2020(3).

12. 李晓敏.强化对在高风险国家的中国公民保护机制——基于2010-2014年"安全提醒"数据的分析[J].福建江夏学院学报,2014(6).

13. 刘波."一带一路"安全保障体系构建中的私营安保公司研究[J].国际安全研究,2018(5).

14. 刘聪.中越边境地区互免旅游签证制度的探讨[J].旅游管理研究,2019(6).

15. 刘乐."一带一路"的安全保障[J].国际经济评论,2021(2).

16. 刘倩.南亚恐怖主义与"一带一路"沿线的海外利益保护[J].印度洋经济体研究,2018(5).

17. 刘熙瑞.服务型政府——经济全球化背景下中国政府改革的目标选择[J].中国行政管理,2002(7).

18. 刘中民.在中东推进"一带一路"建设的政治和安全风险及应对[J].国际展望,2018(2).

19. 卢文刚,黄小珍.中国海外突发事件撤侨应急管理研究——以"5·13"越南打砸中资企业事件为例[J].东南亚研究,2014(5).

20. 卢文刚,黎舒菡.2014年中国在东南亚地区领事保护状况、问题及改善对策研究[J].东南亚纵横,2015(5).

21. 卢文刚,魏甜."一带一路"沿线国家海外中国公民安全风险评估与治理研究——以中国公民在东盟十国为例[J].广西社会科学,2017(9).

22. 马蓓."一带一路"框架下中国-巴基斯坦安全风险防范研究[J].世界宗教文化,2018(3).

23. 马丽蓉."一带一路"沿线伊斯兰支点国家建设及其安全风险防范研究[J].世界宗教文化,2018(1).

24. 邱凌(外交部领事保护中心).认识境外中国公民和机构安全保护工作部际联席会议机制[J].中国应急管理,2015(11).

25. 师会娜.2013年中国领事保护工作简评[J].东南亚研究,2014(2).

26. 苏闻宇."一带一路"倡议下中国-土耳其安全风险防范研究[J].世界宗教文化,2018(1).

27. 孙海泳."一带一路"背景下中非海上互通的安全风险与防控[J].新视野,2018(5).

28. 汪段泳.中国海外公民安全:基于对外交部"出国特别提醒"(2008-2010年)的量化解读[J].外交评论,2011(1).

29. 汪段泳,赵裴.南非洲,中国公民安全风险几何?[J].社会观察,2014(11).

30. 汪段泳,赵裴.撒哈拉以南非洲中国公民安全风险调查——以刚果

（金）为例［J］.复旦国际关系评论,2015（1）.

31. 王畅."一带一路"倡议下中国-伊朗安全风险防范研究［J］.世界宗教文化,2018（1）.

32. 王镝,杨娟."一带一路"沿线国家风险评级研究［J］.北京工商大学学报（社会科学版）,2018（4）.

33. 王涛,鲍家政.恐怖主义动荡弧：基于体系视角的解读［J］.西亚非洲,2019（1）.

34. 王亚星,毕钰.企业海外合规经营的问题与对策研究——以中国石油公司在哈萨克斯坦投资为例［J］.未来与发展,2019（7）.

35. 王勇.我国领事探视法律制度的构建——兼评《〈领事保护与协助工作条例（草案）〉征求意见稿》的相关规定［J］.法商研究,2018（4）.

36. 郗笃刚,刘建忠等."一带一路"建设在印度洋地区面临的地缘风险分析［J］.世界地理研究,2018（6）.

37. 夏莉萍.从利比亚事件透析中国领事保护机制建设［J］.西亚非洲,2011（9）.

38. 夏莉萍.海外中国公民安全风险与保护［J］.国际政治研究,2013（2）.

39. 夏莉萍.中国领事保护需求与外交投入的矛盾及解决方式［J］.国际政治研究,2016（4）.

40. 夏莉萍.中国地方政府参与领事保护探析［J］.外交评论,2017（4）.

41. 夏莉萍.中国领事保护新发展与中国特色大国外交［J］.外交评论,2020（4）.

42. 夏莉萍.海外中国公民和中资企业的安全风险——基于中国驻外使馆安全提醒之分析［J］.国际安全研究,2021（6）.

43. 夏莉萍,许志渝.新冠疫情下的海外中国公民合法权益保护［J］.国际论坛,2021（1）.

44. 徐刚,徐恒祎.克罗地亚第七届总统选举评析［J］.国际研究参考,2020（7）.

45. 杨斌.缅甸民族问题对我国家安全和边境稳定的影响及应对［J］.

云南警官学院学报,2020(4).

46. 杨剑,祁欣,褚晓.中国境外经贸合作区发展现状、问题与建议——以中埃泰达苏伊士经贸合作区为例[J].国际经济合作,2019(1).

47. 杨君岐,任禹洁."一带一路"沿线国家的投资风险分析——基于模糊综合评价法[J].财会月刊,2019(2).

48. 杨洋.中国领事保护中存在的问题及对策[J].国际政治研究,2013(2).

49. 殷悦.埃塞俄比亚内战风险走高[J].世界知识,2020(23).

50. 于晓丽.近几年俄罗斯移民政策的新变化[J].世界民族,2017(6).

51. 于晓丽.在俄华人灰色经营问题解析[J].俄罗斯学刊,2020(1).

52. 袁广林,蒋凌峰.基于公共治理理论的电信网络诈骗犯罪多元共治[J].中国刑警学院学报,2019(1).

53. 赵明昊."一带一路"建设的安全保障问题刍议[J].国际论坛,2016(2).

54. 张杰.中国在中亚地区的利益与公民的安全保护[J].俄罗斯研究,2016(5).

55. 张杰."一带一路"与私人安保对中国海外利益的保护——以中亚地区为视角[J].上海对外经贸大学学报,2017(1).

56. 张耀铭.中巴经济走廊建设:成果、风险与对策[J].西北大学学报(哲学社会科学版),2019(4).

57. 章雅荻."一带一路"倡议与中国海外劳工保护[J].国际展望,2016(3).

58. 赵军.中国参与埃及港口建设:机遇、风险及政策建议[J].当代世界,2018(7).

59. 曾芬钰,石国平."一带一路"背景下中菲电力 EPC 项目风险及对策分析[J].对外经贸实务,2019(11).

60. 郑刚.中巴经济走廊的风险挑战、大战略思考及其对策建议[J].太平洋学报,2016(4).

61. 中国民生银行研究院宏观研究团队.俄罗斯投资机遇及风险分析

[J].中国国情国力,2018(6).

62. 周太东.中国与希腊"一带一路"投资合作——比雷埃夫斯港项目的成效、经验和启示[J].海外投资与出口信贷,2020(2).

四、报纸文章

1. "断链"行动去年破获案件七千二百余起 斩断跨境网络赌博利益链[N].人民日报,2020-1-17(11).

2. "华助中心":为侨服务一直在路上[N].人民日报(海外版),2018-1-17(6).

3. 17名埃博拉感染者出逃[N].北京青年报,2014-8-18(A15).

4. 2019年中国公民出境旅游近1.5亿人次[N].人民日报(海外版),2019-2-14(1).

5. 2019年中意警务联合巡逻圆满结束[N].人民公安报,2019-11-28(1).

6. 30个领事保护联络处授牌[N].温州日报,2014-8-24(1).

7. 部署调整优化防控措施,进一步精准防范疫情跨境输入输出,适应形势变化积极有序推进企事业单位复工复产[N].人民日报,2020-3-20(1).

8. 董力.境外中国公民和机构安全保护工作 部际联席会议全体会议在京举行[N].人民日报,2007-9-1(3).

9. 多渠道保障海外留学人员健康与权益[N].中国教育报,2020-4-3(1).

10. 范凌志.听中国民间救援队讲海外行动[N].环球时报,2018-7-6(7).

11. 菲律宾将遣返191名涉赌中国人[N].北京青年报,2015-7-23(A11).

12. 菲律宾扣中越5艘渔船[N].环球时报,2016-5-18(3).

13. 菲律宾起诉9名中国渔民[N].北京青年报,2014-5-13(B03).

14. 菲律宾重判中国渔民 中方要求保障渔民权益[N].北京青年报,2014-8-8(A23).

15. 分析国内外新冠肺炎疫情防控和经济形势,研究部署统筹抓好疫情防控和经济社会发展重点工作[N].人民日报,2020-3-19(1).

16.公安部特派2名警察赴南非处理针对华人犯罪[N].法制晚报,2005-6-16.

17.郭媛丹.专家解答海军撤侨三大疑问[N].环球时报,2015-4-2。

18.胡若愚.多国援手　余震多民众亟待救助[N].北京青年报,2015-4-28(A06).

19.华助中心:打造海外为侨服务"升级版"[N].人民日报(海外版),2015-4-17(12).

20.坚持总体国家安全观,走中国特色国家安全道路[N].人民日报,2014-4-16(1).

21.江宝章.我国已基本建立"四位一体"的境外安保工作联动机制[N].人民日报,2011-5-27(2).

22.江泽民在庆祝建党八十周年大会上的讲话[N].人民日报,2001-7-2(1).

23.解难事、做好事、办实事　"华助中心"温暖华人心[N].人民日报(海外版),2019-7-1(6).

24.就中国旅游团在老挝发生严重交通事故　习近平同本扬互致口信[N].人民日报,2019-8-23(1).

25.孔令晗.中国"越野神人"在俄驾车遇险失踪[N].北京青年报,2018-9-26.

26.李萌,白云怡."菲律宾基建热"背后有何风险[N].环球时报,2017-6-14(14).

27.李琰,俞懿春.贴心短信助国民文明出游[N].人民日报,2013-12-20(22).

28.廖先旺,彭敏.奋发进取,成果丰硕[N].人民日报,2012-10-10(6).

29.凌雅菲.为了每一位中国公民的平安——中国驻印尼使馆救助香港同胞实录[N].人民日报(海外版),1998-5-23(4).

30.刘成思.撤离利比亚——民企宏福2000员工5天5夜回国记[N].

中国企业报,2011-3-25.

31. 刘刚.创新机制　应对挑战[中国领事保护进行时(下)][N].人民日报,2013-2-6(23).

32. 刘歌,尚凯元,李晓骁,等.共建一带一路,合作纽带更加牢固(患难见真情,共同抗疫情)[N].人民日报,2020-4-19(3).

33. 刘珏.医疗专机赴韩接重伤女孩回国[N].北京青年报,2014-11-2(A06).

34. 毛俊,严珊.新国家安全法为解放军"走出去"提供法律依据[N].解放军报,2015-7-15(4).

35. 美媒文章中国私营安保公司进军中亚[N].参考资料,2019-9-9(14)。

36. 缅甸民主化进程何以再生巨大变故[N].环球时报,2021-2-2(14).

37. 庞革平,尚永江.广西构筑政法服务新平台　法治保障"走出去"[N].人民日报,2019-12-5(19).

38. 齐彪.深刻领会坚持以人民为中心(深入学习贯彻习近平新时代中国特色社会主义思想)[N].人民日报,2019-10-30(9).

39. 曲颂,韩硕,姜波,等.中国驻外使领馆加强领事保护工作,海外华侨华人积极行动抗击疫情[N].人民日报,2020-4-6(3).

40. 任怀.海陆空大救援幕后——探访外交部领事保护中心[N].人民日报,2011-3-4(18).

41. 首批撤离也门同胞昨晚回国[N].北京青年报,2015-4-1(A04).

42. 宋方灿.一名上海籍华人在南非遭抢劫中弹身亡[N].北京青年报,2014-7-28(A11).

43. 孙冰.专访蓝天救援队总指挥张勇:河南水灾救援中的感动与无奈[N].中国经济周刊,2021-8-15:32-33.

44. 孙登峰.贵州省强化措施保万全[N].国际商报,2013-3-28(B02).

45. 孙奕.中柬执法合作年启动仪式在京举行[N].人民日报,2019-3-

30(3).

46.谭卫兵,赵洁民.独家:一周三起涉华恶性案件　菲律宾治安恶化殃及华人[N].参考消息,2014-9-19(11).

47.提高防控能力着力防范化解重大风险,保持经济持续健康发展社会大局稳定[N].人民日报,2019-1-22(1).

48.同胞病情危重待援　中国军人紧急施救[N].解放军报,2019-12-28(4).

49.外交部领事保护中心:贯彻全面依法治国要求推进出台领事保护立法[N].法治日报,2020-12-28(6).

50.完善和发展中国特色社会主义制度,推进国家治理体系和治理能力现代化[N].人民日报,2014-2-18(1).

51.汪鼎,凌利兵.安徽省海外领事保护进基层系列活动在歙举行[N].黄山日报,2015-12-5(1).

52.王盼盼."中资服装厂在缅甸受冲击"引关注[N].环球时报,2017-2-25(3).

53.王小波,梁倩.央企远程医疗平台成立　护航"一带一路"建设[N].经济参考报,2020-7-3(A06).

54.王晓樱,魏月蘅.海南建立境外领事保护政企应急协作机制[N].光明日报,2015-7-23(8).

55.王毅在十三届全国人大四次会议举行的视频记者会上就中国外交政策和对外关系回答中外记者提问[N].人民日报,2021-3-8(3).

56.王臻.一名中国商人遭7名俄安全局人员抢劫[N].环球时报,2019-7-12(3).

57.为了海外中国公民的安全[N].人民日报,2013-1-9(19).

58.魏哲哲."驻外警务联络官"在行动[N].人民日报,2016-2-3(19).

59.习近平同智利总统皮涅拉通电话[N].人民日报,2020-2-29(1).

60.习近平在省部级主要领导干部坚持底线思维着力防范化解重大风险专题研讨班开班式上发表重要讲话强调　提高防控能力着力防范化解重

大风险　保持经济持续健康发展社会大局稳定［N］.人民日报,2019-1-22
(1).

61.习近平在中央党校建校80周年庆祝大会暨2013年春季学期开学
典礼上的讲话［N］.人民日报,2013-3-4(1).

62.新年"首"护,战舰伴您远航——海军第39批护航编队为中国远洋
渔船延伸护航纪实［N］.解放军报,2022-1-6(4).

63.徐薇.5名中国公民在刚果(金)被绑架［N］.环球时报,2021-11-
22(3).

64.徐珍珍.菲律宾加强警力保护华人社区［N］.环球时报,2016-11-9
(3).

65.颜梅林.海外中国公民撤离的法律供给［N］.中国社会科学报,
2020-6-18(4).

66.要求持续抓好疫情常态化防控,进一步防范陆地边境疫情跨境输
入,动态优化企事业单位防控措施,有力有序推进复工复产［N］.人民日报,
2020-4-7(1).

67.印尼华人的合法权益应得到保护［N］.人民日报,1998-8-3(1).

68.在"三个代表"重要思想理论研讨会上的讲话［N］.人民日报2003-
7-2(1).

69.张亮,王莉.年终专访,李肇星纵论国际风云　畅谈外交为民［N］.
人民日报,2004-12-15(7).

70.张玲玲.中国"新侨"勇闯东帝汶［N］.参考消息,2012-8-2(1).

71.张天培.重拳出击,遏制跨境赌博乱象(建设更高水平的平安中国)
［N］.人民日报,2021-1-13(11).

72.张雅等.涉事游客多为网购自由行［N］.北京青年报,2018-7-7
(3).

73.张洋.筑牢平安中国的铜墙铁壁(在习近平新时代中国特色社会主
义思想指引下——新时代新作为新篇章)——党的十八大以来全国公安工
作综述［N］.人民日报,2019-5-7(1).

74.张月恒,陈浩.菲律宾借岛争刁难华商　持枪警察严查中国面孔

[N].环球时报,2014-4-4(7).

75.赵克志强调持续深化打击治理工作　坚决遏制跨境赌博犯罪乱象[N].人民日报,2020-10-23(4).

76.政府工作报告[N].人民日报,2005-3-15(1).

77.中共中央关于坚持和完善中国特色社会主义制度,推进国家治理体系和治理能力现代化若干重大问题的决定[N].人民日报,2019-11-6(1).

78.中共中央关于全面深化改革若干重大问题的决定[N].人民日报,2013-11-16(2).

79.中共中央政治局常务委员会召开会议[N].人民日报,2020-4-30(1).

80.中国警察首次巡逻罗马和米兰[N].人民日报(海外版),2016-5-3(4).

81.中国石化驻利比亚7名员工安全回国[N].中国石化报,2011-3-1。

82.中华人民共和国政府和泰王国政府联合新闻声明[N].人民日报,2019-11-7(3).

83.中柬执法合作年取得阶段性成果　两国警方联手捣毁多个犯罪窝点　抓获犯罪嫌疑人近千人[N].法制日报,2019-9-21(2).

84.中铝正查秘鲁铜矿停产原因　秘鲁环评局负责人指出　中铝没有按规定安装污水收集及处理系统[N].北京青年报,2014-4-3(B06).

85.中企"傲慢"惹恼缅甸村民[N].参考消息,2014-5-21(15).

86.抓紧抓实抓细常态化疫情防控[N].人民日报,2020-4-20(1).

87.庄北宁,孙敏.中老缅泰湄公河联合巡逻执法总航程达5.61万公里[N].人民日报,2020-12-7(3).

88.子岷,陈欣.秘鲁原住民阻断公路抗议中国矿企[N].环球时报,2019-4-1(3).

89.邹松."春苗行动",外交为民的生动实践[N].人民日报,2021-7-13(18).

五、网络文章

1.（亚太专递）"马中援助协会"成立将向在马来西亚中国公民提供援助［EB/OL］.（2016－10－7）［2020－6－30］. http://cn. apdnews. com/XinHuaNews/503954. html.

2.［承包商会专属］海外无忧保险产品介绍［EB/OL］.（2020－6－22）［2021－3－25］. http://www. chinca. org/CICA/info/180806102300 11.

3."海外行提示"APP 精彩上线［EB/OL］.（2016－10－10）［2021－3－19］. http://www. shfao. gov. cn/wsb/node466/node467/node469/u1ai25760. html.

4."华助中心"温暖华人心（侨界关注）［EB/OL］.（2019－7－1）［2021－3－19］. http://chinese. people. com. cn/n1/2019/0701/c42309－31206281. html.

5."领保进校园"活动首次登陆小学校园［EB/OL］.（2019－6－11）［2021－3－19］. http://cs. mfa. gov. cn/gyls/lsgz/lqbb/t1671178. shtml.

6."领保进校园"走进东北师范大学附属中学［EB/OL］.（2019－6－14）［2021－3－19］. http://cs. mfa. gov. cn/gyls/lsgz/lqbb/t1672329. shtml.

7."为了同胞的安全和便利!"——中国驻泰国使馆推出四大为民举措［EB/OL］.（2019－4－19）［2019－4－30］. http://cs. mfa. gov. cn/gyls/lsgz/lqbb/t1655933. shtml.

8."中国领事保护与服务:盘点 2015,期冀 2016"——外交部举行领事工作国内媒体吹风会［EB/OL］.（2016－2－3）［2021－4－28］. http://www. fmprc. gov. cn/web/wjbxw_673019/t1337903. shtml.

9."中华人民共和国行政区划"［EB/OL］.（2005－6－15）［2021－5－17］. http://www. gov. cn/guoqing/2005－09/13/content_5043917. htm.

10."祖国在你身后"情景剧大赛决赛成功举办［EB/OL］.（2017－12－22）［2021－3－19］. http://www. xinhuanet. com/world/2017－12/22/c_129773008. htm.

11.《安全须知》在手,在加自驾无忧——驻卡尔加里总领馆发布《自驾旅游安全须知》［EB/OL］.（2019－6－13）［2019－6－30］. http://cs. mfa. gov.

cn/gyls/lsgz/lqbb/t1671723. shtml.

12.《中国境外出行安全白皮书》在京发布［EB/OL］.（2019－6－20）［2021－3－25］. http：//www. rmzxb. com. cn/c/2019－06－20/2368796. shtml.

13.191 名中国人菲律宾涉赌被遣返　有人捂脸拒拍照［EB/OL］.（2015－7－23）［2021－4－28］. http：//xj. people. com. cn/n/2015/0723/c188527－25685609. html.

14.2006 年国务院政府工作报告［EB/OL］.（2009－3－16）［2021－4－28］. http：//www. gov. cn/test/2009－03／16/content_1260216. htm.

15.2007 年国务院政府工作报告［EB/OL］.（2009－3－16）［2021－4－28］. http：//www. gov. cn/test/2009－03／16/content_1260188. htm.

16.2014 年中国境外领事保护与协助案件总体情况［EB/OL］.（2015－7－1）［2021－4－28］. http：//cs. mfa. gov. cn/zggmzhw/lsbh/lbxw/t1277568. shtml.

17.2016 年上海市中学生海外文明安全行［EB/OL］.（2016－12－23）［2021－3－19］. http：//www. shfao. gov. cn/wsb/node466/node467/node468/u1ai26116. html.

18.2016 年下半年安徽外事侨务港澳工作大事记［EB/OL］.（2017－1－24）［2021－3－19］. http：//www. ahfao. gov. cn/WSBNewsxl. aspx？Id＝16464.

19.2019 年第二期驻外使领馆领事协助志愿者培训班在北京、长春举办［EB/OL］.（2019－8－26）［2021－3－19］. http：//cs. mfa. gov. cn/gyls/lsgz/lqbb/t1692026. shtml.

20.2019 年我国对外劳务合作业务简明统计［EB/OL］.（2020－1－22）［2021－4－10］. http：//hzs. mofcom. gov. cn/article/date/202001/20200102932444. shtml.

21.2020 年 4 月 22 日外交部发言人耿爽主持例行记者会［EB/OL］.（2020－4－22）［2021－4－30］. https：//www. fmprc. gov. cn/web/fyrbt_673021/t1772375. shtml.

22.80 名中国人涉赌在菲律宾被捕　大使馆曾多次提醒不要涉赌［EB/OL］.（2019－1－4）［2021－3－27］. https：//www. guancha. cn/internation/2019

_01_04_485683. shtml.

23. Crime Index by Country 2021 [EB/OL]. [2021 - 4 - 28]. http://numbeo. com/crime/rankings_by_country. jsp? title = 2021&displayColumn = 0.

24. Global Terrorism Index 2020 [EB/OL]. [2021 - 6 - 4]. https://visionofhumanity. org/wp-content/uploads/2020/11/GTI-2020-web-1. pdf.

25. Lily Kuo. The strange case of 77 blue-collar Chinese migrants that Kenya is calling "cyber-hackers" [EB/OL]. (2015-11-22) [2021-4-30]. http://qz. com/530427/a-new-wave-chinese-immigrants-seeking-opportunity-in-africa-are-finding-misery-and-struggle-instead/.

26. Simon Beard, Lauren Holt. Centre for the tudy of xistential isk, hat re the iggest hreats to humanity? [EB/OL]. (2019-2-15) [2021-4-28]. https://www. bbc. com/news/world-47030233.

27. The British Foreign and Commonwealth Office. Annual report & accounts：2019- 2020 [EB/OL]. (2020 - 7 - 16) [2021 - 4 - 30]. https://assets. publishing. service. gov. uk/government/uploads/system/uploads/atta chment_data/file/903478/FCO1413_FCO_Annual_Report_2019_-_accessible. pdf.

28. US Department of State. Mission [EB/OL]. [2021-4-30]. https://careers. state. gov/learn/what-we-do/mission/.

29. 埃塞宣布进入为期 6 个月的国家紧急状态 [EB/OL]. (2016-10-9) [2021-4-28]. http://xinhuanet. com/world/2016-10/09/c_1119682544. htm.

30. 爱的传递——驻美国大使馆为领区留学人员发送健康包纪实 [EB/OL]. (2020-4-30) [2021-4-30]. http://www. china-embassy. org/chn/lszj/zytz/t1775381. htm.

31. 安保安防 [EB/OL]. (2018-1-30) [2021-4-30] http://www. chinca. org/CICA/info/1801 3008391711.

32. 安哥拉大规模抓扣中国公民 300 多人 [EB/OL]. (2014-12-22) [2021-4-28]. http://news. xinhuanet. com/mil/2014-12/22/c_127323763. htm.

33. 安徽省"海外领事保护进企业"活动启动仪式在海螺集团举行［EB/OL］．（2016－11－2）［2021－3－19］．http：//ah. people. com. cn/n2/2016/1102/c227767－29243612. html.

34. 安全提示［EB/OL］．（2014－3－17）［2021－4－28］．http：//et. china－embassy. org/chn/lsxx/lsbhyxz/t1137941. htm.

35. 安全提醒:雅典郊区多处发生火灾,请中国公民务必注意出行安全! ［EB/OL］．（2018－7－24）［2021－4－28］．http：//gr. china－embassy. org/chn/lsqw/t1579799. htm.

36. 安全提醒［EB/OL］．（2020－10－9）［2021－4－28］．http：//et. china－embassy. org/chn/lsxx/lsbhyxz/t1822852. htm.

37. 巴伐利亚商务大讲堂第10期 | "新冠肺炎疫情下的劳动法问题"圆满结束［EB/OL］．（2020－4－24）［2021－4－30］．http：//www. mofcom. gov. cn/article/i/jyjl/m/202004/20200402958361. shtml.

38. 白俄罗斯总统:独联体国家普遍面临哈萨克斯坦遭遇的威胁［EB/OL］．（2022－1－16）［2022－1－16］．https：//world. huanqiu. com/article/46QFdSELE8n.

39. 白洁. 外交部领事保护中心在北京正式成立 杨洁篪讲话［EB/OL］．（2007－8－23）［2021－4－28］．http：//www. gov. cn/jrzg/2007－08/23/content_725761. htm.

40. 白云怡. 菲媒:菲律宾结束对华"另纸签证"［EB/OL］．（2019－11－2）［2021－4－15］．http：//world. huanqiu. com/article/9CaKrnKnyGs.

41. 白云怡. 海外华人黑帮还能黑多久?中外警方开始联合打击［EB/OL］．（2016－9－28）［2021－3－19］．http：//www. chinanews. com/hr/2016/09－23/8012232. shtml.

42. 北京率先成立领事保护专门机构［EB/OL］．（2013－12－14）［2021－5－17］．http：//news. xinhuanet. com/local/2013－12/14/c_11855 7866. htm.

43. 北京市人民政府外事办公室北京市领事保护教育服务政府采购项目中标公告［EB/OL］．（2016－5－3）［2021－3－19］．http：//www. ccgp. gov. cn/cggg/dfgg/zbgg/201605/t20160503_6734810. htm.

44. 北京市预防性领事保护新渠道启动［EB/OL］.（2020-8-28）［2021-3-19］. http://wb. beijing. gov. cn/home/index/wsjx/202008/t20200828 _ 1992771. html.

45. 北开普省华人警民合作中心积极协助侨胞应对金伯利骚乱［EB/OL］.（2018-7-25）［2021-5-17］. http://capetown. chineseconsu late. org/chn/xwdt/t1580167. htm.

46. 北开普省金伯利市骚乱形势趋于缓和［EB/OL］.（2018-7-18）［2021-5-17］. http://capetown. chineseconsulate. org/chn/xwdt/t15783 90. htm.

47. 被南当局扣押的中国渔船获释离开开普敦港［EB/OL］.（2016-6-6）［2021-4-28］. http://capetown. china-consulate. org/chn/lsbh/t1369987. htm.

48. 被南非扣押的中国渔船获释离开东伦敦港［EB/OL］.（2016-6-23）［2021-4-28］. http://capetown. china-consulate. org/chn/lsbh/t1374773. htm.

49. 常蕾,黄屏. 发动"人民战争",构建"大领事"格局［EB/OL］.（2015-4-30）［2021-5-17］. http://cen. ce. cn/more/201504/30/t20150430_5251636. shtml.

50. 车宏亮,张东强. 缅甸总统温敏和国务资政昂山素季被军方扣押［EB/OL］.（2021-2-1）［2021-4-12］. http://news. china. com. cn/2021-02/01/content_77176397. htm.

51. 沉船事故获救7名中方船员顺利回国［EB/OL］.（2014-8-20）［2021-4-18］. http://ph. china-embassy. org/chn/lsfw/lsbh/lbyw/t1184327. htm.

52. 陈晓东大使电话慰问南非华人警民合作中心负责人［EB/OL］.（2021-7-17）［2022-1-22］. http://za. china-embassy. org/chn/dshd/202107/t20210717_9075937. htm.

53. 陈治家,何天洋. 警务联络官:"一个逃犯不放过 一个同胞不落下"［EB/OL］.（2021-11-2）［2021-3-19］. https://www. gzdaily. cn/

amucsite/web/index. html#/detail/1696275.

54. 充分发挥中国特色社会主义制度和治理体系优势,进一步做好新时代领事保护与协助工作［EB/OL］. (2019 - 12 - 13) ［ 2021 - 4 - 28 ］. http:// www. qizhiwang. org. cn/n1/2019/1213/c422375 - 31505360. html.

55. 出行提示［EB/OL］. (2013 - 3 - 8) ［ 2021 - 4 - 28 ］. http://et. china - embassy. org/chn/lsxx/lsbhyxz/t1019887. htm.

56. 春节假期中国公民赴斯里兰卡旅游温馨提示［EB/OL］. (2019 - 1 - 28) ［ 2021 - 5 - 17 ］. http://lk. china - embassy. org/chn/xwdt/t1633179. htm.

57. 春节旅游欢乐多 安全事项须谨记［EB/OL］. (2016 - 1 - 29) ［ 2021 - 4 - 12 ］. http://cebu. china - consulate. org/chn/lsyw/t1336263. htm.

58. 从利比亚撤至希腊的中国公民分批回国［EB/OL］. (2014 - 8 - 5) ［ 2021 - 5 - 17 ］. http://www. xinhuanet. com/world/2014 - 08/05/c_ 1111932530. htm.

59. 打击跨境赌博取得重大突破［EB/OL］. (2021 - 11 - 26) ［ 2021 - 6 - 30 ］. http://ru. china - embassy. org/chn/lsfws/lsdt/202111/t20211126_10454113. htm.

60. 大救星——全球综合救援智能云平台［EB/OL］. ［ 2022 - 1 - 26 ］. http://www. dajiuxing. com. cn/#/aboutus.

61. 大使请来老师,与华商侨领一起学法律［EB/OL］. (2018 - 5 - 22) ［2019 - 4 - 30］. http://cs. mfa. gov. cn/gyls/lsgz/lqbb/t1561395. shtml.

62. 带中国公民回家,我们就在最前方［EB/OL］. (2020 - 2 - 3) ［2021 - 4 - 30］. http://vn. china - embassy. org/chn/lsyw/t1739416. htm.

63. 盗抢绑架活动抬头,安全风险不容小觑［EB/OL］. (2020 - 6 - 25) ［2021 - 4 - 28］. http://za. china - embassy. org/chn/lqfw/zytz/t1792386. htm.

64. 邓媛. 中国安保企业如何"仗剑"海外［EB/OL］. (2015 - 11 - 27) ［2021 - 5 - 2］. http://ihl. cankaoxiaoxi. com/2015/1127/1010199. shtml.

65. 地震安全提醒［EB/OL］. (2018 - 10 - 26) ［2021 - 4 - 28］. http://gr. china - embassy. org/chn/lsqw/t1607407. htm.

66. 第二届"祖国在你身后"情景剧大赛拉开序幕［EB/OL］. (2018 - 4 -

27）［2021-3-19］. http：//cs. mfa. gov. cn/gyls/lsgz/lqbb/t1555172. shtml.

67. 电信诈骗又有新招数［EB/OL］.（2018-9-3）［2021-1-14］. http：//christchurch. chineseconsulate. org/chn/lsfws/lsbh/t1590917. htm.

68. 东开普省警察总监向我馆通报北阿里瓦尔侨胞火灾遇难案调查进展［EB/OL］.（2016-3-16）［2021-4-28］. http：//capetown. china-consulate. org/chn/lsbh/t1348248. htm.

69. 东开普省再次发生涉我侨胞恶性治安案件［EB/OL］.（2018-7-11）［2021-5-17］. http：//capetown. chineseconsulate. org/chn/xwdt/t1576324. htm.

70. 董悦. 菲律宾近抓获数名违法中国人，四名毒贩因拒捕被击毙［EB/OL］.（2021-11-2）［2021-4-12］. https：//new. qq. com/rain/a/20211102A01GON00.

71. 对非法索要"小费"要敢于说"不"［EB/OL］.（2017-10-10）［2021-4-25］. http：//kz. chineseembassy. org/chn/lsfw/bh/t1500434. htm.

72. 对老挝北部六省中国公民的领事提醒［EB/OL］.（2019-5-6）［2021-5-17］. http：//prabang. china-consulate. org/chn/lsfw/lstx/t166 1112. htm.

73. 对外承包工程管理条例［EB/OL］.（2008-7-29）［2021-9-29］. http：//www. gov. cn/zhengce/2020-12/27/content_5574542. htm.

74. 对外劳务合作管理条例［EB/OL］.（2012-6-11）［2021-9-29］. http：//www. gov. cn/zhengce/2020-12/27/content_5574485. htm.

75. 俄联邦移民局为旅俄中国公民举办普法讲座［EB/OL］.（2015-4-25）［2019-4-30］. http：//www. xinhuanet. com//world/2015-04/25/c_127730971. htm.

76. 俄罗斯马加丹市中国大市场发生火灾［EB/OL］.（2015-4-19）［2021-4-28］. http：//ru. china-embassy. org/chn/fwzn/lsfws/lsdt/t125 5904. htm.

77. 俄莫斯科州一名中国公民遭枪击遇害身亡［EB/OL］.（2013-12-17）［2021-4-11］. http：//ru. china-embassy. org/chn/fwzn/lsfws/lsdt/

t1109628. htm.

78. 防范地震灾害提醒［EB/OL］.（2016－2－17）［2021－4－12］. http：//christchurch. chineseconsulate. org/chn/lsfws/lsbh/t1341055. htm.

79. 非洲最牛的中国人！史上首位"华人酋长"！他竟拥有一支百人武装部队［EB/OL］.（2018－9－28）［2021－5－17］. http：//www. sohu. com/a/256816570_743302.

80. 菲律宾刁难华人：警察持枪抓扣华商带走 5 岁小孩［EB/OL］.（2014－4－4）［2021－4－12］. https：//mil. huanqiu. com/article/9CaKrnJEMpV.

81. 福建省人民政府办公厅关于认定及处置　非法采捕红珊瑚船舶和涉渔"三无"船舶的意见（闽政办〔2015〕29 号）［EB/OL］.（2015－2－17）［2021－5－17］. http：//zfgb. fujian. gov. cn/594.

82. 甘肃省外办网站［EB/OL］.［2021－5－17］. http：//www. gsfao. gov. cn/jgou/zhize/2014/19/KI57. html.

83. 高语阳. 8 名中国民警赴克罗地亚开展警务联合巡逻［EB/OL］.（2019－7－11）［2021－3－19］. http：//www. chinanews. com/gn/2019/07－11/8890851. shtml.

84. 各地华助中心［EB/OL］.（2021－3－28）［2021－3－19］. http：//chinaqw. com/hzzx/.

85. 给来圣市务工的国内同胞提个醒［EB/OL］.（2013－3－18）［2021－4－28］. http：//saint－petersburg. china－consulate. org/chn/lsyw/lsbh/t1022249. htm.

86. 公告－提醒在菲中国公民注意防范风险［EB/OL］.（2019－4－19）［2021－4－12］. http：//ph. china－embassy. org/chn/lsfw/12/t1655892. htm.

87. 公告－提醒在宿务地区中国公民注意防范登革热［EB/OL］.（2019－7－19）［2021－4－11］. http：//cebu. china－consulate. org/chn/lsyw/t1682057. htm.

88. 公羊队［EB/OL］.［2021－3－27］. http：//www. ramunion. org/gy. gyd.

89. 公羊会落地埃塞俄比亚,成为非洲首个注册开展应急救援服务的中国公益组织［EB/OL］.（2019-8-12）［2021-3-27］. http://www. ramunion. org/news. detail/id-363.

90. 关超. 埃及卢克索热气球事故一周年　幸存操作员表歉意［EB/OL］.（2014-2-27）［2021-4-28］. http://world. huanqiu. com/article/9CaKrnJEpwj.

91. 关于《中华人民共和国领事保护与协助工作条例（草案）》（征求意见稿）的说明［EB/OL］.（2018-3-26）［2021-3-10］. https://world. huanqiu. com/article/9CaKrnK74Mb.

92. 关于部分旅居苏尔古特市中国公民被拘捕事的最新情况［EB/OL］.（2014-5-1）［2021-4-28］. http://ru. china-embassy. org/chn/fwzn/lsfws/lsdt/t1151816. htm.

93. 关于持俄罗斯电子签证入出俄境的提醒［EB/OL］.（2017-9-30）［2021-4-28］. http://chinaconsulate. khb. ru/chn/lsfw/lsbh1/t149 8666. htm.

94. 关于俄罗斯伏尔加格勒市中国公民被拘捕事［EB/OL］.（2015-1-28）［2021-4-28］. http://ru. china-embassy. org/chn/fwzn/lsfws/lsdt/t1232384. htm.

95. 关于防止脊髓灰质炎野病毒传入我国的公告［EB/OL］.（2014-7-28）［2021-4-23］. http://pk. chineseembassy. org/chn/lsfw/tztx/t11 78333. htm.

96. 关于就继续协助在美处境困难留学人员搭乘临时航班回国进行摸底调查的通知［EB/OL］.（2020-5-9）［2021-4-30］. http://www. china-embassy. org/chn/lszj/zytz/t1777393. htm? from=timeline&isappin stalled=0.

97. 关于媒体称一华人口罩厂遭南非执法人员搜查事［EB/OL］.（2020-3-30）.［2021-4-28］ http://durban. chineseconsulate. org/chn/lgxx/lgdt/t1763366. htm.

98. 关于莫斯科市加强防疫措施的提醒［EB/OL］.（2020-2-22）［2021-4-30］. http://ru. china-embassy. org/chn/fwzn/lsfws/zytz/t174 8376. htm.

99.关于请在哈萨克斯坦中资企业进一步加强内部管理的通知［EB/OL］.（2015-7-14）［2021-4-25］. http://kz. mofcom. gov. cn/article/zwnsjg/201507/20150701044381. shtml.

100.关于圣彼得堡市发生中国游客食物中毒情况的通报［EB/OL］.（2015-8-17）［2021-4-28］. http://saint-petersburg. china-consulate. org/chn/lsyw/lsbh/t1289344. htm.

101.关于市政协十一届四次会议第359号提案的答复函［EB/OL］.（2020-7-20）［2021-3-19］. http://fao. wenzhou. gov. cn/art/2020/7/20/art_1229208631_3741676. html.

102.关于提醒中国公民在塔尔火山喷发期间注意安全［EB/OL］.（2020-1-13）［2021-4-11］. http://laoag. china-consulate. org/chn/lgxx/lgdt/t1731547. htm.

103.关于提醒中资企业遵守哈劳动和移民法规的通知［EB/OL］.（2019-9-10）［2021-4-10］. http://kz. mofcom. gov. cn/article/zwnsjg/201909/20190902897907. shtml.

104.关于我们［EB/OL］.［2021-3-25］. http://dewesecurity. com/gywm.

105.关于我们［EB/OL］.［2021-5-2］. http://hxza. com/about_jt/i=14&comContentId=14. html.

106.关于我陕西务工人员在雅库茨克发生劳务纠纷事［EB/OL］.（2016-5-25）［2021-4-28］. http://ru. china-embassy. org/chn/fwzn/lsfws/lsdt/t1366616. htm.

107.关于严防冒充驻缅使馆电话诈骗的提醒［EB/OL］.（2020-12-1）［2021-4-11］. http://mm. china-embassy. org/chn/lsfw/zytz/t183 6946. htm.

108.关于严格执行哈劳动和移民法规工作的通知［EB/OL］.（2019-10-14）［2021-4-10］. http://kz. mofcom. gov. cn/article/zwnsjg/201910/20191002904189. shtml.

109.关于一辆中国旅游大巴车在乌苏里斯克市发生严重交通事故的情

况［EB/OL］.（2019－5－29）［2021－4－28］. http：//vladivostok. chineseconsulate. org/chn/lswf/lsfwgk/t1667567. htm.

110. 关于中国公民被俄罗斯海关征收高额税款的情况通报［EB/OL］.（2014－7－8）［2021－4－28］. http：//saint－petersburg. china－consulate. org/chn/lsyw/lsbh/t1172535. htm.

111. 关于中国公民入境阿尔巴尼亚的重要提醒［EB/OL］.（2018－9－12）［2021－4－28］. http：//al. chineseembassy. org/chn/lsfw/lstx/t1594183. htm.

112. 关于中国公民在俄罗斯驾车的有关说明［EB/OL］.（2016－3－28）［2021－4－28］. http：//ru. china－embassy. org/chn/fwzn/lsfws/lsdt/t1 351280. htm.

113. 关于中国公民在俄罗斯驾车的最新解释说明［EB/OL］.（2016－4－25）［2021－11－28］. http：//ru. china－embassy. org/chn/lsfws/zytz/201604/t20160425_3158250. htm.

114. 关于中国游客在菲律宾长滩岛因船只倾覆而遇险的情况通报［EB/OL］.（2021－1－21）［2021－4－11］. http：//ph. china－embassy. org/chn/lsfw/12/t1734536. htm.

115. 关于中国游客在老挝发生严重车祸救援情况［EB/OL］.（2019－8－20）［2021－5－17］. http：//la. china－embassy. org/chn/dssghd/t1690015. htm.

116. 关于注意野外徒步旅行安全的提醒［EB/OL］.（2018－8－23）［2021－1－14］. http：//embajadachina. org. pe/chn/lsfws/lbqw/t1587447. htm.

117. 关于遵守哈有关移民法规的提醒［EB/OL］.（2019－4－22）［2021－4－10］. http：//kz. mofcom. gov. cn/article/zwnsjg/201904/2019 0402855399. shtml.

118. 官员专家建议领事保护工作上升至国家安全层面［EB/OL］.（2014－8－12）［2021－4－10］. http：//news. xinhuanet. com/world/2014－08/12/c_1112047756. htm.

119. 广东省涉外突发事件应急预案（2014 年 4 月 29 日修订）［EB/OL］.（2019－05－05）［2021－5－17］. http：//www. gdemo. gov. cn/yasz/yjya/

zxya/shaqlya/201405/t20140523_198520. htm.

120. 郭鹏飞. 日本实施新《渔业法》对外国偷捕者加大处罚力度［EB/OL］.（2014－12－7）［2021－5－17］. https：//world. huanqiu. com/article/9CaKrnJFWuY.

121. 郭声琨：在第四届全国先进保安服务公司先进保安员表彰大会上的讲话［EB/OL］.（2016－11－8）［2021－5－2］. http：//cpc. people. com. cn/n1/2016/1108/c64094－28844398. html.

122. 国防白皮书：中国武装力量的多样化运用（全文）［EB/OL］.（2013－4－16）［2021－3－19］. http：//www. chinanews. com/mil/2013/04/16/4734053_4. shtml.

123. 国家旅游局办公室关于印发《国家旅游局关于旅游不文明行为记录管理暂行办法》的通知, 旅办发〔2016〕139 号［EB/OL］.［2021－5－17］. http：//zwgk. mct. gov. cn/auto255/201605/t20160530_832313. html? keywords＝.

124. 哈博罗内华助中心正式成立［EB/OL］.（2017－3－24）［2021－3－19］. http：//sohu. com/a/130149548_617282.

125. 哈萨克斯坦发生持枪抢劫案［EB/OL］.（2021－4－9）［2021－4－25］. http：//www. cosri. org. cn/index. php? m＝default. news＿info&cid＝2&ccid＝6&id＝13488.

126. 海淀区举行领事保护宣传活动进校园、进社区座谈会［EB/OL］.［2021－3－19］. http：//wsb. bjhd. gov. cn/dwjw/dw_wsbh/201609/t20160920_1297747. htm.

127. 海外领事保护进开发区宣传活动在合肥举办［EB/OL］.（2020－11－11）［2021－3－19］. http：//ahfao. ah. gov. cn/public/21741/120268701. html.

128. 胡锦涛在中国共产党第十八次全国代表大会上的报告［EB/OL］.（2012－11－17）［2021－5－17］. http：//www. xinhuanet. com/18cpcnc/2012/11/17/c_113711665. htm.

129. 黄溪连大使与菲华社负责人决定成立华社抗疫委员会［EB/OL］.（2020－3－2）［2021－4－30］. https：//www. fmprc. gov. cn/ce/ceph/chn/sgdt/

t1765204. htm.

130. 黄钰钦. 中国外交部副部长罗照辉:国人脚步走到哪里,领事保护就跟到哪里[EB/OL]. (2019-8-9)[2021-4-28]. http://www. chinanews. com/gn/2019/08-09/8922219. shtml.

131. 汇聚八"助",携手抗"疫"[EB/OL]. (2020-3-22)[2021-4-30]. http://zurich. china-consulate. org/chn/gdxw/t1761977. htm.

132. 机构设置[EB/OL]. [2021-3-19]. http://cdfao. chengdu. gov. cn/cdwqb/c107701/2018-10/11/content_0bba21b7db6a4f63b99117978f 95fff7. shtml.

133. 吉木布千,王冠彪. 海军第 33 批护航编队为我 8 艘渔船实施随船护卫[EB/OL]. (2020-1-8)[2021-3-19]. http://www. mod. gov. cn/action/2020-01/08/content_4858219. htm.

134. 集团公司[EB/OL]. [2022-2-13]. https://www. powerchina. cn/col/col7404/index. html.

135. 集团简介[EB/OL]. [2021-5-2]. http://hwbaoan. com/profile. html.

136. 集团业务[EB/OL]. [2021-3-25]. http://cosg-ss. com. cn/jtyw/.

137. 驾车安全提醒[EB/OL]. (2019-3-8)[2021-1-14]. http://christchurch. chineseconsulate. org/chn/lsfws/lsbh/t1643929. htm.

138. 坚持外事为民,"接诉即办""未诉先办"直通海外[EB/OL]. (2020-1-21)[2021-3-19]. http://wb. beijing. gov. cn/home/index/wsjx/202001/t20200121_1619776. html.

139. 见五天跨国爱心接力,漂泊十六载终团圆——驻琅勃拉邦总领馆工作纪实[EB/OL]. (2019-3-14)[2021-5-17]. http://cs. mfa. gov. cn/gyls/lsgz/lqbb/t1645348. shtml.

140. 健康提示[EB/OL]. (2014-5-23)[2021-4-28]. http://et. china-embassy. org/chn/lsxx/lsbhyxz/t1158977. htm.

141. 姜再冬大使就"8·19 严重交通事故"应急处置工作接受媒体采访[EB/OL]. (2019-8-27)[2021-5-17]. http://la. china-embassy. org/chn/

dssghd/t1692362. htm.

142. 解放军"海外行动处"首次公开或为军改新设［EB/OL］.（2016－3－25）［2021－3－19］. http://military. china. com/important/11132797/20160325/22304058. html.

143. 金华举办 2020"领保进校园"安全宣传活动［EB/OL］.（2020－10－16）［2021－3－19］. https://www. sohu. com/a/425412292_197634.

144. 金智宽. 市外办心系境外中国公民 捐赠 3060 盒中成药连花清瘟助抗疫［EB/OL］.（2020－11－26）［2021－3－19］. http://fao. wenzhou. gov. cn/art/2020/11/26/art_1340418_58918941. html.

145. 近期布隆方丹市涉中国公民盗抢案件多发总领馆提醒该地区侨胞加强防范［EB/OL］.（2018－5－16）［2021－4－28］. http://johannes burg. china－consulate. org/chn/lsfw/lsbh/t1560222. htm.

146. 近期抢劫案件频发,驻约堡总领馆提醒侨胞注意安全［EB/OL］.（2016－9－6）［2021－4－28］. http://johannesburg. china－consulate. org/chn/lsfw/lsbh/t1507276. htm.

147. 经国务院授权 三部委联合发布推动共建"一带一路"的愿景与行动［EB/OL］.（2015－3－28）［2021－3－21］. http://www. gov. cn/xinwen/2015－03/28/content_2839723. htm.

148. 境外"领事保护"存在尴尬［EB/OL］.（2004－10－25）［2021－4－28］. http://www. ycwb. com/gb/content/2004－10/25/content_78224 9. htm.

149. 境外安全服务［EB/OL］.［2021－3－25］. http://www. chinca. org/CICA/OverseasSecurity/index.

150. 境外中国公民和机构安全保护工作部际联席会成立［EB/OL］.（2004－11－4）［2021－5－17］. http://news. xinhuanet. com/newscenter/2004－11/04/content_2177836. htm.

151. 境外中国公民和机构安全保护工作联席会议召开［EB/OL］.（2007－8－31）［2021－5－17］. http://www. gov. cn/gzdt/2007－08/31/content_733332. htm.

152. 喀山市《Адмирал》商贸中心发生火灾最新情况［EB/OL］.（2015－

3-12）［2021-4-28］. http：//ru. china-embassy. org/chn/fwzn/lsfws/lsdt/t1245041. htm.

153. 开普敦华人警民中心警民联防机制发挥实效,抢匪人赃俱获［EB/OL］.（2016-8-30）［2021-4-28］. http：//capetown. china-consulate. org/chn/lsbh/t1393108. htm.

154. 开普敦华人警民中心为已故华人寻亲处理后事［EB/OL］.（2017-6-9）［2021-4-28］. http：//capetown. china-consulate. org/chn/lsbh/t1469054. htm.

155. 开普敦灾害管理中心呼吁市民注意安全［EB/OL］.（2016-7-27）［2021-4-28］. http：//capetown. china-consulate. org/chn/lsbh/.

156. 开普敦再发抢劫案,我馆提醒侨胞注意安全［EB/OL］.（2015-10-18）［2021-4-28］. http：//capetown. china-consulate. org/chn/lsbh/t1306919. htm.

157. 开普敦中国商城发生火灾［EB/OL］.（2016-7-2）［2021-4-28］. http：//capetown. china-consulate. org/chn/lsbh/t1377107. htm.

158. 康勇总领事接受新华社采访［EB/OL］.（2016-8-19）［2021-4-28］. http：//capetown. china-consulate. org/chn/lsbh/.

159. 来巴基斯坦娶亲,请远离婚介［EB/OL］.（2019-6-25）［2021-4-22］. http：//pk. chineseembassy. org/chn/lsfw/tztx/t1675492. htm.

160. 来俄团体旅游入出境受阻情况通报［EB/OL］.（2014-6-24）［2021-4-28］. http：//saint-petersburg. china-consulate. org/chn/lsyw/lsbh/t1168324. htm.

161. 来俄中国公民入境携带超额现金请注意申报［EB/OL］.（2013-10-14）［2021-4-28］. http：//saint-petersburg. china-consulate. org/chn/lsyw/lsbh/t1088923. htm.

162. 莱索托华人警民合作中心和领保联络中心举行成立仪式［EB/OL］.（2016-7-9）［2021-3-19］. http：//cs. mfa. gov. cn/gyls/lsgz/lqbb/t1378858. shtml.

163. 蓝天救援队［EB/OL］.（2022-2-9）［2022-3-17］. https：//www.

bluesky rescue. cn/other/％E8％93％9D％E5％A4％A9％E7％AE％80％E4％BB％8B.

164. 蓝天救援信息公开平台［EB/OL］.［2022-2-9］. https：//www. blueskyrescue. cn/other/％E5％9B％BD％E9％99％85％E6％95％91％E6％8F％B4.

165. 老挝华人华侨、中资机构和各界志愿者积极协助"8·19严重交通事故"救援工作［EB/OL］.（2019-8-21）［2021-5-17］. http://la. china-embassy. org/chn/dssghd/t1691110. htm.

166. 乐清成立涉外涉侨法律服务工作站［EB/OL］.（2018-8-15）［2019-4-30］. http：//www. yqtzb. gov. cn/shownews. asp？id＝4414.

167. 乐清打造基层海外领事保护立体网　维护侨胞权益［EB/OL］.（2017-9-12）［2021-3-19］. http：//fao. wenzhou. gov. cn/art/2017/9/12/art _1340418_10692745. html.

168. 黎欣刚. 宁波加强预防性海外领事保护工作［EB/OL］.（2012-12-14）［2021-5-17］. http：//news. cnnb. com. cn/system/2012/12/14/007562884. shtml.

169. 李洁. 中国意大利两国警方在意开展警务联合巡逻［EB/OL］.（2017-6-6）［2021-3-26］. http：//www. xinhuanet. com/2017-06/06/c_1121091040. htm.

170. 李克强会见马达加斯加总理库卢［EB/OL］.（2014-8-28）［2021-5-17］. http：//www. fmprc. gov. cn/mfa_chn/zyxw_602251/t1186452. shtml.

171. 李司坤，李达飞. 缅甸贪污腐败现象日益盛行　政府鼓励民众举报贪官［EB/OL］.（2016-11-4）［2021-4-11］. http：//world. huan qiu. com/article/9CaKrnJYpEV.

172. 李忠发，贺占军.5日5夜——中国政府吉尔吉斯斯坦撤侨行动纪实［EB/OL］.（2010-6-17）［2021-3-19］. http：//www. gov. cn/jrzg/2010-06/17/content_1628954. htm.

173. 梁辉，秦逸. 中国领事保护案件年均3.7万起　很多其实可避免［EB/OL］.（2010-9-21）［2021-4-28］. http：//www. chinanews. com/hr/

2010/09 - 21/2549353. shtml.

174. 两名中国侨胞在开普敦遇害身亡 驻开普敦总领馆再次提醒侨胞加强安全防范[EB/OL]. (2017 - 11 - 23)[2021 - 4 - 28]. http://capetown. china - consulate. org/chn/lsbh/t1513224. htm.

175. 领事保护:应急电话[EB/OL]. [2021 - 3 - 19]. http://cs. mfa. gov. cn/zggmzhw/lsbh/yjdh/.

176. 领事保护温馨提示[EB/OL]. (2013 - 4 - 19)[2021 - 4 - 28]. http://capetown. china - consulate. org/chn/lsbh/t1033291. htm.

177. 领事工作国内媒体吹风会现场(实录)[EB/OL]. (2020 - 1 - 17)[2021 - 4 - 28]. http://cs. fmprc. gov. cn/gyls/lsgz/lqbb/t1733452. shtml.

178. 领事工作媒体吹风会现场实录(上)[EB/OL]. (2019 - 1 - 9)[2021 - 4 - 10]. http://cs. mfa. gov. cn/gyls/lsgz/lqbb/t1628183. shtml.

179. 领事工作媒体吹风会现场实录(下)[EB/OL]. (2019 - 1 - 9)[2021 - 4 - 28]. http://cs. mfa. gov. cn/gyls/lsgz/ztzl/2018ndlsgzcfh/t1628188. shtml.

180. 领事提醒[EB/OL]. (2013 - 6 - 26)[2021 - 4 - 28]. http://za. china - embassy. org/chn/lqfw/zytz/t1053566. htm.

181. 领事提醒[EB/OL]. (2015 - 3 - 16)[2021 - 1 - 14]. http:// chinaconsulate. org. nz/chn/lsbh/t1245760. htm.

182. 领事知识和法律[EB/OL]. [2021 - 5 - 17]. http://la. china - embassy. org/chn/lsfw/zshfl/.

183. 领事专题:祖国助你回家[EB/OL]. [2021 - 4 - 28]. http://cs. mfa. gov. cn/gyls/lsgz/ztzl/zgjnhj/.

184. 刘安成谈"5·11"专案 国际警务合作又一座里程碑[EB/OL]. (2012 - 8 - 26)[2021 - 3 - 19]. http://www. gov. cn/gzdt/2012 - 08/26/content _2210993. htm

185. 刘欢素. 温州瓯海两街道海外领事保护联络处揭牌[EB/OL]. (2013 - 12 - 12)[2021 - 3 - 19]. http://www. chinanews. com/qxcz/2013/12 - 12/5609476. shtml.

186. 刘少伟,徐中慧,程嘉豪,等. 中国海军亚丁湾护航 13 周年［EB/OL］. (2021－12－26)［2022－1－26］. https：//mil. huanqiu. com/article/468ovJj1ZqI.

187. 刘涛丹麦被盗财物被追回,大使亲抵慰问［EB/OL］. (2015－12－9)［2021－4－28］. https：//www. sohu. com/a/47322270_119930.

188. 刘伟,潘强,唐荣桂. 广西:倾力打造"一带一路"有机衔接的重要门户［EB/OL］. (2019－5－20)［2019－4－30］. http：//m. xinhuanet. com/2019/05/20/c_1210138934_4. htm.

189. 刘文海. 努力建设服务型政府［EB/OL］. (2005－6－13)［2021－4－28］. http：//news. xinhuanet. com/report/2005－06/13/content_3078949_3. htm.

190. 六大经济走廊［EB/OL］.［2020－12－29］. http：//yidaiyilu. gov. cn/zchj/rcjd/60644. htm.

191. 鹿城在巴西和秘鲁分别设立海外领事保护服务站［EB/OL］. (2019－9－4)［2021－3－19］. http：//fao. wenzhou. gov. cn/art/2019/9/4/art_1340418_37707338. html.

192. 旅游提醒［EB/OL］. (2017－6－19)［2021－4－28］. http：//jo. chineseembassy. org/chn/gmfw/txytz/t1471383. htm.

193. 马立尧. 中国领事服务网 11 月 22 日起开通［EB/OL］. (2011－11－22)［2019－4－30］. http：//www. chinadaily. com. cn/hqkx/2011－11/22/content_14143556. htm.

194. 马丽元,于萱. 中国最大医疗专机企业——金鹿航空救援正式成立［EB/OL］. (2014－3－20)［2021－3－25］. http：//www. cannews. com. cn/2014/0320/83187. shtml.

195. 美媒:77 名中国人被捕　肯尼亚拒中方参与联合调查［EB/OL］. (2014－12－11)［2021－4－28］. http：//china. cankaoxiaoxi. com/2014/1211/594340_2. shtml.

196. 门心洁. 境外天津市公民和企业机构安全保护工作会议召开［EB/OL］. (2012－12－20)［2021－5－17］. http：//politics. people. com. cn/n/2012/1220/c70731－19960133. html.

197. 孟竹. 2016 北京"领事保护进万家"启动,线上线下普及领事保护知识

［EB/OL］.（2016-7-22）［2021-3-19］. http://bj. people. com. cn/n2/2016/0722/c349239-28714436. html.

198. 秘鲁酒店抢劫事件中无中国公民伤亡［EB/OL］.（2019-2-21）［2021-1-14］. http://embajadachina. org. pe/chn/lsfws/lbqw/t1639 817. htm.

199. 闽东打击非法采捕红珊瑚联合行动启动［EB/OL］.（2015-2-3）［2021-5-17］. https://china. huanqiu. com/article/9CaKrnJHpwg.

200. 纳尔逊·曼德拉湾市华人警民合作中心积极协助处理侨胞潘水生遇难案［EB/OL］.（2016-3-4）［2021-4-28］. http://capetown. china-consulate. org/chn/lsbh/t1345259. htm.

201. 南非华人警民合作中心举办 2019 年度警民联谊会［EB/OL］.（2019-12-9）［2022-1-22］. http://www. chinaqw. com/hqhr/2019/12-09/239180. shtml.

202. 南非华人警民合作中心网站［EB/OL］.［2021-3-19］. http://chinesecpf. com/.

203. 南非使馆提醒赴南非团组、个人接种黄热病疫苗并携带接种证书［EB/OL］.（2013-7-24）［2021-4-28］. http://za. china-embassy. org/chn/lqfw/zytz/t1061468. htm.

204. 南非政府加大最低工资标准执行督查力度［EB/OL］.（2019-3-22）［2021-4-28］. http://za. china-embassy. org/chn/lqfw/zytz/t1647623. htm.

205. 内设机构［EB/OL］.（2020-08-21）［2021-3-19］. http://fao. wenzhou. gov. cn/art/2020/8/21/art_1229232897_44178. html.

206. 宁波市人民政府关于加快远洋渔业发展的实施意见（甬政发［2016］27号）［EB/OL］.（2016-3-21）［2021-3-19］. http://gtog. ningbo. gov. cn/art/2016/3/21/art_530_314190. html.

207. 宁波市外办 2020 年普法责任制清单［EB/OL］.［2021-3-19］. http://fao. ningbo. gov. cn/art/2020/4/15/art_1229149477_49743 975. html.

208. 平安文明游南岛，你准备好了吗？［EB/OL］.（2018-9-20）［2021-4-28］. http://christchurch. chineseconsulate. org/chn/lsfws/lsbh/t1597020. htm.

209. 企业和个人，海外遇事怎么办［EB/OL］.（2008-8-31）［2018-4-28］.

http://news. xinhuanet. com/overseas/2008-08/31/content_9743308. htm.

210. 气候变化风险加大　我们该如何应对[EB/OL]. (2018-9-20)[2021-4-28]. http://www. xinhuanet. com/science/2018-09/20/c_137479358. htm.

211. 抢劫杀害在埃塞中国公民的 5 名嫌犯落网[EB/OL]. (2019-7-22)[2021-4-28]. http://et. china-embassy. org/chn/lsxx/lsbhyxz/t1682529. htm.

212. 侨胞在约翰内斯堡遇车祸重伤　华助中心鼎力相助[EB/OL]. (2019-2-8)[2022-1-26]. http://www. chinaqw. com/huazhu/2019/02-08/214958. shtml.

213. 切实守护公民健康安全,努力推动中日携手抗疫——驻日本大使孔铉佑接受我驻日媒体联合书面采访[EB/OL]. (2020-2-23)[2021-4-30]. http://www. china-embassy. or. jp/chn/sgxxs/t1748498. htm.

214. 情况通报[EB/OL]. (2020-1-1)[2021-4-28]. http://eg. china-embassy. org/chn/lsfw/20180517/t1729102. htm.

215. 请赴南非约翰内斯堡旅游的中国公民谨防在机场被尾随抢劫[EB/OL]. (2013-1-29)[2021-4-28]. http://johannesburg. china-consulate. org/chn/lsfw/lsbh/t1506827. htm.

216. 裘援平. "华助中心"将为侨胞解决实际困难[EB/OL]. (2014-3-9)[2022-1-22]. http://npc. people. com. cn/n/2014/0309/c376899-24579679. html.

217. 全省侨联首家州(市)级"涉侨法律服务工作站"在楚雄挂牌成立[EB/OL]. (2020-6-1)[2019-4-30]. https://www. sohu. com/a/399024757_100014049? _trans_=000014_bdss_dkmwzacjP3p:CP=.

218. 群众利益无小事,领事保护工作永远在路上[EB/OL]. (2017-4-29)[2021-3-19]. http://cs. mfa. gov. cn/gyls/lsgz/lqbb/t1457889. shtml.

219. 日称将加强打击在日非法捕捞红珊瑚中国船只[EB/OL]. (2014-10-16). https://world. huanqiu. com/article/9CaKrnJFGGa.

220. 山东省人民政府办公厅建立"走出去"企业境外风险防范工作机制的意见[EB/OL]. (2015-5-15)[2021-5-17]. http://www. shandong. gov. cn/art/2015/5/15/art_285_7055. html.

221. 陕西省人民政府办公厅关于加强境外我省公民和机构安全保护工作的意见[EB/OL]. (2008-6-26)[2021-5-17]. http://govinfo. nlc. gov. cn/shanxsfz/xxgk/sxirmzf/201104/t20110412_554194. shtml?cla ssid=467.

222. 商务部国际贸易经济合作研究院,中国驻埃及大使馆经济商务处,商务部对外投资和经济合作司. 对外投资合作国别(地区)指南:埃及(2020年版)[EB/OL]. [2022-1-16]. http://www. mofcom. gov. cn/dl/gbdqzn/upload/aiji. pdf.

223. 商务部国际贸易经济合作研究院,中国驻埃及大使馆经济商务处,商务部对外投资和经济合作司. 对外投资合作国别(地区)指南:埃及(2019年版)[EB/OL]. [2021-1-12]. http://mofcom. gov. cn/dl/gb dqzn/upload/aiji. pdf.

224. 商务部国际贸易经济合作研究院,中国驻埃塞俄比亚大使馆经济商务处,商务部对外投资和经济合作司. 对外投资合作国别(地区)指南:埃塞俄比亚(2019年版)[EB/OL]. [2021-1-10]. http://mofcom. gov. cn/dl/gbdqzn/upload/aisaiebiya. pdf.

225. 商务部国际贸易经济合作研究院,中国驻巴基斯坦大使馆经济商务处,商务部对外投资和经济合作司. 对外投资合作国别(地区)指南:巴基斯坦(2019年版)[EB/OL]. [2021-1-3]. http://mofcom. gov. cn/dl/gbdqzn/upload/bajisitan. pdf.

226. 商务部国际贸易经济合作研究院,中国驻俄罗斯大使馆经济商务处,商务部对外投资和经济合作司. 对外投资合作国别(地区)指南:俄罗斯(2019年版)[EB/OL]. [2021-1-2]. http://mofcom. gov. cn/dl/gbdqzn/upload/eluosi. pdf.

227. 商务部国际贸易经济合作研究院,中国驻菲律宾大使馆经济商务处,商务部对外投资和经济合作司. 对外投资合作国别(地区)指南:菲律宾(2020年版)[EB/OL]. [2021-1-8]. http://www. mofcom. gov. cn/dl/gbdqzn/upload/feilvbin. pdf.

228. 商务部国际贸易经济合作研究院,中国驻古巴大使馆经济商务处,商务部对外投资和经济合作司. 对外投资合作国别(地区)指南:古巴(2020年版)[EB/OL]. [2021-1-14]. http://mofcom. gov. cn/dl/gb dqzn/upload/guba. pdf.

229. 商务部国际贸易经济合作研究院,中国驻古巴大使馆经济商务处,商务部对外投资和经济合作司. 对外投资合作国别(地区)指南:古巴(2019 年版)[EB/OL].[2021-1-14]. http://mofcom. gov. cn/dl/gb dqzn/upload/guba. pdf.

230. 商务部国际贸易经济合作研究院,中国驻哈萨克斯坦大使馆经济商务参赞处,商务部对外投资和经济合作司. 对外投资合作国别(地区)指南:巴基斯坦(2018 年版)[EB/OL].[2021-1-2]. http://yidaiyil u. gov. cn/wcm. files/upload/CMSydylgw/201902/201902010412036. pdf.

231. 商务部国际贸易经济合作研究院,中国驻哈萨克斯坦大使馆经济商务参赞处,商务部对外投资和经济合作司. 对外投资合作国别(地区)指南:哈萨克斯坦(2020 年版)[EB/OL].[2021-1-3]. http://mof com. gov. cn/dl/gbdqzn/upload/hasakesitan. pdf.

232. 商务部国际贸易经济合作研究院,中国驻克罗地亚大使馆经济商务处,商务部对外投资和经济合作司. 对外投资合作国别(地区)指南:克罗地亚(2019 年版)[EB/OL].[2021-1-17]. http://mofcom. go v. cn/dl/gbdqzn/upload/keluodiya. pdf.

233. 商务部国际贸易经济合作研究院,中国驻秘鲁大使馆经济商务处,商务部对外投资和经济合作司. 对外投资合作国别(地区)指南:秘鲁(2019年版)[EB/OL].[2021-1-16]. http://mofcom. gov. cn/dl/gbd qzn/upload/bilu. pdf.

234. 商务部国际贸易经济合作研究院,中国驻秘鲁大使馆经济商务处,商务部对外投资和经济合作司. 对外投资合作国别(地区)指南:秘鲁(2020年版)[EB/OL].[2021-1-16]. http://mofcom. gov. cn/dl/gbd qzn/upload/bilu. pdf.

235. 商务部国际贸易经济合作研究院,中国驻缅甸大使馆经济商务处,商务部对外投资和经济合作司. 对外投资合作国别(地区)指南:缅甸(2020年版)[EB/OL].[2021-11-1]. http://www. mofcom. gov. cn/dl/gbdqzn/upload/miandian. pdf.

236. 商务部国际贸易经济合作研究院,中国驻南非大使馆经济商务处,商务部对外投资和经济合作司. 对外投资合作国别(地区)指南:南非(2019年版)[EB/OL].[2021-1-12]. http://mofcom. gov. cn/dl/gbd qzn/upload/

aiji. pdf.

237. 商务部国际贸易经济合作研究院,中国驻希腊大使馆经济商务处,商务部对外投资和经济合作司.对外投资合作国别(地区)指南:希腊(2019年版)[EB/OL].[2021-1-4]. http://mofcom. gov. cn/dl/gbdqzn/upload/xila. pdf.

238. 商务部国际贸易经济合作研究院,中国驻新西兰大使馆经济商务处,商务部对外投资和经济合作司.对外投资合作国别(地区)指南:新西兰(2020年版)[EB/OL].[2021-1-18]. http://mofcom. gov. cn/dl/gbdqzn/upload/xinxilan. pdf.

239. 邵季洋.斯里兰卡华助中心举行揭牌仪式 旨在为华侨华人守望相助[EB/OL].(2016-9-19)[2021-3-19]. http://news. cri. cn/20160919/67fcd8ac-3e83-e9e6-7606-9aed804ea023. html.

240. 涉外安全处(领事处)[EB/OL].[2021-3-19]. http://fao. sz. gov. cn/xxgk/jgzn/jgld/.

241. 深思!"12道金牌"提醒,挡不住他们飞扑巴厘岛![EB/OL].(2018-4-27)[2021-5-17]. http://cs. mfa. gov. cn/gyls/lsgz/ztzl/lbd xal/xzzlbldzggmhgzt/t1555106. shtml.

242. 圣彼得堡旅行防盗提醒[EB/OL].(2014-7-8)[2021-4-11]. http://saint-petersburg. china-consulate. org/chn/lsyw/lsbh/t1172536. htm.

243. 圣市媒体提醒地铁乘客加强安全防盗[EB/OL].(2015-3-10)[2021-4-11]. http://saint-petersburg. china-consulate. org/chn/lsyw/lsbh/t1244353. htm.

244. 史杰.桂从友大使为瑞典斯德哥尔摩"华助中心"揭牌[EB/OL].(2017-10-19)[2021-3-19]. http://world. people. com. cn/n1/2017/1019/c1002-29597278-2. html.

245. 世界各国人口排名2018年[EB/OL].(2020-5-22)[2021-4-10]. https://www. renkou. org. cn/countries/#paiming.

246. 世卫组织报告:全球道路交通死亡人数每年高达135万人[EB/OL].[2021-5-17]. https://news. un. org/zh/story/2018/12/1024 371.

247. 市外办面对面给市民送上"基层领事保护知识套餐"[EB/OL]. (2020-8-18)[2021-5-17]. http://fao. wenzhou. gov. cn/art/2020/8/18/art_1340359_54559523. html.

248. 市委外办(市外事局)内设科室和直属机构[EB/OL]. [2021-3-19]. http://foshan. gov. cn/fswsj/gkmlpt/content/4/4438/post_44382 68. html #1607.

249. 市政府外办与市国资委联合举办市属国有企业境外突发事件应对专题培训[EB/OL]. (2015-7-28)[2021-3-19]. http://www. bjyj. gov. cn/zhb/swtfsjyjzhb/gzdt/t1193892. html.

250. 市政府外办组织首期境外安全应急培训暨演练[EB/OL]. (2015-11-30)[2021-3-19]. http://www. bjyj. gov. cn/yjzt/2015zt/lsbh/gzdt/t1208898. html.

251. 私营安保公司:中国丝绸之路上的新"软实力"？[EB/OL]. (2022-1-26)[2021-5-2]. http://sputniknews. cn/opinion/201705201 022674906/.

252. 斯里兰卡爆炸案主要疑犯在香格里拉酒店爆炸中死亡[EB/OL]. (2019-4-26)[2021-4-30]. http://www. chinaqw. com/hqly/2019/04-26/221367. shtml.

253. 宋方灿. 南非总统:执政联盟关注工人阶级 坚持左翼路线[EB/OL]. (2015-11-24)[2021-1-12]. http://www. chinanews. com/gj/2015/11-24/7637806. shtml.

254. 提高安全意识、避免遭遇抢劫 切记六个"不"——中国驻约翰内斯堡总领事馆领事提醒[EB/OL]. (2015-8-9)[2021-4-28]. http://johannesburg. china-consulate. org/chn/lsfw/lsbh/t1507265. htm.

255. 提请中国游客特别关注[EB/OL]. (2017-2-5)[2021-4-28]. http://johannesburg. china-consulate. org/chn/lsfw/lsbh/t1507277. htm.

256. 提醒布隆方丹侨胞密切关注当地安全形势[EB/OL]. (2017-5-20)[2021-4-28]. http://johannesburg. china-consulate. org/chn/lsfw/lsbh/t1507278. htm.

257. 提醒赴/在菲中国公民警惕赌场借贷陷阱(此提醒长期有效)[EB/OL].(2017-7-24)[2021-4-28]. http://ph. china-embassy. org/chn/lsfw/lsbh.

258. 提醒赴巴基斯坦卡拉奇市中国公民注意安全[EB/OL].(2017-10-25)[2021-4-22]. http://karachi. china-consulate. org/chn/lsqw/lbqw/t1504615. htm.

259. 提醒赴秘鲁中国公民注意勿携带海马等违禁品出入境[EB/OL].(2016-6-28)[2021-1-14]. http://embajadachina. org. pe/chn/lsfws/lbqw/t1375981. htm.

260. 提醒赴秘鲁中国游客注意乘车安全[EB/OL].(2016-12-21)[2021-1-14]. http://embajadachina. org. pe/chn/lsfws/lbqw/t1425793. htm.

261. 提醒赴新西兰奥克兰中国游客注意安全[EB/OL].(2013-5-7)[2021-1-14]. http://chinaconsulate. org. nz/chn/lsbh/t1037710. htm.

262. 提醒过境埃塞中国公民切勿携带象牙等野生动物制品[EB/OL].(2016-9-29)[2021-4-28]. http://et. china-embassy. org/chn/lsxx/lsbhyxz/t1402346. htm.

263. 提醒来埃中国游客注意交通安全[EB/OL].(2018-4-27)[2021-4-28]. http://eg. china-embassy. org/chn/lsfw/20180517/t155 5163. htm.

264. 提醒来俄中国公民遵守海关通关规定[EB/OL].(2015-3-13)[2021-4-28]. http://ru. china-embassy. org/chn/fwzn/lsfws/lsdt/t1245517. htm.

265. 提醒来秘中国公民行前确认旅行证件及签证有效期[EB/OL].(2019-5-22)[2021-1-14]. http://embajadachina. org. pe/chn/lsfws/lbqw/t1665438. htm.

266. 提醒领区内中国公民谨防电信诈骗[EB/OL].(2019-7-29)[2021-4-28]. http://chinaconsulate. khb. ru/chn/lsfw/lsbh1/t1684110. htm.

267. 提醒领区中国公民节日期间加强安全防范并严格遵守俄海关规定[EB/OL].(2016-12-19)[2021-4-28]. http://ekaterinburg. chineseconsulate. org/chn/lsyw/134395/t1425309. htm.

268. 提醒旅埃中国公民注意潜水安全［EB/OL］.（2017－1－7）［2021－
4－28］. http://eg. china－embassy. org/chn/lsfw/20180517/t142 8870. htm.

269. 提醒旅南非中国公民警惕电信网络诈骗［EB/OL］.（2019－3－21）
［2021－4－28］. http://za. china－embassy. org/chn/lqfw/zytz/t1647 304. htm.

270. 提醒旅南侨胞密切关注当地安全形势［EB/OL］.（2017－5－9）
［2021－4－28］. http://za. china－embassy. org/chn/lqfw/zytz/t1460019. htm.

271. 提醒旅南中国公民高度重视安全防范［EB/OL］.（2020－7－31）
［2021－4－28］. http://za. china－embassy. org/chn/lqfw/zytz/t1803 107. htm.

272. 提醒旅南中国公民谨防涉疫情犯罪活动［EB/OL］.（2020－3－17）
［2021－4－28］. http://za. china－embassy. org/chn/lqfw/zytz/t1756 925. htm.

273. 提醒旅斯中国公民遵守当地法律法规、注意交通安全［EB/OL］.
（2019－3－18）［2021－5－17］. http://lk. china－embassy. org/chn/xwdt/
t1646218. htm.

274. 提醒缅北地区中国公民注意防范登革热［EB/OL］.（2020－5－14）
［2021－4－11］. http://mandalay. china－consulate. org/chn/lsfw/lsbh/
t1779098. htm.

275. 提醒缅北地区中国公民注意交通安全［EB/OL］.（2020－5－5）
［2021－4－11］. http://mandalay. china－consulate. org/chn/lsfw/lsbh/t177
6164. htm.

276. 提醒在（赴）缅甸中国公民注意防范 H1N1、H5N1 流感［EB/OL］.
（2017－8－2）［2021－4－11］. http://mm. china－embassy. org/chn/lsfw/zytz/
t1481922. htm.

277. 提醒在（来）缅甸中国公民切勿擅自携带或使用无人机［EB/OL］.
（2017－12－6）［2021－4－11］. http://mm. china－embassy. org/chn/lsfw/zytz/
t1516982. htm.

278. 提醒在埃及中国公民不要乘坐热气球［EB/OL］.（2016－9－5）
［2021－4－28］. http://eg. china－embassy. org/chn/lsfw/20180517/t139
4502. htm.

279. 提醒在埃及中国公民注意安全［EB/OL］.（2016－12－12）［2021－

4-28〕. http://eg. china-embassy. org/chn/lsfw/20180517/t142 3207. htm.

280.提醒在埃及中国游客注意安全〔EB/OL〕.（2017-7-16）〔2021-4-28〕. http://eg. china-embassy. org/chn/lsfw/20180517/t147 8086. htm.

281.提醒在埃及中国游客注意安全〔EB/OL〕.（2017-9-3）〔2021-4-28〕. http://eg. china-embassy. org/chn/lsfw/20180517/t1489485. htm.

282.提醒在埃塞俄比亚中国公民注意防范霍乱疫情〔EB/OL〕.（2019-6-17）〔2021-4-28〕. http://et. china-embassy. org/chn/lsxx/lsbhyxz/t1672936. htm.

283.提醒在埃塞中国公民妥善处理交通争议〔EB/OL〕.（2016-11-16）〔2021-4-28〕. http://et. china-embassy. org/chn/lsxx/lsbhyxz/t1415937. htm.

284.提醒在埃中国公民和企业强化安保措施，防范入室盗抢〔EB/OL〕.（2020-9-23）〔2021-4-28〕. http://et. china-embassy. org/chn/lsxx/lsbhyxz/t1817353. htm.

285.提醒在埃中国企业和公民切勿大量存放现金，应循正规渠道兑换货币〔EB/OL〕.（2020-9-24）〔2021-4-28〕. http://et. china-embassy. org/chn/lsxx/lsbhyxz/t1818009. htm.

286.提醒在巴基斯坦中国公民阿舒拉节期间注意安全〔EB/OL〕.（2017-9-30）. https://www. fmprc. gov. cn/ce/cepk/chn/lsfw/tztx/t1498 864. htm.

287.提醒在巴基斯坦中国公民离境时严格遵守当地对携带现金的有关规定〔EB/OL〕.（2015-9-21）〔2021-4-22〕. http://pk. chineseembassy. org/chn/lsfw/tztx/t1298472. htm.

288.提醒在巴基斯坦中国公民离境时严格遵守当地对携带现金的有关规定〔EB/OL〕.（2019-11-11）〔2021-4-22〕. http://pk. chineseembassy. org/chn/lsfw/tztx/t1715275. htm.

289.提醒在巴基斯坦中国公民注意安全〔EB/OL〕.（2015-3-24）〔2021-4-22〕. http://pk. chineseembassy. org/chn/lsfw/tztx/t1248033. htm.

290.提醒在保和岛及周边地区中国公民注意安全〔EB/OL〕.（2017-4-

11）［2021－4－12］. http://cebu. china－consulate. org/chn/lsyw/t1452824. htm.

291. 提醒在俄留学生勿非法打工［EB/OL］.（2015－9－7）［2021－4－28］. http://ru. china－embassy. org/chn/fwzn/lsfws/lsdt/t1294529. htm.

292. 提醒在法中国公民关注法国限制出行措施［EB/OL］.（2020－3－18）［2021－4－30］. http://www. amb－chine. fr/chn/sgxw/t1757238. htm.

293. 提醒在菲及拟赴菲中国公民注意安全［EB/OL］.（2016－9－5）［2021－4－10］. http://cebu. china－consulate. org/chn/lsyw/t1394613. htm.

294. 提醒在菲律宾棉兰老地区中国公民注意安全［EB/OL］.（2021－1－27）［2021－4－12］. http://davao. chineseconsulate. org/chn/lsfw/lstx/t1848885. htm.

295. 提醒在菲律宾南部中国公民注意人身财产安全［EB/OL］.（2014－5－23）［2021－4－12］. http://cebu. china－consulate. org/chn/lsyw/t1159030. htm.

296. 提醒在菲律宾中国公民机构加强防范保证安全［EB/OL］.（2015－6－17）［2021－4－12］. http://cebu. china－consulate. org/chn/lsyw/t1273922. htm.

297. 提醒在菲中国公民防范爆炸袭击［EB/OL］.（2014－10－13）［2021－3－12］. http://cebu. china－consulate. org/chn/lsyw/22/t1199759. htm.

298. 提醒在菲中国公民洁身自好,避免陷入涉赌勒索伤害案件［EB/OL］.（2018－5－11）［2021－4－28］. http://ph. china－embassy. org/chn/lsfw/lsbh/t1558599. htm.

299. 提醒在菲中国公民注意防范台风"CHEDENG"［EB/OL］.（2015－4－3）［2021－4－11］. http://cebu. china－consulate. org/chn/lsyw/t1252035. htm90.

300. 提醒在哈萨克斯坦中国公民注意防范流行性脑膜炎［EB/OL］.（2018－6－13）［2021－4－10］. http://kz. mofcom. gov. cn/article/zwnsjg/201806/20180602755398. shtml.

301．提醒在哈中国公民注意防范肺炎［EB/OL］．（2020－7－9）［2021－
4－10］．http：//kz. mofcom. gov. cn/article/zwnsjg/202007/20200 702981470.
shtml.

302．提醒在夸纳省的中国公民和企业注意防范盗抢［EB/OL］．（2020－
4－16）［2021－4－28］．http：//durban. chineseconsulate. org/chn/lgxx/lgdt/
t1770342. htm.

303．提醒在秘鲁中国公民注意防范地震灾害［EB/OL］．（2018－1－15）
［2021－1－14］．http：//embajadachina. org. pe/chn/lsfws/lbqw/t152 5657.
htm.

304．提醒在秘鲁中国公民注意人身和财物安全［EB/OL］．（2013－3－
29）［2021－1－14］．http：//embajadachina. org. pe/chn/lsfws/lbqw/t102 6839.
htm.

305．提醒在秘鲁中国公民注意预防甲型 H1N1 流感［EB/OL］．（2013－
7－19）［2021－1－14］．http：//embajadachina. org. pe/chn/lsfws/lbqw/
t1060107. htm.

306．提醒在秘中国公民注意防范寨卡病毒疫情［EB/OL］．（2016－2－
3）［2021－1－14］．http：//embajadachina. org. pe/chn/lsfws/lbqw/t1337 737.
htm.

307．提醒在南非中国公民防范汇款诈骗［EB/OL］．（2014－4－30）
［2021－4－28］．http：//za. china－embassy. org/chn/lqfw/zytz/t1151616. htm.

308．提醒在南非中国公民注意防雷安全［EB/OL］．（2016－2－17）
［2021－4－28］．http：//za. china－embassy. org/chn/lqfw/zytz/t1341312. htm.

309．提醒在南非注意安全［EB/OL］．（2019－3－8）［2021－4－28］．
http：//za. china－embassy. org/chn/lqfw/zytz/t1643994. htm.

310．提醒在南中国公民加强春节期间安全防范［EB/OL］．（2018－1－
31）［2021－4－28］．http：//za. china－embassy. org/chn/lqfw/zytz/t1530718.
htm.

311．提醒在斯里兰卡中国公民加强安全防范［EB/OL］．（2019－4－26）
［2021－5－17］．http：//lk. china－embassy. org/chn/lsyw/lshbh/t165 8216.

htm.

312. 提醒中国公民不要前往缅甸果敢地区［EB/OL］. （2016－8－10）［2021－4－11］. http：//mandalay. china－consulate. org/chn/lsfw/lsbh/t1388191. htm.

313. 提醒中国公民赴巴基斯坦吉尔吉特—巴尔蒂斯坦地区时需事先办理许可证明（NOC）［EB/OL］. （2018－7－27）［2021－4－22］. http：//pk. chineseembassy. org/chn/lsfw/tztx/t1580921. htm.

314. 提醒中国公民谨慎来俄务工［EB/OL］. （2016－7－5）［2021－4－28］. http：//ekaterinburg. chineseconsulate. org/chn/lsyw/134395/t137 7693. htm.

315. 提醒中国公民近期谨慎前往缅北地区［EB/OL］. （2016－11－26）［2021－4－11］. http：//mandalay. china－consulate. org/chn/lsfw/lsbh/.

316. 提醒中国公民近期暂勿前往埃及北西奈地区［EB/OL］. （2016－11－8）［2021－4－28］. http：//eg. china－embassy. org/chn/lsfw/20180517/t1413863. htm.

317. 提醒中国公民近期暂勿前往包括黑白沙漠在内的埃及吉萨省巴哈利亚地区［EB/OL］. （2017－11－22）［2021－4－28］. http：//eg. china－embassy. org/chn/lsfw/20180517/t1513026. htm.

318. 提醒中国公民近期暂勿前往缅北冲突地区［EB/OL］. （2017－4－5）［2021－4－11］. http：//mandalay. china－consulate. org/chn/lsfw/lsbh/.

319. 提醒中国公民近期暂勿前往莫桑比克德尔加杜角省［EB/OL］. （2021－4－1）［2021－6－3］. http：//cs. mfa. gov. cn/gyls/lsgz/lsyj/jszwqw/t1866178. shtml.

320. 提醒中国公民近期注意南非安全形势［EB/OL］. （2019－9－4）［2021－4－28］. http：//za. china－embassy. org/chn/lqfw/zytz/t1694608. htm.

321. 提醒中国公民警惕假冒中国驻外使领馆名义的电信诈骗［EB/OL］. （2017－8－25）［2021－4－12］. http：//cebu. china－consulate. org/chn/lsyw/22/t1487387. htm.

322. 提醒中国公民入境秘鲁时确保办妥入境手续［EB/OL］. （2017－

11－15）［2021－1－14］. http：//embajadachina. org. pe/chn/lsfws/lbqw/t1510590. htm.

323. 提醒中国公民通过正规渠道申请巴基斯坦签证［EB/OL］.（2020－8－21）［2021－4－22］. http：//pk. chineseembassy. org/chn/lsfw/tztx/t1808376. htm.

324. 提醒中国公民勿赴菲律宾非法采矿［EB/OL］.（2013－8－8）［2021－4－11］. http：//cebu. china－consulate. org/chn/lsyw/t1065069. htm.

325. 提醒中国公民勿受骗来菲律宾参与赌博［EB/OL］.（2014－6－5）［2021－4－12］. http：//cebu. china－consulate. org/chn/lsyw/22/t116 2375. htm.

326. 提醒中国公民务必通过合法途径办理南非签证或居留［EB/OL］.（2016－2－29）［2021－4－28］. http：//za. china－embassy. org/chn/lqfw/zytz/t1344041. htm.

327. 提醒中国公民严格遵守中巴跨国婚姻法律法规［EB/OL］.（2019－12－20）［2021－4－22］. http：//pk. chineseembassy. org/chn/lsfw/tztx/t1726563. htm.

328. 提醒中国公民严禁携带海参等珍贵海产品出境［EB/OL］.（2019－6－28）［2021－4－28］. http：//eg. china－embassy. org/chn/lsfw/20180517/t1676621. htm.

329. 提醒中国公民暂缓前往三宝颜市［EB/OL］.（2013－9－18）［2021－4－12］. http：//cebu. china－consulate. org/chn/lsyw/t1078108. htm.

330. 提醒中国公民注意埃塞俄比亚延长国家紧急状态［EB/OL］.（2017－4－5）［2021－4－28］. http：//et. china－embassy. org/chn/lsxx/lsbhyxz/t1451769. htm.

331. 提醒中国公民注意防范登革热疫情［EB/OL］.（2019－8－20）［2021－4－11］. http：//mandalay. china－consulate. org/chn/lsfw/lsbh/t169 0167. htm.

332. 提醒中国公民自觉抵制非法跨国婚姻中介活动［EB/OL］.（2019－2－25）［2021－4－22］. http：//pk. chineseembassy. org/chn/lsfw/tztx/

t1640744. htm.

333. 提醒中国企业商户严格遵守南非封禁管控规定［EB/OL］. (2020－4－1)［2021－4－28］. http://za. china－embassy. org/chn/lqfw/zytz/t1764884. htm.

334. 提醒中国游客入境秘鲁旅游时确保加盖入境章［EB/OL］. (2016－1－21)［2021－1－14］. http://embajadachina. org. pe/chn/lsfws/lbqw/t1333496. htm.

335. 提醒驻埃塞及过境中国公民切勿携带象牙等制品［EB/OL］. (2016－2－22)［2021－4－28］. http://et. china－embassy. org/chn/lsxx/lsbhyxz/t1342509. htm.

336. 提醒驻卡拉奇总领馆领区中国商人防范诈骗案件［EB/OL］. (2013－12－20)［2021－4－22］, http://karachi. china－consulate. org/chn/lsqw/lbqw/t1110708. htm.

337. 通力合作　多措并举　始得成效——斐济警方数据显示去年涉华犯罪案件下降 33%［EB/OL］. (2019－1－8)［2019－7－31］. http://cs. mfa. gov. cn/gyls/lsgz/lqbb/t1627834. shtml.

338. 外交部:被加纳抓扣中国采金人员已全部获释［EB/OL］. (2013－6－13)［2021－4－28］. http://news. xinhuanet. com/world/2013－06/13/c_116136475. htm.

339. 外交部部长杨洁篪谈 2009 年中国外交［EB/OL］. (2009－12－14)［2021－4－28］. http://theory. people. com. cn/GB/41038/10572623. html.

340. 外交部成立防范境外疫情输入风险应急中心［EB/OL］. (2020－3－9)［2021－4－30］. https://www. fmprc. gov. cn/web/wjbzhd/t1753649. shtml.

341. 外交部党委书记齐玉在《我看中国新时代》出版座谈会上的致辞［EB/OL］. (2019－8－22)［2021－5－17］. https://www. fmprc. gov. cn/web/wjbxw_673019/t1690852. shtml.

342. 外交部发言人华春莹主持例行记者会［EB/OL］. (2021－2－18)［2021－4－28］. http://fmprc. gov. cn/web/fyrbt_673021/jzhsl_673025/t1854801. shtml.

343. 外交部公布领事保护与协助工作条例草案公开征意见[EB/OL].
(2018-3-26)[2021-3-10]. http://www.chinanews.com/gn/2018/03-26/
8476596. shtml.

344. 外交部就《中华人民共和国领事保护与协助工作条例(草案)》(征求意见稿)向社会公开征求意见[EB/OL]. (2018-3-26)[2021-5-17].
http://cs. mfa. gov. cn/gyls/lsgz/fwxx/t1545294. shtml.

345. 外交部举行我支持尼泊尔抗震救灾和向在尼中国公民提供领事保护工作吹风会[EB/OL]. (2015-5-8)[2021-5-17]. http://cs. mfa. gov.
cn/gyls/lsgz/lqbb/t1261827. shtml.

346. 外交部领事司四大公众服务平台之一——安全提醒短信[EB/
OL]. (2015-2-4)[2021-3-19]. http://sydney. chineseconsulate. org/chn/
lsbhyxz/t1234178. htm.

347. 王淼,赵理铭,刘天亮,等. 新西兰遭遇"最黑暗一天" 恐怖袭击
已致至少 49 死[EB/OL]. (2019-3-16)[2021-4-12]. https://world.
huanqiu. com/article/9CaKrnKj44r.

348. 王敏杰,韩冰. 刚果(布)弹药库爆炸致 200 余死上千人伤[EB/
OL]. (2012-3-5)[2021-3-19]. https://world. huanqiu. com/article/
9CaKrnJusBB.

349. 王毅:打造海外中国平安体系[EB/OL]. (2018-3-8)[2020-7-
1]. https://www. mfa. gov. cn/ce/cemr/chn/zgyw/t154 0500. htm。

350. 王毅会见柬埔寨副首相兼外交大臣布拉索昆[EB/OL]. (2021-6-
8)[2022-1-19]. https://www. mfa. gov. cn/web/wjbzhd/202106/t20210608
_9137479. shtml.

351. 为了海外游客的"岁月静好",他们就这样"负重前行"! ——德黑兰机场风波背后不为人知的内幕[EB/OL]. (2018-2-6)[2021-5-17].
http://cs. mfa. gov. cn/gyls/lsgz/lqbb/t1532288. shtml.

352. 维护海外同胞安全,就是我们的职责和担当 党建引领外交部领事保护中心和驻老挝使领馆成功处置"8·19重大交通事故"[EB/OL].
(2019-9-19)[2021-5-17]. http://www. gongwei. org. cn/n1/2019/0919/

c422373-31362058. html.

353. 温州外侨办副主任赴洞头开展海上领事保护调研［EB/OL］.
（2018-1-19）［2021-3-19］. http://fao. wenzhou. gov. cn/art/2018/1/19/art
_1340418_15274236. html.

354. 文化和旅游部近日又公布一批旅游不文明行为记录"黑名单"
［EB/OL］.（2018-9-28）［2021-5-17］. https://www. mct. gov. cn/whzx/
whyw/201809/t20180928_835134. htm.

355. 我东开普省一侨胞遭遇抢劫不幸遇难［EB/OL］.（2016-4-26）
［2021-4-28］. http://capetown. china-consulate. org/chn/lsbh/t1358703.
htm.

356. 我馆高度关注近日中国公民入境受阻频发事［EB/OL］.（2014-2-
12）［2021-4-28］. http://ru. china-embassy. org/chn/fwzn/lsfws/lsdt/
t1127577. htm.

357. 我馆就华商受侵害事件做俄方工作［EB/OL］.（2014-4-8）
［2021-4-11］. http://ru. china-embassy. org/chn/fwzn/lsfws/lsdt/t114 5046.
htm.

358. 我馆领事官员赴现场处理中国公民被劫枪杀案［EB/OL］.（2013-
4-25）［2021-4-28］. http://capetown. china-consulate. org/chn/lsbh/
t1035316. htm.

359. 我馆领事看望住院治疗的中国游客［EB/OL］.（2015-8-19）
［2021-4-28］. http://saint-petersburg. china-consulate. org/chn/lsyw/lsbh/
t1289890. htm；

360. 我馆派员协助处理中国船员伤亡案［EB/OL］.（2015-8-15）
［2021-4-28］. http://ru. china-embassy. org/chn/fwzn/lsfws/lsdt/t1288
966. htm.

361. 我馆全力以赴做好埃塞航空 ET302 空难后续工作［EB/OL］.
（2019-3-10）［2021-4-28］. http://et. china-embassy. org/chn/lsxx/
lsbhyxz/t1644336. htm.

362. 我馆提醒来南游客严格遵守当地法律法规［EB/OL］.（2017-2-

1)［2021－4－28］. http://capetown. china－consulate. org/chn/lsbh/t1435232. htm.

363. 我馆向东伦敦侨界致谢［EB/OL］.（2016－6－29）［2021－4－28］. http://capetown. china－consulate. org/chn/lsbh/t1376193. htm.

364. 我馆向凯法洛尼亚岛地震地区华侨华人表示慰问［EB/OL］.（2014－1－27）［2021－4－28］. http://gr. china－embassy. org/chn/lsqw/t1123251. htm.

365. 我国领事保护人员严重匮乏　相关法律亟待出台［EB/OL］.（2012－1－4）［2021－4－10］. http://www. cnr. cn/djxw/201201/t2012 0104_509011528. shtml.

366. 我省开展"净海2015-9"海上联合执法行动［EB/OL］.（2015－9－26）［2021－5－17］. http://www. fujian. gov. cn/xwdt/fjyw/201509/t201 50926 _1678813. htm.

367. 我省启动打击非法采捕红珊瑚联合执法行动［EB/OL］.（2015－2－3）［2021－5－17］. http://www. fujian. gov. cn/xwdt/mszx/201502/t20150203 _1621904. htm.

368. 我驻圣彼得堡总领馆:中俄旅游免签团组不得途经第三国［EB/OL］.（2014－6－27）［2021－4－28］. http://world. people. com. cn/n/2014/0627/c1002-25211245. html.

369. 吴雨航. 教育部:2018年我国留学人数超66万,回国人数增长了8%［EB/OL］.（2019－3－28）［2021－4－10］. http://edu. china. com. cn/2019-03/28/content_74620779. htm.

370. 习近平"真、实、亲、诚"四字概括中国对非关系［EB/OL］.（2013－3－25）［2021－5－17］. http://www. chinanews. com/gn/2013/03－25/4674313. shtml.

371. 习近平同马尔代夫总统会谈　中马成为全面友好合作伙伴［EB/OL］.（2014－9－15）［2021－5－17］. http://www. chinanews. com/gn/2014/09-15/6593119. shtml.

372. 新西兰南岛纳尔逊发生严重山火,驻克赖斯特彻奇总领馆提醒中国公民注意安全[EB/OL].（2019-2-8）[2021-1-14].http://christchurch.chineseconsulate.org/chn/lsfws/lsbh/t1636273.htm.

373.新西兰一旅游大巴侧翻致中国游客6人死亡[EB/OL].（2019-9-4）[2021-1-14].http://chinaqw.com/sp/2019/09-04/230 811.shtml.

374.信息预警[EB/OL].[2021-3-20].http://www.chinca.org/CICA/info/180124 14385811.

375.宿亮,邓媛.中国民营安保公司"出海"记[EB/OL].（2015-11-27）[2021-5-2].http://ihl.cankaoxiaoxi.com/2015/1127/1010 198.shtml.

376.徐灿,杨婕.孟建柱在公安部侦破侵害在安哥拉中国公民权益犯罪专案座谈会上强调继续加大国际警务执法合作力度　坚决打击侵害海外中国公民权益犯罪活动[EB/OL].（2012-8-28）[2021-3-19].http://www.gov.cn/ldhd/2012-08/28/content_2212583.htm.

377.续报新西兰南岛涉中国旅游团车祸事故情况[EB/OL].（2020-1-21）[2021-1-14].http://christchurch.chineseconsulate.org/chn/lsfws/lsbh/t1734595.htm.

378.荀伟,王正润.巴西首家"华助中心"在圣保罗揭牌[EB/OL].（2015-3-14）[2022-1-26].https://world.huanqiu.com/article/9CaKrnJING0.

379.阳光总在风雨后,戮力同心齐抗疫——驻德国大使吴恩在"健康包"发放仪式上的讲话[EB/OL].（2020-4-2）[2021-4-30].https://www.fmprc.gov.cn/web/dszlsjt_673036/t1765437.shtml.

380.也门撤离海军早有方案　外媒:中国海军日益扩大[EB/OL].（2015-4-1）[2021-3-19].http://news.xinhuanet.com/mil/2015-04-01/c_127644181.htm.

381.叶书宏.专访:阿根廷望与中国扩大执法合作[EB/OL].（2016-6-21）[2021-5-17].http://www.xinhuanet.com//world/2016-06/21/c_1119084069.htm.

382.一方有难,八方支援[EB/OL].（2016-3-28）[2021-4-28].http://capetown.china-consulate.org/chn/lsbh/t1351256.htm.

383. 已同中国签订共建"一带一路"合作文件的国家一览 [EB/OL]. (2022 - 1 - 14) [2022 - 1 - 16]. https://www. yidaiyilu. gov. cn/xwzx/roll/77298. htm.

384. 英媒:150 多名中国伐木工人在缅甸被判重刑 [EB/OL]. (2015 - 7 - 23) [2021 - 4 - 28]. http://www. cankaoxiaoxi. com/world/2015 0723/862441. shtml.

385. 有关办理离境手续的提醒 [EB/OL]. (2020 - 4 - 21) [2021 - 4 - 28]. http://et. china-embassy. org/chn/lsxx/lsbhyxz/t1771951. htm.

386. 余建文. 宁波:预防性海外领事保护"护航"远洋渔业 [EB/OL]. (2016 - 4 - 21) [2021 - 3 - 19]. http://zj. people. com. cn/n2/2016/0421/c186930-28193119. html.

387. 预警提示 [EB/OL]. (2022 - 2 - 6) [2022 - 3 - 1]. http://www. mofcom. gov. cn/article/yjts/.

388. 预警信息 [EB/OL]. (2022 - 2 - 6) [2022 - 3 - 1]. http://jsj. moe. gov. cn/.

389. 圆梦爱琴海 平安希腊行——驻希腊使馆给来希中国游客的"小贴士" [EB/OL]. (2018 - 6 - 12) [2021 - 4 - 28]. http://gr. china-embassy. org/chn/lsqw/t1568199. htm.

390. 再次提醒赴埃及中国游客尽量不要乘坐热气球 [EB/OL]. (2017 - 2 - 2) [2021 - 4 - 28]. http://eg. china-embassy. org/chn/lsfw/20180517/t1435315. htm.

391. 再次提醒来俄罗斯中国游客注意相关事项 [EB/OL]. (2015 - 1 - 26) [2021 - 4 - 28]. http://ru. china-embassy. org/chn/fwzn/lsfws/lsdt/t1231381. htm.

392. 再次提醒来克罗地亚旅游中国公民提高防窃意识 [EB/OL]. (2018 - 5 - 30) [2021 - 4 - 28]. http://hr. china-embassy. org/chn/lsqz/lsbh/t1563945. htm.

393. 再次提醒中国公民近期暂勿前往埃及北西奈地区 [EB/OL]. (2017 - 2 - 6) [2021 - 4 - 28]. http://eg. china-embassy. org/chn/lsfw/

20180517/t1436106. htm.

394. 再次提醒中国公民近期暂勿前往巴勒斯坦［EB/OL］.（2021-4-1）［2021-6-30］. http://cs. mfa. gov. cn/gyls/lsgz/lsyj/jszwqw/t1866086. shtm.

395. 再次提醒中国公民切勿携带大额现金入、出及过境埃塞［EB/OL］.（2020-1-16）［2021-4-28］. http://et. china-embassy. org/chn/lsxx/lsbhyxz/t1733017. htm.

396. 再次提醒中国公民通过正规渠道申请巴基斯坦签证延期［EB/OL］.（2020-10-6）［2021-4-22］. http://pk. chineseembassy. org/chn/lsfw/tztx/t1822389. htm.

397. 再次提醒中国公民勿来菲律宾参与赌博［EB/OL］.（2015-5-8）［2021-4-12］. http://cebu. china-consulate. org/chn/lsyw/t1273918. htm.

398. 再度提醒广大旅秘侨胞谨防电信诈骗［EB/OL］.（2019-7-13）［2021-1-14］. http://embajadachina. org. pe/chn/lsfws/lbqw/t168 0866. htm.

399. 再度提醒中国公民谨防电信诈骗［EB/OL］.（2019-9-24）［2021-1-14］. http://embajadachina. org. pe/chn/lsfws/lbqw/t1700735. htm.

400. 在菲律宾针对中国人绑架犯罪日渐猖獗,几乎天天发生！［EB/OL］.（2021-3-24）［2021-4-12］. https://www. sohu. com/a/457 014277_206880.

401. 在刚果（布）爆炸事件中受伤的中国工人返抵北京［EB/OL］.（2012-3-11）［2021-3-19］. http://news. xinhuanet. com/mil/2012-03/11/c_122818603. htm.

402. 在中国共产党第十六次全国代表大会上的报告［EB/OL］.（2002-11-17）［2021-4-28］. http://www. people. com. cn/GB/shizh eng/16/20021117/868419. html.

403. 张晨静. 一名中国女子在菲律宾遭绑架　警方:嫌疑人或也是中国人［EB/OL］.（2019-12-11）［2021-4-12］. https://www. guancha. cn/internation/2019_12_11_528097. shtml.

404. 张静雯. 福建海洋"蓝剑 2015 - 2"海上联合执法行动启动［EB/OL］.（2015 - 12 - 24）［2021 - 5 - 17］. http：//www. fujian. gov. cn/xwdt/fjyw/201512/t20151224_1681231. htm.

405. 张梦迪. 新西兰发生其史上最严重恐怖袭击［EB/OL］.（2019 - 3 - 15）［2021 - 4 - 12］. https：//nzc. xmu. edu. cn/2019/0315/c5733a36 4422/page. htm.

406. 张四清, 刘星. 大连建立境外公民和机构安全保护工作联席会议机制［EB/OL］.（2011 - 12 - 21）［2021 - 5 - 17］. http：//news. sina. com. cn/c/2011 - 12 - 21/131123669720. shtml.

407. 张怡. 2019 年《华侨华人蓝皮书》发布［EB/OL］.（2019 - 12 - 20）［2021 - 5 - 17］. https：//cn. chinadaily. com. cn/a/201912/20/WS5dfc a964a31099ab995f2da0. html.

408. 张子扬. 中柬两国警方联手抓获犯罪嫌疑人近千人［EB/OL］.（2019 - 9 - 20）［2021 - 3 - 19］. http：//www. chinaqw. com/hqhr/2019/09 - 20/232161. shtml.

409. 赵超逸. 外交为民, 祖国在你身后! 首部外交部领事保护公益宣传短片发布［EB/OL］.（2019 - 10 - 9）［2021 - 5 - 17］. http：//news. cctv. com/2019/10/09/ARTIxOYNpac2xhJVMGVSUZJj191009. shtml.

410. 赵克志在会见参加全国公安机关国际合作工作座谈会的我驻外警务联络官时勉励大家 增强"四个意识" 锐意开拓进取 为推进国际执法合作和中国特色大国外交作出更大贡献 傅政华出席座谈会并讲话［EB/OL］.（2018 - 1 - 31）［2021 - 3 - 19］. https：//www. mps. gov. cn/n2254314/n2254315/n2254317/n4180350/n4180360/c6005331/con tent. html.

411. 赵岭. 赵岭："强大中华威自在, 何需处处唱国歌" 请善待领事保护［EB/OL］.（2018 - 2 - 6）［2021 - 5 - 17］. https：//m. huanqiu. com/article/9CaKrnK6BP7.

412. 赵萌, 赵婧姝. 155 名中国伐木工人回家［N/OL］.（2015 - 8 - 6）［2021 - 4 - 11］. http：//epaper. gmw. cn/wzb/html/2015 - 08/06/nw.

D110000wzb_20150806_2-08.htm.

413. 浙江宁波市远洋渔业预防性海外领事保护示范创建工作通过验收 [EB/OL].（2016-11-25）[2021-3-19]. http://www. shuichan. cc/news_view-303764. html.

414. 针对中国乘客近期反映的情况　中国驻埃塞使馆加大力度做埃航工作[EB/OL].（2020-7-30）[2021-4-28]. http://et. china-embassy. org/chn/lsxx/lsbhyxz/t1802579. htm.

415. 珍惜每个同胞：中国领事保护"五加强"应万变[EB/OL].（2006-1-14）[2021-4-28]. http://www. china. com. cn/chinese/TCC/1093119. htm.

416. 郑重提醒在哈萨克斯坦中国公民注意遵守当地入境居留管理制度 [EB/OL].（2018-6-15）[2021-4-10]. http://kz. mofcom. gov. cn/article/zwnsjg/201806/20180602756274. shtml.

417. 政府工作报告[EB/OL].（2017-3-16）[2021-5-17]. http://www. gov. cn/premier/2017-03/16/content_5177940. htm.

418. 政府工作报告[EB/OL].（2018-3-22）[2021-5-17]. http://www. gov. cn/premier/2018-03/22/content_5276608. htm.

419. 支撑"海外中国"的领事保护之手[EB/OL].（2018-1-18）[2021-4-10]. http://www. xinhuanet. com/globe/2018-01/18/c_136882661. htm.

420. 执法与宣传并进　拯救红珊瑚在行动[EB/OL].（2015-4-16）[2021-5-17]. http://www. fujian. gov. cn/xwdt/fjyw/201504/t20150416_1673786. htm.

421. 中俄海军举行反海盗联合演习[EB/OL].（2022-1-25）[2021-3-19]. http://www. mod. gov. cn/topnews/2022-01/25/content_4903486. htm.

422. 中共中央网络安全和信息化委员会办公室,中国国家互联网信息办公室,中国互联网信息中心. 第45次中国互联网络发展状况统计报告 [EB/OL].（2020-4-28）[2021-4-28]. http://www. cac. gov. cn/2020-04/

27/c_1589535470378587. htm.

423. 中国阿富汗关于深化战略合作伙伴关系的联合声明[EB/OL].
(2013-9-27)[2021-5-17]. http://www. gov. cn/jrzg/2013-09/27/content
_2496791. htm.

424. 中国撤离在利比亚人员行动专题吹风会在外交部举行[EB/OL].
(2011-3-6)[2021-4-28]. http://cs. mfa. gov. cn/gyls/lsgz/lqbb/t804199.
shtml.

425. 中国城枪杀案凶手落网[EB/OL]. (2015-11-2)[2021-4-28].
http://capetown. china-consulate. org/chn/lsbh/.

426. 中国打击菲律宾赌博业[EB/OL]. (2020-2-28)[2021-3-19].
https://www. sohu. com/a/376494495_626761.

427. 中国对外投资发展报告 2018[EB/OL]. [2021-5-17]. http://
www. coicsh. com/upload/20190219094302fujian. pdf.

428. 中国公民埃塞俄比亚出入境提醒[EB/OL]. (2013-10-26)
[2021-4-28]. http://et. china-embassy. org/chn/lsxx/lsbhyxz/t1123 572.
htm.

429. 中国公民入境秘鲁有关提醒[EB/OL]. (2013-6-20)[2021-1-
14]. http://embajadachina. org. pe/chn/lsfws/lbqw/t1052034. htm.

430. 中国公民入境新西兰特别提示[EB/OL]. (2013-7-4)[2021-1-
14]. http://chinaconsulate. org. nz/chn/lsbh/t1056129. htm.

431. 中国公民申办埃塞俄比亚签证提醒[EB/OL]. (2013-11-18)
[2021-4-28]. http://et. china-embassy. org/chn/lsxx/lsbhyxz/t1099 982.
htm.

432. 中国国家统计局网站[EB/OL]. [2021-4-3]. http://data. stats.
gov. cn/easyquery. htm? cn=C01&zb=A0K01&sj=2018.

433. 中国海外保安集团[EB/OL]. [2021-3-25]. http://cosg-ss. com.
cn/jtjs/jtjj/.

434. 中国领事保护与领事服务：盘点 2013，展望 2014[EB/OL].
(2014-1-28)[2019-4-30]. http://www. fmprc. gov. cn/mfa_chn/wjbxw_

602253/t1124042. shtml.

435. 中国人民解放军赴巴基斯坦抗疫专家组向在巴同胞开通新冠咨询热线［EB/OL］.（2020－5－9）［2021－3－19］. http://www. mod. gov. cn/action/2020－05/09/content_4864895. htm.

436. 中国人民解放军驻吉布提保障基地成立［EB/OL］.（2017－7－11）［2021－3－19］. http://www. mod. gov. cn/shouye/2017－07/11/content_4785239. htm.

437. 中国使馆全力协调, 遇险船员平安获救［EB/OL］.（2021－1－13）［2021－4－18］. http://ph. china-embassy. org/chn/lsfw/lsbh/t1846 171. htm.

438. 中国外派警务联络官十年工作回顾［EB/OL］.［2021－3－19］. http://www. mps. gov. cn/n16/n1237/n1342/n803715/1742293. html.

439. 中国维和部队积极应对南苏丹紧张局势履行维和义务［EB/OL］.（2014－1－3）［2021－3－19］. http://www. gov. cn/jrzg/2014－01/03/content_2559512. htm.

440. 中国游客大巴在老挝发生严重车祸［EB/OL］.（2019－8－19）［2021－5－17］. http://la. china-embassy. org/chn/dssghd/t1689972. htm.

441. 中国游客在老挝发生严重车祸救援最新情况［EB/OL］.（2019－8－20）［2021－5－17］. http://la. china-embassy. org/chn/dssghd/t1690088. htm.

442. 中国驻埃及使馆提醒在埃中国公民注意安全［EB/OL］.（2019－8－6）［2021－4－28］. http://eg. china－embassy. org/chn/lsfw/20180517/t1686241. htm.

443. 中国驻埃及使馆提醒中国公民注意旅游安全［EB/OL］.（2018－12－30）［2021－4－28］. http://eg. china－embassy. org/chn/lsfw/20180517/t1626121. htm.

444. 中国驻埃及使馆提醒中国公民注意旅游安全［EB/OL］.（2019－5－20）［2021－4－28］. http://eg. china－embassy. org/chn/lsfw/20180517/t1664912. htm.

445. 中国驻德班总领事馆高度关注德班新华商城事件［EB/OL］.（2020－4－2）［2021－4－28］. http://durban. chineseconsulate. org/chn/lgxx/

lgdt/t1764990. htm.

446. 中国驻俄罗斯使馆高度关注中国公民在莫斯科隔离事［EB/OL］.（2020-3-1）［2021-4-30］. http：//ru. china-embassy. org/chn/fwzn/lsfws/zytz/t1750878. htm.

447. 中国驻菲律宾大使馆紧急处置一中国公民被害案［EB/OL］.（2014-7-10）［2021-4-12］. http：//ph. china-embassy. org/chn/lsfw/lsbh/lbyw/t1173212. htm.

448. 中国驻菲律宾大使馆紧急处置中国公民被菲移民局查扣事［EB/OL］.（2014-8-19）［2021-4-12］. http：//ph. china-embassy. org/chn/lsfw/lsbh/lbyw/t1183995. htm.

449. 中国驻菲使馆就枪击案向菲警方提出交涉［EB/OL］.（2015-10-3）［2021-4-12］. http：//ph. china-embassy. org/chn/lsfw/lsbh/lbyw/t1303476. htm.

450. 中国驻哥斯达黎加使馆同哥公安部共同建立"中哥警侨联络体系"并举办治安座谈会［EB/OL］.（2017-7-29）［2021-3-19］. http：//cs. mfa. gov. cn/gyls/lsgz/lqbb/t1481063. shtml.

451. 中国驻哈萨克斯坦大使张霄就近期哈局势接受《环球时报》采访［EB/OL］.（2022-1-12）［2022-1-17］. http：//kz. chineseembassy. org/chn/sgxx/sgdt/202201/t20220112_10481408. htm.

452. 中国驻哈萨克斯坦使馆提醒中国公民在哈合法务工［EB/OL］.（2013-9-30）［2021-4-10］. http：//kz. chineseembassy. org/chn/lsfw/bh/t1083271. htm.

453. 中国驻哈萨克斯坦使领馆提醒广大在哈中资机构关注劳务签证问题［EB/OL］.［2021-4-10］. http：//kz. chineseembassy. org/chn/lsfw/lingshibu/t1688757. htm.

454. 中国驻开普敦总领馆提醒在南中国公民合法经营［EB/OL］.（2016-4-18）［2021-4-28］. http：//capetown. china-consulate. org/chn/lsbh/t1356171. htm.

455. 中国驻琅勃拉邦总领馆紧急交通安全提示（有效期至 2019 年底）

［EB/OL］.（2019-8-24）［2021-5-17］. http://prabang. china-consulate. org/chn/lsfw/lstx/t1691603. htm.

456.中国驻美国大使馆举行"旅美生活服务平台"发布会［EB/OL］.（2017-6-20）［2020-6-30］. http://cs. mfa. gov. cn/gyls/lsgz/lqbb/t1461825. shtml.

457.中国驻秘鲁使馆再次提醒旅秘中国公民防范电信诈骗［EB/OL］.（2018-10-9）［2021-1-14］. http://embajadachina. org. pe/chn/lsfws/lbqw/t1602668. htm.

458.中国驻缅甸使馆.2019 安全文明指南［EB/OL］.［2021-4-4］http://mm. china-embassy. org/chn/lsfw/d/P020190626597115833317. pdf.

459.中国驻纳米比亚大使馆再次提醒在纳中国公民严格遵守当地法律［EB/OL］.（2017-11-2）［2021-4-28］. http://na. chineseembassy. org/chn/lsyw/txytz/t1506883. htm.

460.中国驻南非大使馆提醒境外中国公民切勿购买、携带象牙等违禁动物制品［EB/OL］.（2013-12-23）［2021-4-28］. http://za. china-embassy. org/chn/lqfw/zytz/t1111366. htm.

461.中国驻南非使馆提醒在南中国公民关注当地罢工情况［EB/OL］.（2014-1-28）［2021-4-28］. http://za. china-embassy. org/chn/lqfw/zytz/t1124104. htm.

462.中国驻南非使馆提醒在南中国公民关注当地治安形势［EB/OL］.（2013-6-26）［2021-4-28］. http://za. china-embassy. org/chn/lqfw/zytz/t1053569. htm.

463.中国驻南非使馆提醒在南中国公民关注当地治安形势［EB/OL］.（2014-2-24）［2021-4-28］. http://za. china-embassy. org/chn/lqfw/zytz/t1131520. htm.

464.中国驻南非使领馆发布领事提醒:提醒在南中国公民密切关注南非治安形势,提高安全防范意识［EB/OL］.（2014-4-9）［2021-4-28］. http://za. china-embassy. org/chn/lqfw/zytz/t1145442. htm.

465.中国驻南非使领馆提醒访南团组及个人备妥入境文件,防止入境受阻[EB/OL].（2014－6－27）[2021－4－28]. http://za. china－embassy. org/chn/lqfw/zytz/t1169376. htm.

466. 中国驻南非使领馆提醒旅南侨胞防范骚乱[EB/OL].（2015－2－6）[2021－4－28]. http://za. china－embassy. org/chn/lqfw/zytz/t123 5060. htm.

467. 中国驻南非使领馆提醒旅南侨胞关注当地治安形势[EB/OL].（2013－12－2）[2021－4－28]. http://za. china－embassy. org/chn/lqfw/zytz/t1104626. htm.

468. 中国驻南非使领馆提醒旅南侨胞关注当地治安形势[EB/OL].（2015－1－20）[2021－4－28]. http://za. china－embassy. org/chn/lqfw/zytz/t1229838. htm.

469. 中国驻南非使领馆提醒旅南侨胞关注天气变化[EB/OL].（2013－12－2）[2021－4－28]. http://za. china－embassy. org/chn/lqfw/zytz/t1104623. htm.

470. 中国驻南非使领馆提醒在南非中国公民注意交通安全[EB/OL].（2014－10－20）[2021－4－28]. http://za. china－embassy. org/chn/lqfw/zytz/t1202190. htm.

471. 中国驻南非使领馆提醒在南中国公民务必通过合法途径办理工作签证[EB/OL].（2015－4－8）[2021－4－28]. http://za. china－embassy. org/chn/lqfw/zytz/t1252975. htm.

472. 中国驻南非使领馆提醒在南中国公民注意防范麻疹疫情[EB/OL].（2015－2－3）[2021－4－28]. http://za. china－embassy. org/chn/lqfw/zytz/t1233857. htm.

473. 中国驻南非使领馆提醒中国公民关注南有关罢工信息[EB/OL].（2013－8－27）[2021－4－28]. http://za. china－embassy. org/chn/lqfw/zytz/t1069972. htm.

474. 中国驻南非使领馆再次紧急提醒旅南侨胞注意防范骚乱[EB/OL].（2015－4－15）[2021－4－28]. http://za. china－embassy. org/chn/lqfw/zytz/t1255001. htm.

475. 中国驻南非使领馆再次提醒赴南中国游客注意安全［EB/OL］. (2014－4－4)［2021－4－28］. http://za. china－embassy. org/chn/lqfw/zytz/ t1144270. htm.

476. 中国驻日本大使馆就新冠肺炎疫情期间常见问题的解答,关于新冠肺炎疫情的提醒(十)［EB/OL］. (2020－3－16)［2021－4－30］. http:// www. china－embassy. or. jp/chn/sgxxs/t1756551. htm.

477. 中国驻日本大使馆妥善处理航班延误事件［EB/OL］. (2018－1－26)［2021－5－17］. http://www. china－embassy. or. jp/chn/lszc/lstx/ t1529239. htm.

478. 中国驻日本使馆积极处理航班延误事件［EB/OL］. (2018－1－26)［2019－4－30］. http://cs. mfa. gov. cn/gyls/lsgz/lqbb/t1529365. shtml.

479. 中国驻外使领馆加强领事保护工作 海外华侨华人积极行动抗击疫情［EB/OL］. (2020－4－6)［2021－4－30］. http://www. gov. cn/xinwen/ 2020－04/06/content_5499408. htm.

480. 中国驻希腊使馆提醒旅希侨胞和中国游客做好防蚊措施［EB/OL］. (2018－8－26)［2021－4－28］. http://gr. china－embassy. org/chn/lsqw/ t1588232. htm.

481. 中国驻希腊使馆提醒旅希侨胞警惕假冒中国驻外使领馆名义的电信诈骗［EB/OL］. (2017－8－24)［2021－4－28］. http://gr. china－embassy. org/chn/lsqw/t1486891. htm.

482. 中国驻希腊使馆再次提醒旅希侨胞、留学生警惕假冒中国驻外使领馆名义的电信诈骗［EB/OL］. (2018－1－22)［2021－4－28］. http://gr. china－embassy. org/chn/lsqw/t1528611. htm.

483. 中国驻新西兰使馆、驻奥克兰总领馆、驻克赖斯特彻奇总领馆提醒在新中国公民防范自然灾害影响［EB/OL］. (2019－12－10)［2021－1－14］. http://christchurch. chineseconsulate. org/chn/lsfws/lsbh/t17230 32. htm.

484. 中国驻伊朗使馆提醒拟赴伊及在伊转机的中国公民关注伊当地天气情况［EB/OL］. (2018－1－31)［2021－5－17］. http://ir. chineseembassy. org/chn/sgzc/t1530600. htm.

485. 中国驻约堡总领馆提醒广大侨胞　近日抢劫案件频发务必加强防范［EB/OL］．（2015-5-8）［2021-4-28］．http://johannesburg. china-consulate. org/chn/lsfw/lsbh/t1507263. htm.

486. 中华人民共和国和马尔代夫共和国联合新闻公报（全文）［EB/OL］．（2017-12-8）［2021-5-17］．http://www. xinhuanet. com/2017-12/08/c_1122082480. htm.

487. 中华人民共和国和马尔代夫共和国联合新闻公报（全文）［EB/OL］．（2020-2-2）［2021-5-17］．http://news. cntv. cn/2014/09/15/ARTI1410784007862161. shtml.

488. 中华人民共和国旅游法［EB/OL］．［2021-9-28］．http://zwgk. mct. gov. cn/zfxxgkml/zcfg/fl/202105/t20210526_924763. html.

489. 中柬执法合作年成效显著［EB/OL］．（2019-10-17）［2021-3-26］．http://kh. china-embassy. org/chn/zgjx/t1708657. htm.

490. 中津 2017 年度警民联谊会成功举行［EB/OL］．（2017-6-5）［2021-3-19］．http://cs. mfa. gov. cn/gyls/lsgz/lqbb/t1467803. shtml.

491. 中军军弘保安服务有限公司简介［EB/OL］．［2021-5-2］．http://zjjhgroup. com/Company/index. html.

492. 中克联巡警队开通中文报警热线［EB/OL］．（2019-7-16）［2021-3-19］．http://hr. china-embassy. org/lsqz/lsbh/201907/t201907 16_2912278. htm.

493. 中老缅泰将于 12 月中旬在湄公河开展联合巡逻执法［EB/OL］．（2011-11-26）［2021-3-19］．http://www. gov. cn/jrzg/2011-11/26/content_2004115. htm.

494. 中蒙两国严厉打击跨国电信网络诈骗犯罪［EB/OL］．（2019-11-9）［2021-3-19］．http://www. gov. cn/xinwen/2019-11/09/content_5450381. htm.

495. 中秋国庆期间来缅甸中国公民注意事项［EB/OL］．（2019-9-12）［2021-4-11］．http://mm. china-embassy. org/chn/lsfw/zytz/t1697 108. htm.

496.中英两国在南京举行首次联合撤侨室内推演[EB/OL].(2016-3-23)[2021-3-19].http://news.xinhuanet.com/2016-03/23/c_1118422024.htm.

497.中资企业遭遇打砸抢,驻埃塞俄比亚大使腊翊凡看望慰问中方员工[EB/OL].(2016-10-21)[2021-4-28].http://et.china-embassy.org/chn/lsxx/lsbhyxz/t1407674.htm.

498.钟山部长出席庆祝中华人民共和国成立70周年活动新闻发布会[EB/OL].(2019-9-29)[2021-4-10].http://www.mofcom.gov.cn/article/ae/ztfbh/201909/20190902901363.shtml.

499.钟山部长出席庆祝中华人民共和国成立70周年活动新闻发布会[EB/OL].(2019-9-29)[2021-5-17].http://www.mofcom.gov.cn/article/ae/ztfbh/201909/20190902901363.shtml.

500.重要安全提醒[EB/OL].(2017-12-8)[2021-4-20].https://www.fmprc.gov.cn/ce/cepk/chn/lsfw/tztx/t1517754.htm.

501.周点粲.12308,贴心服务海外全体中国公民的热线——外交部12308领事保护热线开通3周年纪实[EB/OL].(2017-9-21)[2021-3-25].https://news.china.com/internationalgd/10000166/20170921/31495094_2.html.

502.朱佳妮.外交部:已有4名在尼中国公民在地震中遇难[EB/OL].(2015-4-27)[2021-4-28].https://world.huanqiu.com/article/9CaKrnJKnYq.

503.朱稳坦.中国公安部已向19个国家派驻30名警务联络官[EB/OL].(2008-12-1)[2021-3-19].https://china.huanqiu.com/article/9CaKrnJlfL6.

504.驻阿富汗使馆举办领事协助志愿者制度启动仪式[EB/OL].(2019-7-8)[2021-5-17].http://cs.mfa.gov.cn/gyls/lsgz/lqbb/t1679596.shtml.

505.驻埃及使馆提醒暑期来埃中国游客注意安全[EB/OL].(2019-7-15)[2021-4-28].http://eg.china-embassy.org/chn/lsfw/20180517/

t1681259. htm.

506. 驻埃及使馆提醒中国游客近期暂勿来埃自由行[EB/OL]. (2017-6-24)[2021-4-28]. http://eg. china-embassy. org/chn/lsfw/20180517/t1472840. htm.

507. 驻埃及使馆提醒中国游客斋月期间注意安全[EB/OL]. (2017-5-22)[2021-4-28]. http://eg. china-embassy. org/chn/lsfw/20180517/t1464068. htm.

508. 驻埃及使领馆再次提醒在埃中国公民加强安全防范[EB/OL]. (2017-7-7)[2021-4-28]. http://eg. china-embassy. org/chn/lsfw/20180517/t1476145. htm.

509. 驻埃塞俄比亚使馆提醒在埃中国公民注意安全[EB/OL]. (2020-12-25)[2021-4-28]. http://et. china-embassy. org/chn/lsxx/lsbhyxz/t1842742. htm.

510. 驻巴基斯坦使馆召开领事保护联络员工作会议[EB/OL]. (2019-1-30)[2019-7-31]. http://cs. mfa. gov. cn/gyls/lsgz/lqbb/t1633925. shtml.

511. 驻比利时使馆向旅比侨胞发放防疫物资[EB/OL]. (2021-6-7)[2021-3-20]. http://be. china-embassy. org/lsfw/qwgz/202106/t20210608_9047163. htm.

512. 驻达沃总领馆关于棉兰老地区可能续发强震的提醒公告[EB/OL]. (2019-11-1)[2021-4-11]. http://davao. chineseconsulate. org/chn/lsfw/lstx/t1712513. htm.

513. 驻德班总领馆提醒领区中国公民注意人身和财产安全[EB/OL]. (2020-7-27)[2021-4-28]. http://durban. chineseconsulate. org/chn/lsfw/lsbhyxz/t1801140. htm.

514. 驻德班总领馆提醒侨胞高度重视人身安全[EB/OL]. (2020-8-17)[2021-4-28]. http://durban. chineseconsulate. org/chn/lsfw/lsbhyxz/t1806899. htm.

515. 驻德班总领馆提醒在夸纳省的中国公民和企业注意加强安全防范

[EB/OL]. (2019 - 3 - 27) [2021 - 4 - 28]. http://durban. chinese consulate. org/chn/lsfw/lsbhyxz/t1648843. htm.

516. 驻德班总领馆提醒在夸纳省的中国公民注意防范疫情和治安风险 [EB/OL]. (2020 - 7 - 8) [2021 - 4 - 28]. http://durban. chinese consulate. org/chn/lsfw/lsbhyxz/t1796139. htm.

517. 驻登巴萨总领事胡银全会见巴厘省旅游局长[EB/OL]. (2017 - 4 - 26) [2019 - 7 - 31]. http://cs. mfa. gov. cn/gyls/lsgz/lqbb/t145 7002. shtml.

518. 驻迪拜总领馆与迪拜移民局机场部门举行工作交流[EB/OL]. (2017 - 4 - 2) [2020 - 7 - 10]. http://cs. mfa. gov. cn/gyls/lsgz/lqbb/t145 0839. shtml.

519. 驻多伦多总领馆举行《中国公民领事保护与服务》手册发布仪式 [EB/OL]. (2017 - 5 - 15) [2020 - 6 - 30]. http://cs. mfa. gov. cn/gyls/lsgz/lqbb/t1461825. shtml.

520. 驻菲律宾使馆及时处置中国公民被查扣事件[EB/OL]. (2018 - 8 - 16) [2021 - 4 - 28]. http://ph. china - embassy. org/chn/lsfw/lsbh/lbyw/t1585644. htm.

521. 驻符拉迪沃斯托克总领馆对中国公民的安全提醒[EB/OL]. (2018 - 3 - 16) [2021 - 4 - 28]. http://vladivostok. chineseconsulate. org/chn/lswf/lsbh/t1542879. htm.

522. 驻符拉迪沃斯托克总领馆警示中方旅游业者切勿安排中国游客乘坐"问题大巴",慎防发生交通事故[EB/OL]. (2018 - 7 - 17) [2021 - 4 - 28]. http://vladivostok. chineseconsulate. org/chn/lswf/lsfwgk/t1577745. htm.

523. 驻符拉迪沃斯托克总领馆警示中国游客慎勿参加"低价团",慎防发生安全事故[EB/OL]. (2018 - 7 - 12) [2021 - 4 - 28]. http://vladivostok. chineseconsulate. org/chn/lswf/lsfwgk/t1576694. htm.

524. 驻符拉迪沃斯托克总领馆提醒领区内中国公民防范电信诈骗 [EB/OL]. (2017 - 12 - 12) [2021 - 4 - 11]. http://vladivostok. chinese consulate. org/chn/lswf/lsbh/t1518711. htm.

525. 驻符拉迪沃斯托克总领馆提醒领区中国公民注意暴风雪天气出行

安 全 ［EB/OL］．（2018 - 3 - 8）［2021 - 4 - 28］．http：//vladivostok. chineseconsulate. org/chn/lswf/lsbh/t1540432. htm.

526. 驻符拉迪沃斯托克总领馆提醒申办电子签证来俄中国公民切勿将"姓""名"填错［EB/OL］．（2018 - 7 - 6）［2021 - 4 - 28］．http：//vladivostok. chineseconsulate. org/chn/lswf/lsfwgk/t1574450. htm.

527. 驻符拉迪沃斯托克总领馆提醒中国公民暴雨天气谨慎出游［EB/OL］．（2019 - 8 - 16）［2021 - 4 - 28］．http：//vladivostok. chinesecons ulate. org/chn/lswf/lsfwgk/t1689367. htm.

528. 驻符拉迪沃斯托克总领馆提醒中国游客不要带走玻璃海滩的玻璃石 子 ［EB/OL］．（2018 - 7 - 17）［2021 - 4 - 28］．http：//vladivostok. chineseconsulate. org/chn/lswf/lsfwgk/t1577738. htm.

529. 驻刚果（金）使馆与刚外交部举行安全联席会议［EB/OL］．（2017 - 6 - 21）［2021 - 3 - 19］．http：//cd. chineseembassy. org/chn/xwdt/t1472123. htm.

530. 驻刚果（金）使馆与刚有关部门举行安全联席会议［EB/OL］．（2015 - 10 - 23）［2021 - 3 - 19］．http：//www. fmprc. gov. cn/web/zwbd_673032/gzhd_673042/t1308593. shtml.

531. 驻瓜亚基尔总领馆在线召开埃尔奥罗省安全工作联席会议［EB/OL］．（2021 - 8 - 7）［2021 - 3 - 19］．http：//new. fmprc. gov. cn/web/wjdt_674879/zwbd_674895/t1898240. shtml.

532. 驻光州总领馆积极做好 2019 游泳世锦赛预防性领事保护工作［EB/OL］．（2019 - 7 - 12）［2019 - 7 - 31］．http：//cs. mfa. gov. cn/gyls/lsgz/lqbb/t1681341. shtml.

533. 驻哈巴罗夫斯克总领馆提醒领区内中国公民防范暴雨灾害［EB/OL］．（2019 - 7 - 25）［2021 - 4 - 28］．http：//chinaconsulate. khb. ru/chn/lsfw/lsbh1/t1683340. htm.

534. 驻哈萨克斯坦使馆提醒赴哈中国公民妥善保管入境卡［EB/OL］．（2013 - 10 - 18）［2021 - 4 - 22］．http：//kz. chineseembassy. org/chn/lsfw/bh/t10907 98. htm.

535. 驻柬埔寨大使熊波出席柬埔寨"中国公民与企业机构安全援助服务热线"暨"安全服务微信公众号"开通仪式［EB/OL］.（2017-5-26）［2021-5-2］. http://cs. mfa. gov. cn/gyls/lsgz/lqbb/t1465595. shtml.

536. 驻柬埔寨使馆发布《中国公民在柬埔寨安全知识手册》［EB/OL］.（2014-9-29）［2020-6-30］. http://cs. mfa. gov. cn/gyls/lsgz/lsyj/t1196369. shtml.

537. 驻开普敦总领馆关注侨胞绑架案［EB/OL］.（2016-3-22）［2021-4-28］. http://capetown. china-consulate. org/chn/lsbh/t1349 777. htm.

538. 驻克罗地亚使馆提醒旅克中国公民注意克签证政策和财物安全［EB/OL］.（2017-5-10）［2021-4-28］. http://hr. china-embassy. org/chn/lsqz/lsbh/t1460297. htm.

539. 驻克罗地亚使馆提醒中国游客注意财物安全［EB/OL］.（2016-6-6）［2021-4-28］. http://hr. china-embassy. org/chn/lsqz/lsbh/t1369841. htm.

540. 驻克罗地亚使馆提醒中国游客注意防窃［EB/OL］.（2018-4-6）［2021-4-28］. http://hr. china-embassy. org/chn/lsqz/lsbh/t1548 512. htm.

541. 驻拉合尔总领馆举行领区中资机构安全工作座谈会［EB/OL］.（2017-8-1）［2021-3-19］. http://cs. mfa. gov. cn/gyls/lsgz/lqbb/t1481 574. shtml.

542. 驻拉合尔总领事龙定斌同旁遮普省内政部常秘共同主持安防联络机制高级工作组会议［EB/OL］.（2017-7-12）［2021-3-19］. http://cs. mfa. gov. cn/gyls/lsgz/lqbb/t1477395. shtml.

543. 驻拉瓦格领事馆提醒领区中国公民注意雨天行车安全［EB/OL］.（2019-8-1）［2021-4-11］. http://laoag. china-consulate. org/chn/lsyw/zytz/t1685287. htm.

544. 驻老挝大使姜再冬向中老媒体介绍"8·19严重交通事故"救援情况［EB/OL］.（2019-8-20）［2021-5-17］. http://la. china-embassy. org/chn/dssghd/t1690243. htm.

545. 驻马来西亚大使黄惠康出席"民安海外援助系统发布会"［EB/

OL］.（2017－03－28）［2020－6－30］.http：//cs. mfa. gov. cn/gyls/lsgz/lqbb/t1449381. shtml.

546.驻马赛总领事朱立英会见罗讷河口省警察局长［EB/OL］.（2017－5－11）［2019－7－31］.http：//cs. mfa. gov. cn/gyls/lsgz/lqbb/t146 0701. shtml.

547.驻曼彻斯特总领馆举行领区领事协助志愿者和学联主席工作座谈会［EB/OL］.（2019－10－22）［2021－3－19］.http：//cs. mfa. gov. cn/gyls/lsgz/lqbb/t1709938. shtml.

548.驻秘鲁使馆积极处置我公民枪击案［EB/OL］.（2019－11－16）［2021－1－14］.http：//embajadachina. org. pe/chn/lsfws/lbqw/t1716394. htm.

549.驻秘鲁使馆提醒在秘中国公民谨防电信诈骗［EB/OL］.（2021－12－30）［2021－1－18］.http：//pe. china－embassy. org/chn/lsfws/202112/t20211230_10477101. htm.

550.驻缅甸使馆举办 2018 年度领事保护专题宣讲会［EB/OL］.（2018－9－21）［2019－4－30］.http：//cs. mfa. gov. cn/gyls/lsgz/lqbb/t159 7549. shtml.

551.驻墨尔本总领馆举行领事保护协助机构委任仪式［EB/OL］.（2017－8－1）［2021－3－19］.http：//cs. mfa. gov. cn/gyls/lsgz/lqbb/t148 1551. shtml.

552.驻南非大使林松添为南非华人警民合作中"点赞"［EB/OL］.（2018－11－13）［2021－3－19］.https：//www. fmprc. gov. cn/web/zwbd_673032/jghd_673046/t1612446. shtml.

553.驻南非使馆关于近期中国在南公民遇害案的声明［EB/OL］.（2020－8－24）［2021－4－28］.http：//za. chineseembassy. org/chn/sgxw/t1808810. htm.

554.驻南非使馆提醒中国公民防范绑架案件［EB/OL］.（2020－10－3）［2021－4－28］.http：//za. china－embassy. org/chn/lqfw/zytz/t1821 875. htm.

555.驻南非使馆提醒中国公民注意交通安全［EB/OL］.（2019－11－8）［2021－4－28］.http：//za. china－embassy. org/chn/lqfw/zytz/t1714 426. htm.

556. 驻南非使馆提醒中国游客注意旅行安全［EB/OL］.（2018-7-11）
［2021-4-28］. http://za. china-embassy. org/chn/lqfw/zytz/t1576 128. htm.

557. 驻日本使馆系列领事提醒（四）：日本人中国籍配偶在日生活小指
南［EB/OL］.（2014-9-26）［2015-7-28］. http://cs. mfa. gov. cn/gyls/lsgz/
lsyj/t1195294. shtml.

558. 驻瑞士使馆举行留学生领事保护交流会［EB/OL］.（2019-4-2）
［2019-4-30］. http://cs. mfa. gov. cn/gyls/lsgz/lqbb/t1650387. shtml.

559. 驻斯里兰卡大使程学源到医院探望在斯4·21系列爆炸袭击事件
中受伤的中国公民［EB/OL］.（2019-4-23）［2021-4-30］. http://lk.
china-embassy. org/chn/lsyw/lshbh/t1656976. htm.

560. 驻斯里兰卡大使程学源就斯4·21系列爆炸袭击事件举行新闻发
布会［EB/OL］.（2019-4-24）［2021-4-30］. http://lk. china-embassy. org/
chn/lsyw/lshbh/t1657303. htm.

561. 驻斯里兰卡使馆春节期间积极展开预防性领保工作［EB/OL］.
（2019 - 2 - 15）［2019 - 7 - 31］. http://cs. mfa. gov. cn/gyls/lsgz/lqbb/
t1638251. shtml.

562. 驻斯里兰卡使馆和斯旅游警察局合作制作并安放中文安全提示牌
［EB/OL］.（2019-7-25）［2019-7-31］. http://cs. mfa. gov. cn/gyls/lsgz/
lqbb/t1683548. shtml.

563. 驻斯里兰卡使馆举办"4·21事件善后工作总结座谈会"［EB/
OL］.（2019-6-1）［2021-5-17］. http://lk. china-embassy. org/chn/lsyw/
lshbh/t1668683. htm.

564. 驻斯里兰卡使馆特别安全预警［EB/OL］.（2019-4-27）［2021-
5-17］. http://lk. china-embassy. org/chn/lsyw/lshbh/t1658732. htm.

565. 驻斯里兰卡使馆新闻发布［EB/OL］.（2019-4-22）［2021-4-
30］. http://lk. china-embassy. org/chn/lsyw/lshbh/t1656636. htm.

566. 驻斯里兰卡使馆迅速核实斯爆炸事件涉我公民情况并探望受伤中
国公民［EB/OL］.（2019-4-21）［2021-4-30］. http://lk. china-embassy.
org/chn/lsyw/lshbh/t1656295. htm.

567. 驻塔吉克斯坦大使岳斌出席中资企业领事保护服务联络站授牌仪式［EB/OL］.（2017-5-24）［2021-3-19］. http://cs. mfa. gov. cn/gyls/lsgz/lqbb/t1464928. shtml.

568. 驻新加坡使馆举办"法律为新时代领事工作服务体系"发布会和座谈会［EB/OL］.（2018-5-17）［2018-12-5］. http://cs. mfa. gov. cn/gyls/lsgz/lqbb/t1560262. shtml.

569. 驻新加坡使馆与在新工人同胞并肩战"疫"［EB/OL］.（2020-4-11）［2021-4-30］. http://www. chinaembassy. org. sg/chn/sgsd/t1768543. htm.

570. 驻新西兰使馆　驻奥克兰总领馆　驻克赖斯特彻奇总领馆提醒中国公民注意交通安全、人身和财产安全［EB/OL］.（2016-1-5）［2021-1-14］. http://chinaconsulate. org. nz/chn/lsbh/t1329518. htm.

571. 驻新西兰使馆、驻奥克兰总领馆、驻克赖斯特彻奇总领馆提醒在新中国公民注意地震防范［EB/OL］.（2016-11-14）［2021-4-12］. http://nz. china-embassy. org/chn/zxgxs/t1415125. htm.

572. 驻新西兰使馆提醒在新中国公民谨防涉疫情类电信诈骗［EB/OL］.（2020-4-16）［2021-1-14］. http://nz. china-embassy. org/chn/zxgxs/t1770247. htm.

573. 驻宿务总领馆提醒游客注意海上活动安全［EB/OL］.（2018-2-1）［2021-4-11］. http://cebu. china-consulate. org/chn/lsyw/t1531 068. htm.

574. 驻伊基克总领事傅新蓉出席智利第一大区检察院为当地侨胞举办法律知识线上讲座［EB/OL］.（2021-11-18）［2021-4-15］. https://www. fmprc. gov. cn/web/zwbd ＿ 673032/jghd ＿ 673046/202111/t20211119 ＿ 10450200. shtml.

575. 驻英国使馆举办在英中资航空公司座谈会［EB/OL］.（2019-3-27）［2020-7-10］. http://cs. mfa. gov. cn/gyls/lsgz/lqbb/t1648914. shtml.

576. 驻约堡总领馆提醒领区侨胞关注自身安全［EB/OL］.（2014-4-18）［2021-4-28］. http://johannesburg. china-consulate. org/chn/lsfw/lsbh/

t1506828. htm.

577. 驻约堡总领馆提醒领区中国公民注意防范骚乱风险［EB/OL］. (2018－8－28)［2021－4－28］. http：//johannesburg. china－consulate. org/chn/lsfw/lsbh/t1588819. htm.

578. 驻约堡总领馆再次提醒领区中国公民警惕假冒使领馆名义的诈骗案件［EB/OL］. (2018－5－29)［2021－4－28］. http：//johannesburg. china－consulate. org/chn/lsfw/lsbh/t1563566. htm.

579. 驻约旦使馆举办领保"三方机制"线上座谈会［EB/OL］. (2021－8－22)［2021－3－19］. http：//cs. mfa. gov. cn/gyls/lsgz/lqbb/t1901111. shtml.

580. 驻越南使馆举行领事协助志愿者证书和领事保护指南发放仪式［EB/OL］. (2019－8－16)［2021－3－19］. http：//cs. mfa. gov. cn/gyls/lsgz/lqbb/t1689729. shtml.

581. 驻赞比亚使馆召开侨领座谈会［EB/OL］. (2017－6－16)［2019－4－30］. http：//cs. mfa. gov. cn/gyls/lsgz/lqbb/t1470982. shtml.

582. 总领馆提醒金伯利高危骚乱区华商抓紧撤离［EB/OL］. (2018－7－13)［2021－5－17］. http：//capetown. chineseconsulate. org/chn/xwdt/t1576968. htm.

583. 总领馆提醒领区侨胞自觉关注当地社会形势［EB/OL］. (2018－7－20)［2021－5－17］. http：//capetown. chineseconsulate. org/chn/xwdt/t1579032. htm.

584. 总领馆提醒侨胞继续关注金伯利市治安形势［EB/OL］. (2018－7－23)［2021－5－17］. http：//capetown. chineseconsulate. org/chn/xwdt/t1579499. htm.

585. 祖国助你回家(六)：2012—2015 年 4 月撤侨行动［EB/OL］. (2015－4－17)［2021－4－30］. http：//cs. mfa. gov. cn/gyls/lsgz/ztzl/zgjnhj/t1255620. shtml.

586. 祖国助你回家(五)：2011 年撤侨行动［EB/OL］. (2015－4－16)［2021－4－28］. http：//cs. mfa. gov. cn/gyls/lsgz/ztzl/zgjnhj/t1255 286. shtml.

587. 做一个可爱的旅行者——2015 年上海市中学生境外安全文明行英语大赛拉开序幕[EB/OL]. (2015 - 10 - 28)[2021 - 3 - 19]. http://www. shfao. gov. cn/wsb/node466/node620/u1ai23578. html.

英文文献

一、专著

1. BATORA J. Foreign ministries and the information revolution going virtual? [M]. Boston:Martinus Nijhoff Publishers, 2008.

2. BORCHARD E M. The diplomatic protection of citizens abroad[M]. New York:The Banks Law Publishing Co. , 1928.

3. BOLEWSKI W. Diplomacy and international law in globalized relations [M]. New York:Springer, 2007.

4. GHISELLI A. Protecting China's interests overseas, securitization and foreign policy[M]. Oxford:Oxford University Press, 2021.

5. HERZ M F. The consular dimension of diplomacy: a symposium [M]. Washington, D. C. : Institute for the Study of Diplomacy, School of Foreign Service, Georgetown University,1983.

6. HOCKING B. Foreign ministries: change and adaptation[M]. London: Macmillan Press Ltd. ,1999.

7. JONSSON C, LANGHORNE R. Diplomacy [M]. Volume III, SAGE Publications Ltd. , 2004.

8. KENNEDY P. Preparing for the twenty - first century[M]. New York: Random House, 1993.

9. LEE L T. Consular law and practice[M]. Oxford:Clarendon Press,1991.

10. LEE L T, Quigley J. Consular law and practice [M]. Oxford: Oxford University Press, 2008.

11. PARELLO - PLESNER J. , Duchatel M. [M]. China's strong arm: protecting citizens and assets abroad[M]. London:Routledge, 2015.

12. ZIRING L. Pakistan：At the crosscurrent of history［M］. Oxford：One World Publications，2004.

二、期刊文章

1. DUCHATEL M，BRAUNER O，HANG Z. Protecting China's overseas interests：the slow shift away from non－interference［J］. SIPRI policy paper，2014（41）.

2. ROBOCK S H. Political risk－identification and assessment［J］. Columbia journal of world business，1971.

3. GHISELLI A. War on rocks：continuity and change in China's strategy to protect overseas interests［J］. Texas national security review，August 4，2021.

4. ZERBA S. China's Libya Evacuation Operation：a new diplomatic imperative—overseas citizen protection ［J］. Journal of contemporary China，2014,23（90）.

后　记

2002 年，我从中国驻外使馆领事部任满回国，继续在外交学院任教。恰逢外交学院开设领事课程。时任外交学院院长的吴建民大使邀请张宏喜大使来学院讲授这门课程。张大使有着丰富的领事实践经历，他曾担任领事司司长、中国驻坦桑尼亚大使、中国驻纽约总领事。考虑到我在驻外使馆领事部的工作经历，学院指派我作为张大使的助手，协助其开展领事课程的教学工作。受张大使鼓励，我开始关注领事与侨务及海外安全保护问题。

2004 年至 2008 年，我在职攻读博士学位。几经周折，决定以主要发达国家领事保护制度改革作为博士论文选题。这篇博士学位论文总结了冷战结束以后西方主要发达国家领事保护机制改革的共同点，分析了其中的原因及改革对我国领事保护制度建设的启示。博士论文的写作过程特别艰辛，但结果也有点让我喜出望外。这篇论文在答辩时获得了答辩委员们的一致好评，且被评为北京市优秀博士论文。在博士论文的基础上，我申请到北京市社科理论著作出版基金资助，出版了我的第一本专著《领事保护机制改革研究——主要发达国家的视角》。此后，领事与侨务及海外安全保护问题成为我的主要研究领域。我发表了 40 多篇相关论文，参与和主持了一些相关的课题研究工作。

2016 年，我申请的国家社科基金一般项目《"一带一路"战略下改进领事服务研究》获得立项（项目批准号 16BGJ015）。在我从事该课题研究的过程中，2020 年暑假，有朋友告诉我，国家社科基金重大项目招标指南中有关于中国领事保护的选题。在朋友的支持和鼓励下，我填写了国家社科基金重大项目《完善我国领事保护制度研究》的投标书。投标书要求很高，内容也很多。我将填报投标书视为一个学习和提升的机会。通过填写投标书，我重新梳理、总结学习了学术界的相关研究成果，对一些问题也进行了较为深入地思考。2020 年年底，我获得该重大项目立项（项目批准号 20&ZD206）。2021 年 10 月，我主持的国家社科基金一般项目顺利结项。这本书既包含了国家社科基金一般项目《"一带一路"战略下改进领事服务研究》的结项成果的部分内容，也包含了国家社科基金重大项目《完善我国领事保护制度研究》的阶段性研究研究成果。

　　海外中国公民和中资企业安全保护机制建设是个系统工程，囿于笔者的时间和精力有限，加上查找文献方面的困难，本书对一些问题的探讨还不够深入，还有很多值得继续研究和思考的问题。例如，本书主要基于中国外交部和中国驻外使领馆网站发布的海外安全提醒信息来梳理总结海外中国公民和中资企业所遭遇的安全风险情况。这是有局限性的，还可以通过大量访谈或者调查问卷的形式，获取更广泛的资料来源。对于既有的关于海外中国公民和中资企业安全保护的法律法规，还需要进行全面梳理，这样才能就如何完善相关法律法规提出更为细致的建议。当前，百年大变局和大流疫相互交织，大国博弈加剧，海外中国公民和中资企业安全保护工作面临着更为严峻的挑战，如何应对这些挑战？在我们既有的海外安全保护的工具箱中，哪些是有效的、继续可以使用的？哪些需要经过改进，还需要在哪些方面进行创新？这一系列问题的解答需要我继续努力，潜心钻研。

　　从 2002 年至 2022 年，整整 20 年间，我持续关注和研究领事与侨务及海外安全保护问题。这本书的出版是最好的周年纪念。在我的研究生涯中，我得到很多领导、同事、朋友、同学和学生的支持和帮助。

在此，我表示由衷感谢。因要感谢的人数实在太多，在此就不一一赘述。就本书的写作和出版而言，我要感谢我的博士生魏冉，她帮我做了大量校对工作；感谢当代世界出版社的刘娟娟女士和她的团队。最后，我要特别感谢我的家人，他们永远是我前进的动力和我心中最温暖的港湾。